元素の事典

どこにも出ていないその歴史と秘話

細矢治夫 ……………………………………【監修】
山崎　昶 ……………………………………【編著】
社団法人 日本化学会 ………………………【編集】

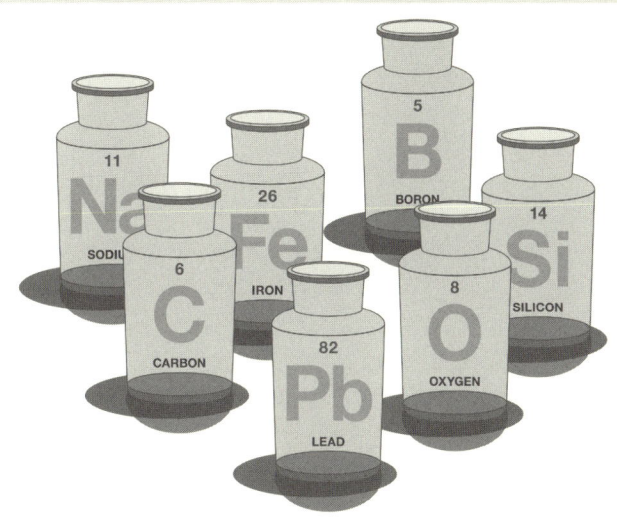

みみずく舎

は　じ　め　に

　三年ほど前に，英国のサイエンスライターとして高名なジョン・エムズリー博士の「Nature's Building Blocks」を翻訳して丸善から「元素の百科事典」として刊行いたしました．出版社のほうは，かなり厚手の書籍なので，図書館などを主な購読先として考えていたようですが，実際には少なからぬ先輩各位や同僚，若手の方々までも，結構高価だったにもかかわらず，わざわざ個人でお買い求めくださったらしく，いろいろと懇切丁寧なコメントを頂戴いたしました．
　その中で「この本にある「意外なエピソード」の部分をもっと重点的に述べた書物というのはないのかね」というご意見を何人かの方から頂戴いたしました．たしかに周期表や元素各論は無機化学の根本ではありますが，ここ数年の間に我が国で刊行された「元素」や「周期律」関連の書物は，以前よりはカラフルなイラスト類が増えてきてはいるものの，相変わらずいろいろな物性の数値や電子配置の表が主（つまり物理化学的な視点からのもの）であり，一般の読者よりも受験教師対象の味気ない事項（つまり「意外ではない事柄ばかり」）が主体だと悪口をいわれる向きすらあるのも無理はありません．これなら理科年表や化学便覧とさして違いがないといわれてもある意味では致し方ないのです．
　一見無味乾燥に見える無機化学の世界にも，一歩踏み込んでみるだけでさまざまな興味ある事柄は存在するのですが，そこへ至るまでの道案内はなかなか難しいのです．かのSF作家のアイザック・アシモフ（1915-1992）は，ボストン大学の生化学の教授でもありましたが，多数執筆している科学解説集の中で「今から数十年以前の化学（二十世紀初頭に当たります）は，極めてよく整備された花園のようなものであった．あちこちにかぐわしく色鮮やかな花が咲き乱れ，美味しそうな果実が実っていることがすぐにわかるようになっていた．だがその後の発展の結果は，この花園をアマゾンのジャングルのように変えてしまい，美しい花や豊かな果実があることはわかっても，どうしたらそこへたどり着けるのか誰にも教えられなくなってしまった」という旨のことを何度か繰り返して述べています．

いわゆるテキスト類はこのための道案内となるはずのものですが，現在我々が眼にするもののほとんどは，その昔の単色刷の地形図かお役所の登記簿や地籍図みたいなもので，正確ではありますが無味乾燥の象徴でしかありません．これはやはり物理化学を骨組みとしてつくられるために，どちらかというと「束一的性質」，つまり個々の元素や化合物にあまり依存しない物理・化学的性質のほうにウェイトがおかれる傾向がどうしても存在するからでもあります．その上に無機化学の扱う範囲も広くなってしまいましたので，洋の東西を問わず，極めて限られた分野だけでたくさんの論文を執筆された大先生方が大権威と見なされる傾向が強いので，アメリカのさる無機化学の教授が著書の巻頭に「無機化学とは（自称）無機化学者がやっている研究分野を指すものである」と皮肉たっぷりに定義されているぐらいです．百種以上にもなった元素の大部分をひとわたりでも研究対象として取り扱った経験のある無機化学者も，次第に珍しい存在となりつつあります．

先ほどの読者各位からのご意見は，この種の無味乾燥なモノのほかに，物理化学的な視点からすると一見したところ些事（トリビア）でしかないようなものでも，実は重要な事柄なのだから，さまざまな「話の種」となるような記事をもっと含むような書物があってもよいということでもあります．そこで，ほかのテキストや便覧などを参照すればすぐ判明するような物理・化学的なデータは最小限にとどめ，あまり従来の書物では取り上げられていない事項をそれぞれの元素ごとに附記して，原則として見開きにまとめるようにしてみました．これはいわば前記のアシモフの指摘にある「化学のジャングルの中の観光スポットガイド」に当たるかもしれません．

たとえば世界各国における元素表記など，通常のテキスト類ですと精々が数箇国語（英・独・仏・伊・西・露ぐらい）しかありませんが，話の種にもなろうかと思い，三十数箇国語ほどのデータを集めてみました．ネットの世界ではもっと多数（二百種以上）を集めたものもありますが，かなり限られた地方でのみ使われる言葉（方言）までを取り上げて，単にペダントリーのためだけに無理に増やしているような感じすらありますから，せめて数百万人以上の規模で使われている言語についてまとめるとこのぐらいになります．こうしてみると元素記号（化学記号）のありがたみがよくわかります．

鉄や金銀などの古くからの元素名にはお国ぶりがあることが当然ですが，新しい元素名においても同じような現象が見られます．たとえば「セリウム」や「ネプツ

ニウム」はもともとローマ神話由来で，それぞれは惑星名の「セレス」「ネプチューン（海王星）」から来ているのですが，この二つの元素名は，近代ギリシャ語ですともとのギリシャの神様の名（セレスは穀物の女神のデメテール，ネプチューン（ネプトゥヌス）は海の神であるポセイドンに当たります）由来である「デメテリオ」「ポセイドニオ」と書き換えられています．亜鉛などは古代ギリシャのストラボンの使った「プセウドアルギロス」が復活しています．

　なお，韓国・朝鮮語の場合，ハングル表記は同じでも，発音は必ずしも全国的にきちんと統一されてはいないらしい（そのためか，最近では理科の教育を英語（konglish?）でやることになったそうですが）し，語頭に濁音やラ行音が立たないという原則（実はこれも全国で共通ではないと言うことです）があるため，ローマ字表記が我々にはほとんど無意味の場合が多いし，また文字は別表記でも発音では区別できないという例もあるので，文字表記だけとして，可能なものだけは漢字を振ってあります．酸素や水素などは日本語から入ったものであることがわかります（あちらの国粋的な面々にとっては，いろいろと不満のタネらしいのですが，発音優先の中国風の漢字一字表記よりは便利さが買われているのでしょう）．

　近代風の元素や周期律という概念が確立したのは，メンデレーエフの最初の着眼を別とすると，やはり英国のモーズレイのおかげといって差支えないと存じます．彼が特性 X 線の波長と原子番号との間の簡単な関係式を発見してくれたおかげで，それまでのいわば混乱状態ともいえるような多数の元素の相互関連がきちんと整理されることになりました．そのインパクトがあまりにも強すぎた結果でしょうが，日本の物理学の入門テキストにはよく「元素を原子番号順に並べた結果周期表が完成し，原子物理学が確立した結果，近代化学や近代生物学がようやく進展可能となった」などという時代錯誤の撞着に満ちた記載がよくみられます．これはいわゆる「物理学ショーヴィニズム〔優先至上主義〕」の典型でありますが，「原子番号」という概念はモーズレイが第一次大戦で戦死（1915）した後でようやく世人の認めることとなったのですから，この種のテキストを執筆されるような大先生方は，ほとんどが歴史や時間経過に無関心で，文字通りの「象牙の塔の住人」であることがよくわかります．十九世紀の物理学は，熱力学などのほんの僅かな分野以外では，化学に対してほとんど寄与できませんでした．生物学や医学に関してはもっと貢献が少なく，わずかに世紀末になってレントゲンが発見した X 線が診断に応用されたのが珍しい例として挙げられるぐらいです．

　原子番号が原子核の中の正電荷の数（陽子数），つまり中性原子における核外電

子の数を示すものだということがわかって，はじめて原子物理学や量子論などが大発展できたのです．さらにその後の原子核の「シェルモデル」なども，化学の周期表の核物理学への応用みたいなものだと，最初に着想されたマリア・ゲッペルト＝メイヤー女史が述べられているぐらいです．

　それはさておき，個々の元素の示す多種多様，百花繚乱ともいうべき興味ある諸性質はとても簡単な小冊子にまとめ上げることは出来ません．無機化学の世界にはドイツで出版されている Gmelins Handbuch der anorganischen Chemie という大部の叢書がありまして，前世紀の中頃から何度も版を改めながら刊行されています．タイトルこそ「ハンドブーフ」（英語のハンドブックに当たります）でありますが，大変な分量のもので，全部揃えると図書室の壁面を一つ埋めてしまう程ありますが，各元素についての発見以来の歴史や所在，単体や化合物の製法や諸特性などに関しての精選されたデータを含んでいます．図書館学の方で言われる「優れた三次情報」の見本でもあります．ただ，これほど大部のものは造り上げるのに膨大な費用と時間と人手とを要しますから，興味ある事柄でもごく新しいトピックに属するものはどうしても手薄となりがちです．

　この本では，つい最近報告されたおもしろい事柄や話題をもいくつか取り上げてありますが，この種のものこそインターネットの出番ですから，参照ページを可能な限り掲げておくことにしました．特にカラフルな画像や動画などを含むものなどは，とてもこの小冊子にそのまま引用や転載をすることなど不可能に近いのです．ただこの種のものは，あちらの都合でサーバーが移転してしまったり，他のものと統合されて探してもアクセスできなくなったりする可能性もあり，やはり冊子体とは別の難点が生じてくることはいたしかたありません．また，面白くはあっても信頼性に欠ける傾きもなしとしないわけで，そのあたりを御一考の上で探索されるのがよろしいかと存じます．

　またとかく見過ごされがちなのですが，いろいろな情報の中では「元素」と「単体」の概念の区別（これは英語ではどちらも element になってしまうためでもありますが）が，読者にはっきりとできるように記載していない例もあり，その結果として無用の混乱を惹起する原因ともなっています．これは結構大事な事柄なのですが，海外のさる有名化学薬品商社のホームページ（カタログや会社案内など重要な事柄を含んだ部分）の日本語版が，このあたりの基礎的な訳語ですらあまりトレーニングを受けていない機械翻訳ソフトでなされたらしく，最初の部分からメチャクチャを通り越して，大阪マンザイの台本同様になっている訳文が並んでい

て，まったく読解不可能になっている例もありました．

わが国でも，さるかなり著名な消費者運動家が「食塩は体に悪いのです．第一次大戦で毒ガスとして使われた塩素と，水に投入すると火を噴くナトリウムから出来ているのですから，人間の体にとっていいはずがありません」などと，ベストセラーになった著書に麗々しく記してあるぐらいです．これはまさに「元素」と「単体」の区別を故意に曖昧にして，罪なき世人（ほんとうに善男善女かどうかもいささか怪しいのですが）を無限地獄へ導く新興宗教の教祖さながらの悪業でしかありません．アメリカで話題になっている「DHMO」騒動（?）なども，多少フォーカスはずれているかも知れませんが，この種の基礎的な事項に対する認識不足（知識の欠如）のために，せっかくのおもしろい事柄がジョークだと理解されぬ向きがあるようです．また，かなり前から我が国で流行している，「水の結晶」にまつわる一連の「トンデモ本」を文字通りに信じている学校教師が多数存在しているというのも同様であります．

化学は本来自分の身を守るためのものですが，そのほかにこのようなインチキ情報（つまりデマ）に惑わされないためにも大事なのです．でもいくら大事だといっても，時間の制限や外野からの圧力のために，ちっともおもしろくないことばかりを教示される現今の教育システムでは，これらの一見もっともらしいインチキ情報を見抜くほどの眼力をつけるにはほど遠いのです．そういうことも含めての現状に対してのご不満が，始めに記した「元素の百科事典」に対する読者からの御意向となったものだろうと思われます．

テキスト類のどちらかというと無味乾燥な記載も，それなりに大事ではありますが，とかく等閑に付されがちなそれぞれの元素や化合物に関するいろいろな事柄を，自分なりにあちこちを渉猟してまとめてみました．どこからでも開いてご一覧くださって，そんなこともあったのかという多少とも意外な情報が入手可能となるならば，執筆者としてはこれに勝る仕合わせはまたとありません．

本書をまとめるに際して，種々貴重なご意見を賜った大先輩の細矢治夫 お茶の水女子大学名誉教授，企画の段階からひとかたならぬご厄介になったみみずく舎／医学評論社編集部諸氏に改めてここに謝意を表するものであります．

平成二十一年春
　　八王子にて

山崎　昶

目　次

元素の性質・特性　　1

水　素　H　　2
　　水素エネルギー資源　　6
ヘリウム　He　　7
リチウム　Li　　10
ベリリウム　Be　　12
ホウ素　B　　15
炭　素　C　　18
窒　素　N　　23
酸　素　O　　28
フッ素　F　　32
ネオン　Ne　　35
ナトリウム　Na　　38
　　ソーダとカリ　　40
マグネシウム　Mg　　41
アルミニウム　Al　　44
　　アルマイト　　46
ケイ素　Si　　47
リ　ン　P　　50
硫　黄　S　　54
　　アマチュア化学者　　56
塩　素　Cl　　57
アルゴン　Ar　　60
カリウム　K　　63
カルシウム　Ca　　66

スカンジウム　Sc　　69
チタン　Ti　　72
バナジウム　V　　75
クロム　Cr　　78
マンガン　Mn　　81
鉄　Fe　　84
コバルト　Co　　87
ニッケル　Ni　　89
銅　Cu　　92
亜　鉛　Zn　　95
ガリウム　Ga　　98
ゲルマニウム　Ge　　101
ヒ　素　As　　104
セレン　Se　　107
臭　素　Br　　110
クリプトン　Kr　　113
ルビジウム　Rb　　116
ストロンチウム　Sr　　119
イットリウム　Y　　122
ジルコニウム　Zr　　124
ニオブ　Nb　　127
　　メンデレーエフの子孫が日本に？
　　　　129
モリブデン　Mo　　131

目次 vii

テクネチウム Tc　　134
ルテニウム Ru　　137
ロジウム Rh　　140
パラジウム Pd　　142
銀 Ag　　145
カドミウム Cd　　148
インジウム In　　151
ス ズ Sn　　154
アンチモン Sb　　156
　　　アンチモンと貨幣　　158
テルル Te　　159
ヨウ素 I　　161
キセノン Xe　　164
セシウム Cs　　166
バリウム Ba　　168
ランタン La　　171
　　　ランタニド元素　　173
セリウム Ce　　175
　　　オッドー-ハーキンスの法則　　177
プラセオジム Pr　　178
ネオジム Nd　　181
プロメチウム Pm　　184
サマリウム Sm　　187
ユウロピウム Eu　　189
ガドリニウム Gd　　192
テルビウム Tb　　194
ジスプロシウム Dy　　196
ホルミウム Ho　　198
エルビウム Er　　201
ツリウム Tm　　203
イッテルビウム Yb　　205
ルテチウム Lu　　207

ハフニウム Hf　　209
タンタル Ta　　212
タングステン W　　215
レニウム Re　　218
オスミウム Os　　220
イリジウム Ir　　222
白 金 Pt　　225
金 Au　　228
水 銀 Hg　　231
タリウム Tl　　234
鉛 Pb　　237
ビスマス Bi　　240
ポロニウム Po　　243
　　　ポロニウムの犠牲となった日本人科
　　　学者　　245
アスタチン At　　247
ラドン Rn　　249
フランシウム Fr　　251
ラジウム Ra　　253
アクチニウム Ac　　256
　　　アクチニド元素　　258
トリウム Th　　259
プロトアクチニウム Pa　　262
ウラン U　　265
ネプツニウム Np　　268
プルトニウム Pu　　270
アメリシウム Am　　273
キュリウム Cm　　276
バークリウム Bk　　278
カリホルニウム Cf　　280
アインスタイニウム Es　　282
フェルミウム Fm　　284

101番以降の元素　*286*
　メンデレビウム Md　*289*
　ノーベリウム No　*290*
　ローレンシウム Lr　*291*
　ラザホージウム Rf　*292*
　ドブニウム Db　*293*
　シーボーギウム Sg　*294*
　ボーリウム Bh　*295*
　ハッシウム Hs　*296*
　マイトネリウム Mt　*297*
　ダームスタチウム Ds　*298*
　レントゲニウム Rg　*299*

　原子番号112番以降の元素一覧　*300*

　面白漢字周期表　*301*

参考にした辞典類のリスト　*303*

関連する書籍類　*305*

索　引　*307*

凡　　例

　この本では，「元素」を原子番号の順に並べ，それぞれの元素ごとの最初の頁に，いわゆる物理化学的なデータを表の形式でまとめてあります．多くのデータ項目についてのここでの説明は，繁雑でもあるので大部分は省きますが，通常のものとちょっと異なる部分についてのみ記しておきましょう．

　元素単体の価格は MIT のグループのまとめた「Chemicool」にあるものを参照しました．もっとも広範囲のデータが集められているからです．為替相場の変動などもあるので元のままのドル建てにしてあります．
　電気陰性度の値は，歴史のある L. Pauling のスケールの他，Allred-Rochow, Mulliken, Sanderson のものをまとめ，さらに「絶対電気陰性度」とも呼ばれる Pearson の値をも併記しました．前4者は無次元の値ですが，絶対電気陰性度だけは電子ボルト（eV）単位になっています．
　単体の密度の値は g/L（＝kg/m^3）を使って，気体と液体，固体とが同じ単位になるようにしてあります．これは昨今の流行の SI 単位によっているらしいのですが，なんとか常用のものと折り合わせているのでしょう．
　大気中の存在度や海水中の濃度のところに「事実上皆無」という表記がありますが，これは「存在しない」のではなく，測定上の種々の難点のために信頼できる程のデータが得られていない（つまり測定限界スレスレ）ということで，「存在しない」というのと同意味ではありません．将来測定法が進歩した場合にはきちんとした値が載るべきものであります．

　本文の一部においては，誤解を招かぬように昔風の漢字を用いているところがあります．たとえば昨今は「燈」のかわりに「灯」を使えとか，「沙漠」も「砂漠」に統一せよというようなお役所やマスコミ主導の動きがあるのですが，前者は「藝」と「芸」のように本来は別字で意味もずれていますし，後者は最近の環境分野などでは昔風の「沙漠」の方を用いる方が主になってきていますので（現実には「岩石沙漠」や「塩沙漠」など，「砂」とは縁のない沙漠がたくさんあるからなので

す），正確を期すためにこちらにしました．「溶岩」も本来の「熔岩」（教科書用語では水に溶ける岩の意味になってしまいます）で，少しでも誤りの可能性を減らすために以前の文字遣いを採用しました．

元素の性質・特性

水 素 H

発見年代：1766 年　　　発見者（単離者）：H. Cavendish

原子番号	1	天然に存在する同位体と存在比	H-1（99.9885），H-2（D）（0.0115）
単体の性質	無色無臭気体		
単体の価格（chemicool）	12 \$/100 g	宇宙の相対原子数（$Si = 10^6$）	3.2×10^{10}
価電子配置	$1s^1$		
原子量（IUPAC 2009）	1.00794(7)	宇宙での質量比（ppb）	7.5×10^8
原子半径（pm）	78	太陽の相対原子数（$Si = 10^6$）	2.884×10^{10}
イオン半径（pm）	10^{-5}（H^+），154（H^-）		
共有結合半径（pm）	30	土壌	土壌の主成分
電気陰性度		大気中含量	0.5 ppm（H_2），このほか水蒸気やメタンの形でも存在
Pauling	2.20		
Mulliken	2.8	体内存在量（成人70 kg）	7 kg
Allred	2.20	空気中での安定性	高温では H_2O を生成．組成により爆発性混合気体となる
Sanderson	2.31		
Pearson（eV）	7.18	水との反応性	反応しない
密度（g/L）	0.08987（気体0℃）	他の気体との反応性	Cl_2 とは高温か，光照射によって HCl を生成．N_2 とは高温高圧下で NH_3 となる
融点（℃）	−259.14		
沸点（℃）	−252.87	酸，アルカリ水溶液などとの反応性	反応しない
存在比（ppm）		酸化物	H_2O，H_2O_2
地殻	1,520	塩化物	HCl
海水	海水の主成分	硫化物	H_2S
		酸化数	+1，0，−1（他）

英 hydrogen　独 Wasserstoff　佛 hydrogène　伊 idrogeno　西 hidrogeno　葡 hidrogenio　希 υδρογενο（hidrogeno）　羅 hydrogenium　エスペ hidrogeno　露 водород（vogovod）　アラビ هيدروجين（hidrujin）　ペルシ هيدروژن（hidrojen）　ウルド ہائیڈروجن（haidrojan）　ヘブラ מימן（meyman）　スワヒ hidrojeni　チェコ vodík　スロヴ vodík　デンマ brint　オラン waterstof　クロア vodik　ハンガ hidrogén　ノルウ hydrogen　ポーラ wodór　フィン vety　スウェ väte　トルコ hidrojen　華 氫　氢　韓・朝 수소　インドネ hidrogen　マレイ hidrogen　タイ ไฮโดรเจน　ヒンデ हाइड्रोजन（haidrojan）　サンス —

水素の同位体は何種類？

　水素の同位体は通常の軽水素（H-1），重水素（H-2, D），三重水素（H-3, T）の3種類が記載されている．しかしこれよりも質量数の大きな水素の同位体についても，半減期などのいくつかのデータは報告されている．いずれも 10^{-22} 秒の桁の寿命しかないので，いまのところ化学者の研究対象よりも物理学者の興味をひくものとなっている．

　・H-4：「テトラニウム」とか「クアジウム」という．トリチウム原子核に高エネルギー加速した重陽子を衝突させて得られる．中性子を放出してトリチウムに変化するが，その半減期は 1.4×10^{-22} 秒と測定されている．

　・H-5：「ペンチウム」．トリチウムをターゲットとして，これに加速された三重陽子（つまりトリチウム原子核）を衝突させて得られる．二重中性子放出を行って壊変する．半減期は $\sim 9 \times 10^{-22}$ 秒．

　・H-6：「ヘキシウム」．これは三重中性子放出により壊変する．半減期は 3×10^{-22} 秒．

　・H-7：「ヘプチウム」．この原子核は2003年に理化学研究所でつくられた．He-8のイオンを加速して水素の原子核に衝突させたところ，中性子がそっくり水素原子核の方へ移動し，あとにプロトンが2個残ることが確認されたのである．

最初に水素をつくったのは？

　通常のテキスト類では，水素の発見者は英国のヘンリー・キャヴェンディッシュ（1731-1810）で，1766年に希硫酸に鉄のヤスリくずを溶解させて生じる気体を集め，これについて詳しい研究を行ったのが最初だということになっている．ところがこれより一世紀ほど前に，ロバート・ボイル（1637-1691）が1671年に鉄の粉末（ヤスリくず）を希塩酸に溶かしたときに発生する煙（気体）について，可燃性があること，かつ燃えたときに著しい熱が発生することを記載している．

　ただ，この気体が燃えて水ができることを正しく記載したのはやはりキャヴェンディッシュであった．この結果から，それまでのアリストテレス以来の「四元素」の一角がくずれ，水は元素ではないことが確定したのである．

　水素ガスの低密度を利用して気球を上げたのは，フランスのシャルル（シャルルの法則の発見者，1746-1823）である．1783年にはじめて公衆の面前で披露されたのであるが，この気球がパリ市民に与えたインパクトはたいへんなものだったらしく，後のフランス革命の折りに，ルイ16世に招かれて宮殿に滞在中だったシャルル教授はあわや暴徒の犠牲となる寸前，たまたま気球の披露時に教授の顔を覚えていた市民がいたために助けられたという．

その昔の水素の用途

　20世紀初頭までは水素の用途は限られたもので，劇場の照明用（これには棒状に成形した生石灰に水素の炎をあてて生じる「ライムライト」が使われた）と飛行船や気球用であった．水素利用の飛行船は最初フランスで発明されたが，後にドイツのツェッペリン伯の飛行船はスケールも大きくなり，航行距離も高度もいちだんと向上して，郵便飛行から旅客の輸送に使われた．1929年に行われた世界一周飛行の折りには，ヨーロッパから大圏航路をとって樺太（今日のサハリン）から北海道，東北日本を縦断し，霞ヶ浦の飛行場にやってき

た．その後グアムを経由して太平洋をロサンゼルスに向かった．霞ヶ浦では燃料ガスの補給が行われ，当時の内務省の指揮下，保土ヶ谷化学と日本曹達が，水素ガスとプロパンガスを準備した（ヘリウムは当時すでに米国で産出されていたのであるが，軍事用物質ということで輸出禁止対象となって全部地下に備蓄されていたので，他の国の飛行船はすべて水素ガスを使用していたのである）．

第一次世界大戦当時は，ドイツの飛行船は爆弾を搭載してロンドンの空襲を行った．当時の軍用飛行機は上昇できる限界高度が低く，飛行船の飛ぶ高空までは到達できなかったので，英国側ではほとんど対策の立てようがなかったのである．やがて遅ればせながら同じように水素を用いた飛行船を英国も建造したが，とても爆撃には使えなかったようで，ドイツの潜水艦の偵察が手一杯であったらしい．

発生機の水素

よく「発生機の水素」というのが化学の論文には出現する．「発生期」という字使いを好まれる大先生方も多い．たとえばヒ素の検出のマーシュテストなどでは，塩酸に試料と金属亜鉛を加えてアルシンをつくらせるわけであるが，この場合などに「発生機の水素による還元」という記述をしているのである．

この本体は現在でも判然とはしないのであるが，水素ガス（H_2）よりも反応性の大きい，つまり強力な還元能力をもつ水素のラジカルと考えるのがもっとも妥当性が大きそうである．通常の水素分子に比べると還元能力が大きいので，いろいろな金属や半金属元素の水素化物をつくらせたり，なかなか還元されにくい有機化合物に水素を付加したりするのに多用された．もっとも有機化学反応には，パラジウムやラネーニッケルなどいろいろな触媒が開発されると，あまり「発生機の水素」を利用しなくとも済むようになってきている．

重水素の発見

1931年，コロンビア大学に在職していたハロルド・ユーリー（1893-1981）は，大量の液体水素を部分的に蒸発させたとき，残っている部分には別の形のスペクトルを与える水素が含まれていることを発見した．これは，通常の水素の2倍の質量をもっている「重水素」すなわちデューテリウム（ジュウテリウム）の発見である．翌年になって，大量の水の電気分解を行うと，電解液の残分中にやはり重水素を含む水（重水）が濃縮することが判明した．大量の水（食塩水）の電気分解を日常的に行っているのはソーダ工業であるから，ソーダ工業の電解液をもとに重水を生産することは現在では普通となった．原子炉その他には，多量の重水が必要となる．第二次世界大戦中もすでに，このための重水製造がノルウェーなどの電力価格の低廉な地域で行われていて，独米間で工場の争奪戦が行われたが，この折りの両陣営の角逐は映画にもなった．

重水の生理学的作用

重水素および重水の生理学的作用については，まだいろいろとわからないところが多い．一部の「トンデモ商品」には「低重水素水」が健康によいのだという某教祖様のご託宣を信じていろいろと摩訶不思議な効能書きを述べているものがある．もちろんまっとうな根拠などどこにもない．ただ，重水を大量に経口摂取すると，ヒトには有毒であろうと考えられたこともあり，

ヴァン・ダインの『カジノ殺人事件』はこれをタネの一つに活用している．ただ，人間の体内には著しく大量の水分子があるのだし，経口摂取ではそんなにたくさんの量を一度に摂取することはできない（胃の内容積が上限となる）から，ちょっと気分が悪くなるくらいで，あとは，もともと体内に含まれている水で希釈されてしまえばそんなに影響を及ぼすほどの結果とはなりそうもない．それに水分子の代謝速度は結構早いので，核分裂生成物のSr-90などのように，長年にわたって体内に残留して悪影響を与えるなどというわけでもない．

毒性のデータ

ただ，普通の元素の同位体の場合には，質量数の差による化学的挙動の差異はきわめて小さいのであるが，水素と重水素の場合には質量比がほぼ2と大きいために，いろいろな違いが現れてもおかしくはないのである．米国にはいろいろな化学物質の毒性データを集めたTSCAというデータベースが何十年も前から構築されている．この中で"Deuterium oxide"の項を検索してみると，いろいろなことが記されているのであるが，まだまだ未判明のところも多い．重水と軽水（普通の水）の混合物の中で水生の小動物や藻類，細菌などを飼育したり，実験用の小動物を重水添加の水で飼育して異常発生を検出する試みは何十年も前から継続的に行われている．その中でいくつか興味ある発見事項をご紹介しよう．

HとDの置換によって大きな影響を受けやすいのは，水素結合の生成・解離である．これはDNAの二重らせんや，タンパク質の三次構造などを構築するにあたって重要な役割を果たしている．酵素反応などでも水素結合の果たす役割は大きい．重水素のつくる水素結合は，普通の水素のつくる水素結合よりもわずかながら強力なので，重水素の割合が大きくなると細胞内における正常な化学反応のかなりの部分が進まなくなってしまう．有核生物の場合には，細胞分裂に必要な紡錘体の形成が妨げられる．重水のみを供与した場合，植物は成長を停止し，種子も発芽できなくなる．低濃度の重水中でクロレラなどの原始的な生物を飼育し，重水素でラベルしたアミノ酸やペプチドなどをつくらせることは数十年以前から行われている．この場合，炭素源や窒素源をも重原子で置き換えさせる（つまりC-13やN-15で置き換えた生体物質をつくらせる）ことも可能なのであるが，こちらには同位体置換による悪影響はあまりみられないという．

マウスやラット，イヌなどは，25% D_2O で飼育すると不妊となる．もっと高濃度の重水（90%）中では魚類はもとより，オタマジャクシや扁虫（プラナリア），ショウジョウバエの幼生などもすぐに死んでしまう．哺乳動物の場合には，体内の重水素化が50%ほどになると死に至るのであるが，これには体の大きさと服用量しだいで必要な時間もさまざまとなる．重水中毒で死亡した実験動物（哺乳類）では，骨髄の機能不全（出血や感染）と消化管機能不全（下痢や脱水症状）が例外なく認められる．人間の体の中の水素の量は，体重のおよそ10%ほど（水に換算すると63%）ほどあるから，ヒト（成人）の重水素化には少なくとも4kgほどの重水（約2升！）が必要である．これから考えると，ヴァン・ダインの「重水を毒物として使用する」トリックを成功させるためには，作中

にある「水差し一つ」に比べたら桁違いに大量の重水を何とかして犠牲者に飲ませなくてはならないこととなる．

重水を飲んでしまった事故

ヒトが偶然に重水の混ざった飲料水を飲んでしまったという事故例の報告もあった．カナダではご承知のとおり重水を減速材として利用するCANDUタイプの原子炉が多数稼働しているが，あるとき（1990年），さる原子力発電所で，この一次冷却システムの減速材の重水の一部をサンプリング（半カップほどであったと見積もられている）したものを，だれかがうっかりして所員用のウォータークーラーの原水と一緒に混ぜてしまった．しばらくした後の定期健康診断で，何人かの所員の尿中のトリチウム濃度が異常に高いことから，冷却水（これはウランからの核分裂中性子を受けているので，トリチウムがかなり多量に含まれている）の混入が判明し，その量も推定できたのであるが，幸いにしてこれといった健康上の被害はなかったそうである．

悪性腫瘍細胞（つまり癌）に対しては，正常細胞よりもはるかに毒性が顕著に現れることが知られている．特にホウ素を用いた中性子照射治療などでは，著しい効果の増大が認められるという．これは，入射中性子のエネルギーの効果的な減速材としてはたらくためであろうが，十分に効果を発揮させるほどにまで重水素濃度を上げると，正常細胞の方も重水素による有害作用が顕著となるので，実用化はまず無理であろう．

水素エネルギー資源

水素自体は酸化されても水しかできない．水蒸気は地球大気の温暖効果をもたらす主力の気体ではあるのだが，水の大循環に組み込まれているのだから，いわゆる「二酸化炭素問題」とは無縁のエネルギー源となるはずである．資源とするためにはどのようにして安価，かつ継続的につくれるかが問題となる．現在の所はまだ試行段階ではあるのだが，炭水化物やエタノールなどを原料として，酵素反応を駆使して効率よく水素を発生させるというプロジェクトが各地で検討されている．これは炭水化物代謝の中途で発生する補酵素のNADH（ニコチンアミドアデニンジヌクレオチドの還元形）を，嫌気性条件下で分解させることで水素を得るのが主である．通常の好気性条件下では，TCAサイクルもこの嫌気性解糖系ともに稼働するので，NADHはグルコース1分子から10分子得られる計算になる．普通なら電子伝達系で酸化を受けてしまうのだが，特定の酵素が欠損している系ならば，このNADHの2分子のうち半分の1分子だけが分解して水素1分子を発生する．理論上はグルコース1モル（180g）から5モル（100L強）の水素ガスを造れることになる．現在では，効率のよい水素発生細菌の探索や，遺伝子工学の利用により特定の酵素の欠損した細菌をつくっての研究などが進められている段階である．自給自足を旨とする修道院など，種々の条件のために低能率でもよい場合もあり，このようなケースでは，廃糖蜜や厩肥などを原料にした小規模プロジェクトがすでに稼働しているようである．

ヘリウム He

発見年代:1868 年　　発見者(単離者):P. Jensen and N. Lockyer

原子番号	2	天然に存在する同位体と存在比	He-3 (0.000134), He-4 (99.999866)
単体の性質	無色無臭気体		
単体の価格 (chemicool)	5.2 $/100 g	宇宙の相対原子数 (Si = 10^6)	4.1×10^9
価電子配置	$1s^2$		
原子量 (IUPAC 2009)	4.002602(2)	宇宙での質量比 (ppb)	2.3×10^8
原子半径 (pm)	128	太陽の相対原子数 (Si = 10^6)	2.288×10^9
イオン半径 (pm)	—		
共有結合半径 (pm)	—	土壌	痕跡量
電気陰性度		大気中含量	5 ppm
Pauling	—	体内存在量 (成人 70 kg)	ごく微量
Mulliken	—	空気中での安定性	不活性
Allred	—	水との反応性	不活性
Sanderson	—	他の気体との反応性	不活性
Pearson (eV)	12.30	酸,アルカリ水溶液などとの反応性	不活性
密度 (g/L)	0.1785 (気体 0℃)		
融点 (℃)	−272.2 (28 atm)	酸化物	—
沸点 (℃)	−268.934	塩化物	—
存在比 (ppm)		硫化物	—
地殻	0.008	酸化数	0 (他)
海水	4×10^{-6}		

英 helium　独 Helium　佛 hélium　伊 elio　西 helio　葡 helio　希 ελιο (Ηλιον) (helio)　羅 helium　エスペ heliumo　露 гелий (gelij)　アラビ هيليوم (hiliyum)　ペルシ هليوم (hiliyam)　ウルド — (hiliyam)　ヘブラ הליום (helium)　スワヒ heli　チェコ helium　スロヴ hélium　デンマ helium　オラン helium　クロア helij　ハンガ hélium　ノルウ helium　ポーラ hel　フィン helium　スウェ helium　トルコ helyum　華 氦　韓・朝 헬륨　インドネ helium　マレイ helium　タイ ฮีเลียม　ヒンデ हीलियम (hiliyam)　サンス —

8　ヘリウム

太陽からの光線のスペクトルの中で発見されたので，最初は金属と思われて「ヘリウム」という名前がつけられた．

マジックヴォイス

気体中の音速は，およそのところ分子量の平方根に逆比例する．これは初歩の物理化学（分子運動論）からも導ける．空気の平均分子量は28.9だから，ヘリウム（分子量4）のおよそ7倍．ということは，純ヘリウム中の音速は$\sqrt{7}$倍ほどになる．

したがって同じ長さの管で共鳴させると，波長が同じだから周波数は$\sqrt{7}$倍となる計算である．しばらく前から市販されている「マジックヴォイス」は，もともとは潜水用の空気の代替品としてつくられたもののようで，呼吸用の酸素とヘリウムの混合気体（つまり窒素をヘリウムで置き換えたもの）だから平均分子量は6くらい．だからこの場合の周波数は$\sqrt{28.9/6} = 2.1$倍ほど，つまりほぼオクターヴ上の音となる．いわゆる「ドナルドダックヴォイス」はこの結果である．

ディズニーのアニメ映画「眠れる森の美女」の中で，ものすごいハイソプラノで歌われるテーマソングがあるが，これはもともと高い声自慢のソプラノ歌手に，さらにこのマジックヴォイス用のガスを吸わせて録音したものであるという．

お隣の韓国では，まだ「マジックヴォイス」があまりおなじみではないらしく，数年ほど前の2チャンネルの「ハングル板」の中に次のような記事があった．

『昔，韓国の企業に行ったときに隣の装置から窒素が漏れてました．（これは後で判ったことですが）

で，私はその装置の近くで作業をしていたため窒素のせいで声が変になりました．

で，それを見ていた現地のお客さんが「何故声が変わったのか」と聞くので

「窒素が漏れているみたいでそれを吸ったせいだ」と答えるとお客さん，徐(おもむろ)に装置へつながる窒素配管を外し，チューブからそのまま窒素を吸いました．

その声で電話を始め，何かえらく周りに受けてるようでした．

でも窒素配管を元に戻してなかったため，大量に不良品を製造してしまい，管理者がファビョってました．（筆者注：「ファビョン（火病）」とは韓国の人たちがよく陥るパニック状態をさす．）（620 名前：774RR, 投稿日：04/02/15　12：28, ID：28h5v85W）』

ここでは「窒素」になっているが，「窒素」では空気と分子量がそれほど違わないので，絶対音感の持ち主でもない限り，音声の変化を検知できることもない．だから不活性雰囲気をつくるための純ヘリウムガスであったと思われる．そうでなければ「大量に不良品を製造」する結果にはならないはずである．

ヘリウム価格の変遷

最近になって，ヘリウムの価格は著しく上昇している．これはその昔，米国がドイツの飛行船（ツェッペリン）用に利用されるからと輸出を禁止し，ロッキー山脈近くの地底の多孔質の岩石層へと貯蔵したためである（ヒンデンブルク号がレークハーストに到着した際に爆発炎上したのは，浮力用のガスに水素が使われていて，これが爆発したからということになっている．本当は落雷のために外壁を塗装していたアルミニウム被膜が発火したのがそもそもの原因

で，これが水素に引火したのが真相らしい）．ところが，貯蔵に必要とするコストがしだいに無視できなくなって，米国政府はこの貯蔵しているヘリウムを比較的低廉な価格で市販することとした．前のページにある「単体の価格」は，このプロジェクトが開始された頃のものである．遊園地の風船なども昔は水素でふくらませていたのであるが，安全性の問題もあってヘリウムを満たすことになって久しい．しかし，最近になって半導体製造用（上記の韓国のエピソードをも参照）と医療診断用のMRI（磁気共鳴映像法）の超伝導磁石冷却用などの用途が激増し，ついに余剰だったはずのヘリウム資源がだんだん底をつきそうになった．石油資源よりも先に枯渇しそうだという報告もある．そのためヘリウムの価格は毎年10～20%もの大幅な上昇を続けている．超伝導磁石も，液体ヘリウムをほとんど必要としない新しい素子を利用した電子冷凍システムを開発したというが，これもヘリウム価格の上昇のおかげともいえる．

いくつか知られている不安定なヘリウム原子核のうち，He-6とHe-8は比較的長い寿命（とはいっても10分の1秒のオーダー）で，He-6の半減期は807.7ミリ秒，He-8は119.0ミリ秒であるが，そのほかの同位体はみな10^{-20}秒以下のものばかりだから桁違いに長いといえる．これらはいわゆる「ハロー原子核」と呼ばれる核に属し，通常のヘリウム原子核（He-4）の核の周りに中性子からなるハロー（暈）が取り巻いている構造のものと考えられている．

現在地球上にあるヘリウムのほとんどは，ウランなどの重い原子核の壊変で放出されたα粒子の成れの果て，つまりHe-4である．そのためにマントル起源と考えられるHe-3の濃度の精密測定が日本でも各地で試みられ，地殻変動や地震などの予知情報に役立てられるのではないかと期待はされているが，まだデータ集積の段階である．

リチウム Li

発見年代：1817 年　　発見者（単離者）：J. A. Arfvedson

原子番号	3
単体の性質	銀白色金属，体心立方
単体の価格（chemicool）	27 $/100 g
価電子配置	$[He]2s^1$
原子量（IUPAC 2009）	[6.941(2)]
原子半径（pm）	152
イオン半径（pm）	78
共有結合半径（pm）	123
電気陰性度	
Pauling	0.98
Mulliken	1.3
Allred	0.97
Sanderson	0.86
Pearson（eV）	3.01
密度（g/L）	534（固体）
融点（℃）	180.49
沸点（℃）	1,340
存在比（ppm）	
地殻	20
海水	0.17

天然に存在する同位体と存在比	Li-6 (7.59), Li-7 (92.41)
宇宙の相対原子数（Si = 10^6）	100
宇宙での質量比（ppb）	6
太陽の相対原子数（Si = 10^6）	55.47
土壌	40（1～160）ppm
大気中含量	痕跡量
体内存在量（成人 70 kg）	7 mg
空気中での安定性	常温では表面が酸化物と窒化物被膜で覆われる．200℃以上では燃焼して Li_2O を生成
水との反応性	溶解して H_2 を発生
他の気体との反応性	H_2 とは高温で反応し LiH となる．N_2 と高温で反応させると LI_3N ができる
酸，アルカリ水溶液などとの反応性	酸とは激しく反応し H_2 を放出．メタノールやエタノールとはアルコキシドを形成して溶け，H_2 を放出．液体アンモニアにも可溶
酸化物	Li_2O
塩化物	LiCl
硫化物	Li_2S
酸化数	+1（他）

英 lithium　独 Lithium　佛 lithium　伊 litio　西 litio　葡 litio　希 λιθιο (lithio)　羅 lithium　エスペ litio　露 литий (litiij)　アラビ ليثيوم (līthiyūm)　ペルシ ليتيوم (litiyam)　ウルド — (litiyam)　ヘブラ ליתיום (lithium)　スワヒ lithi　チェコ lithium　スロヴ litium　デンマ litium　オラン lithium　クロア litij　ハンガ litium　ノルウ litium　ポーラ lit　フィン litium　スウェ litium　トルコ lityum　華 鋰, 锂　韓・朝 리튬　インドネ litium　マレイ lityum (litium)　タイ ลิเทียม　ヒンデ लिथियम (litiyam)　サンス —

宇宙での炎色反応？

　紅色の鮮やかな炎色反応を示すので，しばらく前にわが国の高層観測ロケットから放出される様子をアマチュア写真家たちが撮影した画像は，いくつかの新聞にも掲載された．ストロンチウムも同じように紅色の炎を生じるが，二つ並べてみると色調は明らかに異なる（受験化学ではどちらも「紅色」になって区別しようがないであろうが）．コバルトガラスを通してみると，色調の差はいくぶんかはっきりしてくる．

　電気化学当量が小さいために，電池の軽量化に大きく貢献しているのであるが，リチウムの資源の争奪はそのために以前よりも激しくなった．もともと将来の核融合の実用化を見越して，リチウムの備蓄（もっともこれはトリチウムの原料となる Li-6 が主目的なのである）がロシアや米国などで密かに行われてきたのであるが，たくさん含まれている Li-7 の方は核融合原料にはまわせないので，同位体濃縮を行ったカス（劣化リチウム？）が市販されるようになった．そのために，本書の見返しの原子量表でもリチウムの原子量にはかなりの変動が見越された値となっている．もちろん電池に利用したり，通常の化学反応に使ったりするにはどちらでも別に違いはない．

斜方向類似性

　Li^+ イオンは，化学的にはすぐ下の Na^+ イオンよりもその隣のマグネシウムのイオン Mg^{2+} と類似した性質を示すことが少なくない．たとえば，フッ化物やリン酸塩が水に溶けにくいことなどはその例である．これはいわゆる「斜方向類似性」の好例でもあるのだが，イオンの電荷よりもサイズ（イオン半径）の影響が大きく現れる結果であろう．有機マグネシウム化合物は，グリニャール試薬などで合成化学者にもすっかりおなじみであるが，同じように有機リチウム化合物も有機ナトリウム化合物よりはずっと簡単につくれるし，有機合成反応には広く用いられている．

リチウムの薬効——神経活動への影響

　躁うつ病のコントロールに対するリチウム剤の使用は，オーストラリアの病院で偶然のことから発見されたという．長年のあいだ躁うつ症の発作に苦しみ，長期間の入院生活を送っていた患者が，リチウム剤（炭酸リチウム）の投与によって劇的な回復ぶりをみせ，平常の生活に復帰できたというのは，当時の医師たちにとって本当に驚天動地のできごとであったという．ただ，有効投与量の範囲が狭く，少なければ効力がないし，多すぎれば副作用が生じるために，投与に際しては血液中のリチウム濃度をモニターしながら行う必要がある．幸いにしてリチウムの濃度測定は炎光分析などで簡単に行えるから，医療現場においてもそれほどの困難はないという．

　土壌中のリチウム含量が極端に少ない地域では，居住人口当たりの自殺件数や，殺人，麻薬使用などの犯罪による逮捕件数が，他の地域に比べて異常に高かったという報告もあるという．これがヒトにおけるリチウムの「欠乏症」といえるかどうかはわからないが，もしそのような相関が強くあるとすれば，まさに環境のヒトの精神生活に及ぼす効果の好例となるであろう．

ベリリウム Be

発見年代：1797 年　　　発見者（単離者）：L. N. Vauquelin

原子番号	4	天然に存在する同位体と存在比	Be-9（100）
単体の性質	灰色金属，六方晶系	宇宙の相対原子数（Si＝10^6）	20
単体の価格（chemicool）	530 \$/100 g	宇宙での質量比（ppb）	2
価電子配置	[He]$2s^2$	太陽の相対原子数（Si＝10^6）	0.7374
原子量（IUPAC 2009）	9.012182(3)		
原子半径（pm）	113.3		
イオン半径（pm）	34	土壌	6 ppm
共有結合半径（pm）	89	大気中含量	痕跡量
電気陰性度		体内存在量（成人 70 kg）	35 μg
Pauling	1.37	空気中での安定性	表面に酸化被膜を生じて不働態となる．粉末は可燃性
Mulliken	—		
Allred	1.47	水との反応性	反応しない
Sanderson	1.61	他の気体との反応性	H_2 とは反応しない．N_2 とは高温で窒化物を生成
Pearson（eV）	4.90		
密度（g/L）	1,848（固体）	酸，アルカリ水溶液などとの反応性	希酸水溶液やアルカリ水溶液に可溶，濃硝酸には不溶
融点（℃）	1,278		
沸点（℃）	2,970（加圧下）	酸化物	BeO
存在比（ppm）		塩化物	$BeCl_2$
地殻	2.6	硫化物	BeS
海水	(3.5～22)×10^{-8}	酸化数	＋2（他）

英 beryllium　独 beryllium　佛 béryllium　伊 berillio　西 berilio　葡 berilio　希 βηρυλλιο (veryllio)　羅 beryllium　エスペ berilio　露 бериллий (berilij)　アラビ بيريليوم (bīrīliyūm)　ペルシ بريليوم (beriliyam)　ウルド — (beriliyam)　ヘブラ ברילים (berilium)　スワヒ berili　チェコ beryllium　スロヴ berýllium　デンマ beryllium　オラン beryllium　クロア berilij　ハンガ berillium　ノルウ beryllium　ポーラ beryl　フィン beryllium　スウェ beryllium　トルコ berilyum　華 鈹,铍　韓・朝 베릴륨　インデネ berilium　マレイ berilium　タイ เบริลเลียม　ヒンデ बेरिलियम (beriliyam)　サンス —

金属ベリリウムの用途

表面に強固な酸化物被膜が生じるために，空気中でも金属のままで取り扱える原子番号最小の金属元素であるから，その特徴を活用していろいろな方面に活用されている．しかしあまり表立って派手やかなところには出てこないので，その重要性が世間にはあまり認められていないのであろう．

なかでも重要なのは，X線を透過できるための窓材料である．X線は電子によって散乱されるのであるから，原子番号の大きな元素ほど散乱能が大きいし，鉛に至っては遮蔽材料ともなるのであるが，透過能力は原子番号の小さな元素ほど大きくなる．したがって大気中にさらしても安定な窓に使用するには，金属リチウムは大気中ではどんどん酸化されてしまうので，金属ベリリウム以外にはありえないことになる．

宝石の成分

宝石のエメラルドやクリソベリル（金緑石）はどちらもベリリウムが主成分の一つであるが，エメラルドは美しい緑色をもつ緑柱石（ベリル）の宝石としての名称であり，この色の本体は $Cr(III)$ によるものである．アクアマリンも鉱物本体はエメラルドと同じく緑柱石なのであるが，こちらの色の源は二価鉄 $(Fe(II))$ である．アレキサンドライトやキャッツアイ（猫眼石）も鉱物としてはクリソベリルであるが，色調の違いは，含まれている遷移金属イオンによるものである．もっともアレキサンドライトは太陽光のもとでは緑色に，タングステンランプなどの白熱燈のもとではルビー赤色を示すという変わった性質があるために珍重される．しかしこの色の源は $Cr(III)$ だといわれているけれども，まだ完全に解明されてはいないらしい．なお，「合成アレキサンドライト」は以前はクリソベリルではなくスピネル $(MgAl_2O_4)$ に $V(III)$ をドープしてつくられていたもの（つまり組成からすると完全な偽物）であったようであるが，1970年頃から本物と同じ組成のクリソベリルに $Cr(III)$ を含ませたものがつくられるようになった．これはルビーと同じように優れたレーザー材料でもあり，アレキサンドライトレーザーが美容整形手術などに用いられるようになったという．

電子材料

絶縁体で熱の良導体であるのは，酸化ベリリウム（ベリリア）の何ものにもまさる特徴の一つで，他の化合物ではあまりみられない．酸化ベリリウムのこの特徴を買われて，電子回路の小型化に伴って絶縁膜材料として注目されてはいるのであるが，何しろ資源の偏在と粉末の有毒性のために，単結晶ダイヤモンドの薄膜が自由に合成できるようになるまでのつなぎ的なものとみなされている．

電子回路はサイズが小さくなると，ここで発生するジュール熱を迅速に外部へ放出する必要が生じてくるが，熱伝導率が悪いと局所的に温度が上昇し，その結果として熱雑音レベルが上がってくる．ところが通常の電子材料では，絶縁体はおおむね熱伝導率も小さいのである．そのために，原子番号が小さくてかつ結晶性に優れた物質が要求されるわけである．

少し以前のパーソナルコンピュータは，長時間使用して筐体内に熱がこもるとうまく動かなくなり，ときには熱暴走を起こすものが少なくなかったし，スーパーコンピュータの初期の頃，有名であったクレイ

のマシンは，本体よりも冷却装置の方が筐体の大きな部分となっていたほどで，いかにこの熱対策がたいへんであるかが如実にわかる．これからますますユニットの小型化が進むとすると，またベリリアの再評価が起きるかもしれない．

甘味と毒性

ベリリウムの塩類は，なめると甘味を呈する．同じアルカリ土類金属のマグネシウムの塩類は苦味が特徴的であるのとは反対である．そのために，以前（明治の初年頃）は酸化ベリリウムを「甘土」，酸化マグネシウムを「苦土」と対にして呼んだようである．苦土の方は現在でも鉱物名などに生き残っているが，「甘土」はすっかり耳遠くなってしまった．もっともこれは，ヴォークランが命名した"glucina（←glucinum）"の華訳に由来したのかもしれない．実際にはマグネシウムの方が人体には必須元素なのに，ベリリウムはむしろ有害面の方が目立っている．「良薬は口に苦し」という古来のことわざがまさにこれに対応しているのであるが，同じように舌に甘味が感じられても有害なものには鉛のイオンがあり，酢酸鉛は別名を「鉛糖」というくらいである．このような無機イオンの味覚神経に対する相互作用には，まだまだ検討の余地が存在しているようである．

ホウ素 B

発見年代：1808年　発見者（単離者）：H. Davy, J. L. Gay-Lussac/L. J. Thénard

原子番号	5	天然に存在する同位体と存在比	B-10 (19.9), B-11 (80.1)
単体の性質	黒色金属光沢，三方晶系	宇宙の相対原子数 $(Si=10^6)$	24
単体の価格（chemicool）	250 $/100 g	宇宙での質量比（ppb）	2
価電子配置	[He]$2s^2 2p^1$	太陽の相対原子数 $(Si=10^6)$	17.32
原子量（IUPAC 2009）	10.811(7)		
原子半径（pm）	83	土壌	15（1〜450）ppm
イオン半径（pm）	23	大気中含量	雨水中に痕跡量
共有結合半径（pm）	88	体内存在量（成人 70 kg）	18 mg
電気陰性度		空気中での安定性	常温では反応しない．300℃以上では酸化される
Pauling	2.04		
Mulliken	1.8	水との反応性	反応しない
Allred	2.01	他の気体との反応性	N_2とは高温で反応しBNを生成．ハロゲンとの反応ではBX_3を生成するが，室温で反応するのはF_2のみ
Sanderson	1.88		
Pearson（eV）	4.29		
密度（g/L）	2,370（固体）		
融点（℃）	2,079	酸, アルカリ水溶液などとの反応性	塩酸，フッ化水素酸とは反応しない．硝酸には可溶
沸点（℃）	2,850（昇華）		
存在比（ppm）		酸化物	B_2O_3
地殻	1.0	塩化物	BCl_3
海水	4.41	硫化物	B_2S_3
		酸化数	+3, 0（他）

英 boron　独 Bor　佛 bore　伊 boro　西 boro　葡 boro　希 βορ ιο (vorio)　羅 boronium　エスペ boro　露 бор (bor)　アラビ بورون (burun)　ペルシ بور (bor)　ウルド بورون (boron)　ヘブラ בורון (bor (boron))　スワヒ boroni　チェコ bor　スロヴ bór　デンマ bor　オラン boor　クロア bor　ハンガ bor　ノルウ bor　ポーラ bor　フィン boori　スウェ bor　トルコ bor　華 硼　韓・朝 붕소　インドネ boron　マレイ boron　タイ โบรอน　ヒンデ बोरोन (boron)　サンス —

中世までの用途

以前は「硼素」と書いたが，これはborax（ホウ（硼）砂）の成分という意味である．ホウ砂（$Na_2B_4O_7 \cdot 10H_2O$）は現代ではすっかりおなじみの物質で，洗剤に配合されたり，お遊びでの「スライム」をつくるのに使われたりしているが，実は中世までは洋の東西を問わず高貴薬に属していた．ジョフリー・チョーサーの『カンタベリ物語』の中にも高価な薬品として登場している．このほかには，金銀細工のフィリグランを製作するための融剤として用いられた．現在でも，なかなか溶液にしにくい岩石や鉱物を可溶化するためには，炭酸カリウムとホウ砂の混合融剤を用いる手法が用いられることが少なくない．

高貴薬の産地

中世当時の産地として知られていたのは，世界広しといえどもチベットの「ラムドク・ツォ」という鹹湖だけであった．この湖は，その昔のインドからシッキムを経てチベットのラサに向かう本街道（通商路）の途中にあり，わが国の河口慧海上人も，ラサから帰国の途中でこの湖畔を通過し，「この湖の水は独特の甘いような味がする」という旨の記載を残している．この本街道は当時，外国人の通行が許されていなかったので，慧海上人はチベット入りに際し，はるか西方のマナサロワール湖やカイラーサ山（インダス，ガンジス，ブラマプトラ，サトレジの4本の大河の水源が周辺にあるため，現世の須弥山と呼ばれていて，21世紀の現在でも参詣する人間が絶えない）へ巡礼してからラサへ向かったのである．

ルネッサンス時代の初期，ローマ法皇領であった北イタリアのサッソで天然ホウ酸の鉱山が発見された．サッソはアペニン山脈を挟んでフィレンツェの反対側にあり，現代では交通の要所（高速道路の大きなインターチェンジがある）として有名であるが，当時はたいへんな寒村であったらしい．天然ホウ酸は「サッソ鉱（sassolite）」という．まだ高価であったので，当時の何代かの贅沢な法皇様のお手元金の財源となったといわれる．

米国での発見

やがて新大陸が発見され，北米大陸中西部のアルカリ塩の露出した平原・砂漠地域（コナン・ドイルの『緋色の研究』の舞台でもある）地区の西端，カリフォルニア州の乾燥地帯のデスヴァレーの中で，巨大なホウ砂の鉱床が発見された．当時すでにホウ酸の炎色反応（アルコールに溶かして燃やしたときに鮮やかな緑色となる）による検出法（これは18世紀のフランスの高名な薬剤師であったジョフロワ兄弟のうちで，弟の方のエティエンヌ・ジョフロワが発見した方法である）が普及していたので，発見者のウィリアム・コールマンはこの炎の色を，同行していたかみさんにもみせて確認した後，抜け目なく鉱区設定をして一手採掘を行い，たちまちにして巨万の富を積むことができた．ただし，当時は輸送のための交通手段がきわめて貧弱であったために，たくさんのラバを買い込んで，20頭引きの巨大な馬車（1台の積載量はおよそ10トン！）に採掘したホウ砂鉱石をのせたチームを編成して，もっとも近い鉄道駅（モハーヴェ・ジャンクション）まで165マイルもの道を運ばせたという．1日におよそ17マイルほど進むので，往復には丸々20日を要した．このラバ20頭に引かせている馬車の写真は，Santa Clarita

Valley History In Pictures の中の Borax: The Twenty Mule Team の項（http://www.scvhistory.com/scvhistory/borax-20muleteam.htm）でみることができる．この活躍は丸7年以上も続いたが，その間ただの一度も事故がなかったことも語りぐさとなっている．

　このホウ砂の鉱床は現在でも稼働していて，露天掘りで日産1万トン以上を産出している．鉱山町の名称は"Boron"という．元素名そのままなのである．場所は，ロサンゼルスの北方向におよそ200 km，広い面積を専有している米空軍のエドワーズ基地の北側である．なお，コールマン石という名称のホウ酸塩鉱物もあり，この組成は $Ca_2B_6O_{11} \cdot 5H_2O$ である．

炭 素 C

発見年代：不明　　発見者（単離者）：—

原子番号	6	天然に存在する同位体と存在比	C-12 (98.93), C-13 (1.07)
単体の性質	無色結晶，立方晶系	宇宙の相対原子数 (Si = 10^6)	1.1×10^7
単体の価格（chemicool）	2.4 \$/100 g	宇宙での質量比（ppb）	5.0×10^6
価電子配置	[He]$2s^2 2p^2$	太陽の相対原子数 (Si = 10^6)	7.079×10^6
原子量（IUPAC 2009）	12.0107(8)		
原子半径（pm） イオン半径（pm） 共有結合半径（pm）	70 260 (C^{4-}) 77	土壌	変動が大きい
		大気中含量	350 ppm（CO_2）
		体内存在量（成人 70 kg）	16 kg
電気陰性度 　Pauling 　Mulliken 　Allred 　Sanderson 　Pearson (eV)	 2.55 2.5 2.50 — 6.27	空気中での安定性	常温では安定．強熱すると CO_2 を生成
		水との反応性	反応しない
		他の気体との反応性	—
密度（g/L）	3,510（ダイヤモンド）	酸，アルカリ水溶液などとの反応性	硫硝酸混合物では酸化されて石墨酸となる．濃硝酸酸化ではメリット酸を生成
融点（℃）	3,550		
沸点（℃）	4,800	酸化物 塩化物 硫化物	CO，CO_2 CCl_4，多数のクロロカーボンが存在 CS_2
存在比（ppm） 　地殻 　海水	 480 23〜28	酸化数	+4，+2，0，−2，−4（他）

英 carbon　独 Kohlenstoff　佛 carbone　伊 carbonio　西 carbono　葡 carbono　希 αυθρακο (authrako)　羅 carbonium　エスペ karbono　露 углерод (uglerod)　アラビ كربون (karbun) (faHm))　ペルシ كربن (karbun)　ウルド — (karban)　ヘブラ פחמן (pahman)　スワヒ kaboni　チェコ uhlik　スロヴ uhlik　デンマ carbon　オラン koolstof　クロア ugljik　ハンガ szén　ノルウ karbon　ポーラ wegiel　フィン hiili　スウェ kol　トルコ karbon　華 碳　韓・朝 탄소　インドネ karbon　マレイ karbon　タイ คาร์บอน　ヒンデ कार्बन (karban)　サンス —

る.

南ドイツの観光名所として有名なロマンティック街道（Romantische Strasse）は，フランクフルトの東の学都ヴュルツブルグから南に連なるいくつもの古い町をたどるのであるが，この途中にネルトリンゲンという小さな町がある．北からこの街道をたどると，名高いローテンブルクを経てしばらく細い谷筋を抜けると，やがてほとんど樹木のない広い盆地に出るが，この中心にある町である．中世以来の楕円形の城壁に囲まれ，中心部には古い教会がある．この盆地は「リース（Ries）」と呼ばれるが，中生代の厚い石灰岩地層にその昔隕石が落下した結果生じたインパクトクレーターのあとで，直径はおよそ20 km，あちらの5万分の1の地形図1枚（日本の地形図とほぼ同じサイズであるが，多色刷りでもっときれいである）にちょうど収まるほどである．この教会は隕石落下で変成した大理石でつくられていて，顕微鏡的なダイヤモンド粒子が多数含まれていることでも名高い．なお，始祖鳥などいろいろな化石を産出することで有名なゾルンホーフェンは，このネルトリンゲンのリース盆地の東30 kmくらいに位置する．つまり，ヨーロッパ全土に広がる同じ石灰岩地層の盆状の連なり（ケスタ）の一部である．

この盆地の中で発見された微小なグラファイトの中に，銀白色を呈する奇妙なものが発見された．もともと小さな塊の中に筋状の構造をなして含まれているので，X線利用による分析しかできないほどの微小な試料であったが，炭素以外のものは痕跡量しか含まれていないもので，既知のグラファイトとは回折パターンが異なる（つまり構造が違う）こともわかった．

カルビン

一方，旧ソ連の研究者グループは，「カルビン（carbyne）」という炭素の同素体の存在について，かなり以前から報告を出している．ところが，欧米の研究者たちはなかなかこの結果を認めようとはしなかった．同じものを報告どおりに調製しようとしても，なかなか再現できなかったからでもある．そのために現在でも，多くの標準的な無機化学のテキスト類にはほとんど記載されていない．

カルビンは炭素原子が長い鎖状に連なったもので，いわば一次元の炭素原子集合であろうと考えられた（グラファイトは二次元の平面に並んだもの，ダイヤモンドは三次元構造をつくったものになる）．ところが，実はこのカルビンにはいろいろな変わった構造のものが含まれていることが後にわかり，その中の一つがいまの「白いグラファイト」にあたることも判明した．一次元構造の炭素鎖としてすぐに考えられるのは，ポリアセチレン（つまり単結合と三重結合が一つおきに並んだもの）構造とポリクムレン（二重結合が連結したもの）構造であるのだが，このほかにもいろいろな組合わせがあるらしく，現在では少なくとも数種類が識別されている．

ポリアセチレンの両端にシアノ基などの保護基をつけたものは，「エンジェルヘア」などとも呼ばれるのであるが，これを適当な条件下で分解させて保護基を除くと，かご状のフラーレン分子（C_{60}）が生成することもわかっている．つまり，この炭素の長い鎖は必ずしも直線的に配列しているわけではなく，らせん状に並ぶこともありうる．宇宙空間にも，このポリアセチレン単位を含む星間分子の存在が以前から報告さ

れているのであるから，フラーレン分子が存在してもおかしくはない．フラーレンの発見でノーベル化学賞をもらった中の一人であるクロトー（H. Kroto）は，グラファイトからカルビンをつくろうとしてフラーレンを得たのである．

図1　南ドイツの略図
リースクレーターは直径幅20 kmある．

窒 素 N

発見年代：1772 年　　発見者（単離者）：J. Black

原子番号	7
単体の性質	無色無臭気体
単体の価格（chemicool）	0.4 \$/100 g
価電子配置	$[He]2s^2 2p^3$
原子量（IUPAC 2009）	14.0067(2)
原子半径（pm）	65
イオン半径（pm）	—
共有結合半径（pm）	70
電気陰性度	
Pauling	3.04
Mulliken	2.9
Allred	3.07
Sanderson	2.93
Pearson（eV）	7.30
密度（g/L）	1.2506（気体0℃）
融点（℃）	−209.86
沸点（℃）	−195.8
存在比（ppm）	
地殻	25
海水	0.00008〜0.54
天然に存在する同位体と存在比	N-14 (99.636), N-15 (0.364)
宇宙の相対原子数（Si = 10^6）	3.0×10^6
宇宙での質量比（ppb）	1.0×10^6
太陽の相対原子数（Si = 10^6）	1.95×10^6
土壌	約 5 ppm
大気中含量	78%
体内存在量（成人 70 kg）	1.8 kg
空気中での安定性	反応しない
水との反応性	反応しない
他の気体との反応性	O_2 とは高温で反応し NO を生成．H_2 とは高温・高圧下で反応し NH_3 を生成．ハロゲンとは反応しない
酸，アルカリ水溶液などとの反応性	反応しない
酸化物	N_2O, NO, N_2O_3, NO_2, N_2O_5
塩化物	NCl_3
硫化物	N_4S_4
酸化数	+5〜−3（他）

英 nitrogen　独 Stickstoff　佛 azote　伊 azoto　西 nitrogeno　葡 nitrogenio　希 αζωτο（azoto）羅 nitrogenium　エスペ nitrogeno　露 азот（azot）　アラビ نيتروجين（nitrujin）　ペルシ نیتروژن（nitrojen）　ウルド نائٹروجن（naitrojan）　ヘブラ חנקן（hankan）　スワヒ nitrogeni　チェコ dusík　スロヴ dusík　デンマ kvælstof　オラン stikstof　クロア dusik　ハンガ nitrogén　ノルウ nitrogen　ポーラ azot　フィン typpi　スウェ kväve　トルコ azot　華 氮　韓・朝 질소　インドネ nitrogen　マレイ nitrogen　タイ ไนโตรเจน　ヒンデ नाइट्रोजन（naitrojan）　サンス —（amiakarah）

爆発物の原料

2004年4月に北朝鮮の京義線の龍川駅で起きた大爆発事故はまだ記憶に新しいが、かの国で生産されている窒素肥料の硝酸アンモニウム（硝安）を積載した貨車が、何らかのショックによって大爆発を起こしたものである。わが国であれば窒素肥料の主役は硫安，すなわち硫酸アンモニウム，あるいは尿素や石灰窒素であるが，白頭山（長白山）以外には火山の少ない北朝鮮領では、硫酸の製造に必要な硫黄や硫化鉱物も乏しいようで，ハーバー・ボッシュ窒素固定法でつくったアンモニアから，オストヴァルト方式の触媒酸化で合成できる硝酸を用いて中和し生産される硝安が，窒素肥料の主産物となっているためである。

この爆発事故の原因には諸説があって，いまでも完全に解明されてはいないようであるが，当初ささやかれた「将軍様の暗殺未遂」（お召し列車の通過の数時間後であった）よりも，鉄道施設の保守が劣悪であるためのアクシデントであるらしい。この半年後にも鴨緑江近くの別の地域（テポドンミサイルの発射基地のすぐそば）でもっと大規模な鉄道爆発事故が起きているのであるが，衛星写真でキノコ雲が観測されたものの，世界のマスコミも，「また肥料の爆発らしいから，もはや珍しくもない」とあまり騒がなかったくらいだから。

国連組織の一つであるUNEPの報告によると、この龍川の事故では、硝酸アンモニウム（硝安）40トンを積載した貨車2両と、石油を満載したタンク車1両とが衝突したものと推定されている。「硝酸アンモニウムなんてどこの実験室にもあるけど、爆発するなんてみたことも聞いたこともない」という面々が少なくないが，通常の試薬瓶（せいぜい500g）程度の純品なら安心だけれども、量が桁違いに多くなり、かつ還元性の不純物が混入していたり、可燃性の物質と接触した場合には爆発の危険性はきわめて大きくなる。米国の化学品輸送規格では、可燃性の不純物が0.2%以下なら酸化性物質，0.2%以上なら爆発性物質となっている。

オクラホマのビル大爆破事件で犯人の使ったアンホ（ANFO）は、硝酸アンモニウムと燃料油の混合物（ammonium nitrate-fuel oil）である。先ほどの北朝鮮の事故は、衝突の結果、意図せずしてこれを調合したことになったようなものである。

過去の大爆発事故

米国のテキサスシティ（ヒューストンの外港の一つ）で起きた硝酸アンモニウム大爆発（1947年）は肥料を満載した船舶で起きたもので、港湾近くの市街地が文字どおり一掃され、人的被害も大きかったのは北朝鮮の事故以上であった。また1994年には、同じく米国アイオワ州の肥料工場で、硝酸とアンモニアの中和反応槽が過熱して爆発を起こした例もある。さらに2001年には、フランスのツールーズ近郊の肥料会社AZF（Azote de France，つまりフランス窒素会社）でやはり硝酸アンモニウム肥料200〜300トンの爆発事故があり、31人の死者、2,500人ほどの負傷者が出ている。世界的にみると、硝酸アンモニウム肥料の爆発事故は決して少なくはないのである。

歴史的に有名なものとして、1921年にドイツのオッパウにあったBASFの工場で起きた大爆発事故がある。これは、硝酸アンモニウムと硫酸アンモニウムの混合物

が固化して塊となってしまったものを，爆薬を使って粉砕しようとした結果，大爆発となった．ここでは，それまでも同様な粉砕操作を1万回以上行っていたが，全く爆発は起きなかったので，誰一人この混合物が爆発性であるとは考えてもいなかったのである．このときは4,500トンの肥料混合物を収めていたサイロが爆発し，半径250フィート，深さ50フィートに及ぶすり鉢状の爆発孔が生じたという．死者は450人とも600人ともいわれる．ハイデルベルクにあるボッシュ記念館に行くと，この折りの詳しい現場写真などがまとめて展示してある．

エアバッグ

自動車用のエアバッグは，同じように爆発によって瞬時に窒素ガスが発生することを利用している．この際には，アジ化ナトリウムと硝酸ナトリウムの混合物を利用している．アジ化ナトリウム（昔風には窒化ソーダ）は，高温で分解して窒素ガスと金属ナトリウムを生成するので，高純度の金属ナトリウムの製造には現在でも利用されているのであるが，自動車事故で金属ナトリウムが生じるようでは，かえって危険物質をつくってしまうことになる．そのために硝酸ナトリウムを共存させて，生成した金属ナトリウムと反応させ，こちらからも窒素ガスをつくらせるように工夫されている．最初の頃のエアバッグには，起爆薬などにも用いられるアジ化鉛が利用されていたが，これはあまりにも敏感でありすぎ，さらに分解した後に有害でかつ発火性をもっている金属鉛の粉末が残るということで，アジ化ナトリウムに切り替えられたという歴史がある．

窒素固定法

大気中には，体積比にしておよそ80%の窒素が含まれている．しかし，この窒素はN_2の形で，通常の条件では化学反応を起こさせることは著しく難しい．ドイツのハーバーが，高圧装置を利用して窒素と水素との反応でアンモニアの工業的合成を可能にしたことは，テキスト類にも例外なく掲載されているのであるが，これは「還元窒素固定」法である．これより以前にノルウェーの物理学者で，高層大気やオーロラの研究で名高いビルケラン（K. O. Birkeland, 1867-1915）が，空気中に高圧放電を行わせることで一酸化窒素を合成できることを発見した．一酸化窒素は容易に二酸化窒素に酸化されるから，水に溶かして硝酸と亜硝酸の混合液とし，石灰で中和することで硝酸カルシウムを工業的に製造することが可能となった．そのために，硝酸カルシウムには「ノルウェー硝石」という別名もある．この方法は通常「バークランド・アイデ法」と呼ばれているが，バークランドはビルケランの英語読みである．こちらは「酸化的窒素固定」法にほかならない．

ビルケランは第一次世界大戦の開戦当時，南アフリカに滞在中で，帰国が不可能となり，大きく寄り道をして日本経由で戻ろうとしたが，やはりなかなか渡航できず，余儀なく日本に滞在していたが，やがて死去した．自殺であったといわれる．

この「バークランド・アイデ法」は，いわば実験室的な雷による窒素固定ともいえる．その昔，水田に雷が落ちた場合には，落下地点に注連縄を張ったりして特別な扱いをした．神様が好まれた田（御刀代田）だとされたのである．以前であれば，水田

にはほとんど肥料などを施すことがなかったから，落雷によって窒素固定が行われ，硝酸イオンなどが供給されれば収穫量は上がる．神の恵みとされたのも当然であろう．ベトナムやラオス，カンボジアなど東南アジア諸国では，きわめて粗放的な水稲栽培が行われているのだけれども，イネの収穫量は結構多く，いずれもこと米に関しては輸出大国であるのは，上流のチベットや雲南高原地帯での落雷による窒素固定のために，河川水から硝酸イオンが供給されるためであるという．

窒素の同素体

窒素を含む爆発性化合物は，黒色火薬やニトログリセリン，ダイナマイトなど昔からいろいろと探求されてきたが，最近話題となっているものに，ペンタニトロゲニウムイオン（$[N_5]^+$）を含むものがある．このイオンはV字形であるという．いろいろな陰イオンを含む塩類も合成されているが，その中にはアジ化物も含まれている．これは$[N_5]^+[N_3]^-$のような組成であるらしく，全部窒素原子だけでできているので，窒素の同素体にほかならない．著しく不安定であることは想像に難くないが，もし上手な取扱い方法が確立されれば，ロケットなどの固体燃料としてずいぶん便利であろう．

亜酸化窒素麻酔

亜酸化窒素はその昔，英国のプリーストリー（酸素の発見者）がはじめてつくったといわれるが，詳しい研究を行ったのはハンフリー・デーヴィーである．18世紀の末頃から19世紀の初頭にかけては，いろいろな気体について，その生理作用を研究することが一つの流行でもあった．デーヴィーは亜酸化窒素をつくって自分で吸い込んでみたり，友人に吸入させたりして，この気体は気分を高揚させる（現代風なら「ラリった」状態になる）効果があることに気づいた．「笑気（laughing gas）」という名もここからついた．やがて，このガスを吸い込むことを目的とした，乱痴気パーティーが開かれるようになった．簡単な装置ですぐに調製できるので，まもなく英米の大学生たちの間でも大流行することになった．

亜酸化窒素を調製するには，現在ならば硝酸アンモニウムを注意して熱分解する方法で純品を得ているのであるが，当時は閉じた容器中で大過剰の還元剤（金属鉄や金属銅など）と硝酸を反応させる方法がとられたらしい．得られた気体はウシの膀胱（当時はまだゴム風船はつくられていなかった）などに集め，これから筒を通して吸い込むことになった．パーティーを開くには，前もってこのウシの膀胱にいっぱいためておき，参加者がアラビアの水キセルよろしく順繰りに回しのみすることとなる．

当時の英国の好事家たちは，最先端の試みとばかりに早速飛びついたようである．詩人のコールリッジなども大ファンとなった．やがて笑気ガスを吸い込んだ人間が，けがをしてかなりの血を流しても，全く痛みを感じないことに気づいた米国の歯科医師ホレース・ウェルズ（1815-1848）が，これを手術時に応用できないかと考えた．1844年のことであった．それまでの外科手術は，ほとんどが麻酔なしで行われていたので，これは患者にとって大福音となるはずだったのであるが，ウェルズ医師は最初の公開実験で緊張のあまり失敗してしまい，その後も先取権争いなどいろいろとも

めごとがもち上がり，なかなか普及するまでには時間がかかった．このあたりの事情に関しては，『エーテル・デイ― 麻酔法発明の日』（ジュリー・M. フェンスター著，安原和見訳，文春文庫，文藝春秋社）や，『医学を変えた発見の物語』（ジュリアス・H. コムロウ著，諏訪邦夫訳，中外医学社）などに詳しい．

酸 素 O

発見年代：1772/1774 年　　発見者（単離者）：C. W. Scheele and J. Priestley

原子番号	8
単体の性質	無色無臭気体
単体の価格（chemicool）	0.3 $/100 g
価電子配置	$[He]2s^22p^4$
原子量（IUPAC 2009）	15.9994(3)
原子半径（pm）	60
イオン半径（pm）	132（O^{2-}）
共有結合半径（pm）	66
電気陰性度　Pauling	3.44
Mulliken	3.0
Allred	3.50
Sanderson	3.46
Pearson（eV）	7.54
密度（g/L）	1.429（気体 0℃）
融点（℃）	-218.4
沸点（℃）	-182.96
存在比（ppm）　地殻	474,000
海水	海水の主成分
天然に存在する同位体と存在比	O-16 (99.757), O-17 (0.038), O-18 (0.205)
宇宙の相対原子数（Si = 10^6）	3.1×10^6
宇宙での質量比（ppb）	1.0×10^7
太陽の相対原子数（Si = 10^6）	1.413×10^6
土壌	鉱物および土壌水の形で含まれる
大気中含量	21%
体内存在量（成人 70 kg）	43 g
空気中での安定性	常温では反応しない
水との反応性	反応しない
他の気体との反応性	N_2 とは高温で反応し NO を生成。H_2 とも高温、または触媒の存在下で H_2O を生成
酸，アルカリ水溶液などとの反応性	一部の還元性のある酸などは酸化を受ける
酸化物	—
塩化物	Cl_2O
硫化物	SO_2, SO_3
酸化数	0, -1, -2（他）

英 oxygen　独 Sauerstoff　佛 oxygène　伊 ossigeno　西 oxigeno　葡 oxigenio　希 οξυγενο (οξυγονο)　(oxygeno (oxygono))　羅 oxygenium　エスペ oksigeno　露 кислород (kislorod)　アラビ أكسجين (uksijin)　ペルシ اکسیژن (aksijen)　ウルド آکسیجن (aksijan)　ヘブラ חמצן (hamtsan)　スワヒ oksijeni　チェコ kyslík　スロヴ kyslík　デンマ ilt　オラン zuurstof　クロア kisik　ハンガ oxigén　ノルウ oksygen　ポーラ tlen　フィン happi　スウェ syre　トルコ oksijen　華 氧　韓・朝 산소　インドネ oksigen　マレイ oksigen　タイ ออกซิเจน　ヒンデ ऑक्सिजन (aksijan)　サンス —

活性酸素

昨今マスコミなどをにぎわせている「活性酸素」なるものがある．これは何となく「諸悪の根元」のように理解されているようであるが，どうも「環境ホルモン」や「酸性食品」，「マイナスイオン」などと同様に，本来の化学の分野とは別のところで生まれた，一見化学関連のようにみえる用語であるらしく，正体もいまひとつはっきりしていない．このような正体不明（不確実）な術語は，やはりもともと栄養学などの分野からはじまった問題の場合にしばしば起こることで，なかにはマスコミが騒がなくなると，幻や人魂のように消え去ってしまうものもあるが，この「活性酸素」はそれらに比べると多少とも根拠がありそうだと考えられている．

いろいろな文献をあたってみると，通常の分子状酸素や，酸化物イオン，水酸化物イオン以外のものいっさいを含めたものであるらしい．たとえば過酸化物（O_2^{2-}）や超酸化物（O_2^-），オゾン化物（O_3^-）などである．もともと地球上の生物は嫌気性の生命からはじまったといわれ，酸素はこのような生命体に対しては毒物であったから，代謝の結果，大気中に廃棄されたのが蓄積して，今日の大気（酸素含量ほぼ21％）となった．酸素を代謝に取り込むことに成功した生命体がやがて進化し，陸上にまで進出して，今日の生態系を形成したのである．

現生の好気性生物の体内には，この種の余分な活性（つまりエネルギー）をもった酸素を含む物質を分解して，無害なものとしてくれる酵素が存在している．過酸化物はカタラーゼによって水と酸素に分解されるし，SOD（superoxide dismutase）と略称される超酸化物分解酵素は，超酸化物イオンを水と反応させて，過酸化水素と酸素に変化させる反応（つまり不均化反応）を触媒する．したがって，これらの酵素の処理能力を超えた量が供給された場合が問題となる．悪性腫瘍（癌）などの場合には，このSODの活性が局部的に低下しているという説もあるのであるが，たしかに癌細胞などは炭素原子数に比べて水素の原子数が少ない傾向があるようで，つまり有機化合物としては「酸化を受けた」形が多い．その昔ポーリングが「ビタミンCが万病に効く」という説を唱えたのも，このあたりに根拠があるらしい．つまり，SOD活性の低下分を還元作用の強いアスコルビン酸（ビタミンC）で補うことで，正常な健康体に戻しやすくするというのがもともとの意味だったようである．

金属カリウムは空気中で燃えて超酸化カリウム KO_2 を生成するが，この化合物は二酸化炭素と反応すると酸素を放出するので，宇宙船の搭乗員のための酸素供給源に利用される．有人宇宙船には重い酸素のボンベを搭載する余地などもともとないのであるし，単なる容器としてだけの大きな質量のものを打ち上げるなど無意味の極みである．したがって，このようなコンパクトな形で酸素を持参する必要がある．同じように，旅客用の飛行機に常備されている非常時用の酸素マスクに酸素を供給するにも，塩素酸カリウムと鉄の粉が接触分解することで，短時間で酸素を発生させる方式が採用されている．

その昔の酸素発生実験では，塩素酸カリウムと二酸化マンガンの粉末を混合して加熱することで酸素をつくるのが普通のプロセスであった．二酸化マンガンは触媒とし

てはたらき，塩素酸カリウムの分解温度を劇的に低下させることができる．これは，旅客機に装備されている酸素マスクと同様なメカニズムである．しかし，過激派の面々が爆弾づくりに塩素酸カリウムや塩素酸ナトリウムを愛用するようになったためか，現在では過酸化水素水を二酸化マンガン触媒で分解させたり，あるいは生のジャガイモをすりおろしてカタラーゼによる分解で酸素をつくる方が普及し，逆に昔風の方法をご存じない先生方も多数となった．

もともと「酸化」と「還元」とは，金属と酸素（科学者に認識されないうちは「空気」）との化合で金属灰（カルクス）が生じる反応と，逆にカルクスからもとの金属へ戻す反応，つまりカルクスの生成と分解を表す一対の言葉であった（したがって金属灰からもとの金属へ戻すことが「還元」なのである）．「酸化」は，ラヴォアジェが酸素との反応こそがカルクスの生成にあたるということを解明してから，はじめて明確な形で定義されたことになる．やがて酸化還元反応の正体が電子の授受であることがわかってくると，電子を奪われる場合が酸化，電子を供給される方が還元ということですっきりと定義され，対象も別に金属に限らず，非金属元素でも有機化合物でも同じように使えるようになった．有機化合物の場合には，分子内に酸素を導入することと水素分子を奪うことはほぼ同格なので，脱水素反応も「酸化」反応とみなせることとなる．

ところが字面に引きずられるせいか，「酸化」とは酸を加えること（つまりpHを下げること）だと誤解して信じ込んでいる人たちの数は決して少ないものではない．いわゆる「トンデモ本」の中には，著者が意識してか無意識なのかは別として，このような表現が多々みられる．

酸素の同素体として，オゾン（三酸素，O_3）は古くから知られているが，このほかに四酸素（O_4）と八酸素（O_8）の存在が示唆されてきた．四酸素はルイス（G. N. Lewis）が1924年に，液体酸素の磁化率（酸素分子（O_2）は常磁性である）の温度依存性がキュリーの法則から大きくずれることを根拠に，2分子が会合して生じたO_4の存在を考えたのであるが，現在では別にこのような2分子の会合した四酸素分子の存在を考慮しなくとも，液体酸素の磁化率の温度依存性は説明可能である．固体の酸素（O_2）は液体酸素と同じように常圧下では薄青色を呈し，常圧下での融点は54.36 K（-218.79℃）であるが，高圧下の酸素には6種類の多形が存在し，その中でも100 GPa以上での安定相（ζ相）は金属光沢をもつが，何と超伝導体としての性質を示すという．このあたりの相と圧力-温度の関係は，かなり複雑である．

1. α相：1気圧下での安定な固相．淡青色
2. β相：常温・高圧下での安定な固相．淡紅色
3. γ相：常温より低い温度での安定相
4. δ相：常温で9 GPa以上の圧力を加えたときに生じる相．オレンジ色
5. ε相：常温で10 GPa以上の圧力を加えたときに生じる相．暗赤色
6. ζ相：96 GPa以上で生じる金属光沢をもつ相

赤い酸素

上記のように固体酸素を10 GPa以上の

高圧下においた場合，奇妙な赤色を呈するε酸素と呼ばれる相に変化する．最初はこれが四酸素（O_4）の結晶であろうと考えられた．ところが，2006年にわが国でこの固相（結晶）の詳しいX線構造解析が行われた結果，ε酸素を構成しているものは当初考えられていた四酸素分子ではなく，何と八酸素（O_8）分子であることが判明した．この研究は，兵庫県の佐用町にあるJASRI（日本シンクロトロン放射研究所）のSpring-8を用いて，産業技術研究所の藤久裕司博士と，兵庫県立大学（以前は姫路工科大学）の川村春樹教授の両グループの共同研究として行われたもので，2006年の*Physical Review Letters*誌に報告されているが，Spring-8のウェブサイトでもみることができる．

このε酸素中に存在する八酸素クラスター（O_8）は，通常の二酸素の分子が4個集まり，結合軸を平行にして寸詰まりの四角柱状（ベビーサークルのような）に集まったような形である．二酸素分子の中のO-O距離は0.120 nm．四角柱の稜はこれより少し長く，0.234 nmである．クラスター間の酸素原子間隔はこれより長く，0.266 nmとなっている．この四角柱は平面を形成していて，隣の平面とはややずれた位置にあり，単斜晶系の単位格子を形成している．この四角柱状クラスターは，理論的予測とは全く異なったものであったから，現在でもいろいろな研究の対象となっている．興味をもたれる方のために，論文の書誌事項とウェブサイトの所在を記しておこう．

論文の書誌事項：H. Fujihisa, *et al.*, *Phys. Rev. Lett.*, **97**, 085503（2006）.

ウェブサイト：[http://www.spring8.or.jp/en/current_result/press_release/2006/060906].

フッ素 F

発見年代:1886 年　　発見者(単離者):H. Moissan

原子番号	9	
単体の性質	淡黄色気体,刺激性臭気	
単体の価格(chemicool)	190 \$/100 g	
価電子配置	$[\mathrm{He}]2s^2 2p^5$	
原子量(IUPAC 2009)	18.9984032(5)	
原子半径(pm)	50	
イオン半径(pm)	133	
共有結合半径(pm)	58	
電気陰性度		
Pauling	3.98	
Mulliken	4.1	
Allred	4.10	
Sanderson	—	
Pearson(eV)	10.41	
密度(g/L)	1.696(気体 0℃)	
融点(℃)	−219.62	
沸点(℃)	−188.14	
存在比(ppm)		
地殻	950	
海水	1.3	

天然に存在する同位体と存在比	F-19(100)
宇宙の相対原子数(Si = 10^6)	1.6×10^3
宇宙での質量比(ppb)	400
太陽の相対原子数(Si = 10^6)	841.1
土壌	330(150〜400)ppm
大気中含量	0.6 ppb(海水飛沫由来が大部分)
体内存在量(成人 70 kg)	3〜6 g
空気中での安定性	O_2 とは放電により O_2F_2 を生成
水との反応性	徐々に溶解し OF_2 と HF を生成.さらに O_2+O_3 も生成
他の気体との反応性	N_2 とは反応しないが,H_2 とは反応し HF_3 を生成
酸,アルカリ水溶液などとの反応性	ほとんどすべての化合物と室温で反応しフッ化物を生成
酸化物	OF_2
塩化物	ClF,ClF_3
硫化物	SF_4,SF_6
酸化数	−1,0(他)

英 fluorine　独 Fluor　佛 fluor　伊 fluoro　西 fluor　葡 fluor　希 φtοριο (phtorio)　羅 fluorum (fluor)　エスペ fluoro　露 фтор (ftor)　アラビ فلور (filurin)　ペルシ فلنور (fluor)　ウルド فلویر (fluor)　ヘブラ פלואור (fluor)　スワヒ fluorini　チェコ fluor　スロヴ fluór　デンマ fluor　オラン fluor　クロア fluor　ハンガ fluor　ノルウ fluor　ポーラ fluor　フィン fluori　スウェ fluor　トルコ flor　華 氟　韓・朝 플루오린(플소)　インドネ fluor　マレイ fluorin　タイ ออกซิเจน　ヒンデ फ्लोरिन (phlorin)　サンス —

自然界，特に岩石や土壌中においては，塩素よりも比較的濃度が高い．つまり，何十億年もかけての降水による洗い流し作用を受けやすいのは，塩化物の方であったといえる．前のページのデータをみればわかるのであるが，海水中では Cl^-：18,000 ppm（1.8%）に比べて F^-：1.3 ppm ほどしかないが，地殻中濃度では Cl^-：150 ppm に対して F^-：950 ppm となっている．

通常の飲料水などでは，フッ化物イオン濃度はかなり低いのであるが，地域によってはかなり高濃度のこともあり，このような場合には歯にまだら状の斑点が生じ（斑状菌），重症になるとやがてぼろぼろになって欠けてしまう．良質の飲料水の乏しいインドなどでは，これはかなりの重大問題である．わが国の場合には，斑状菌の出現は比較的まれで，仮に見出されたとしても局地的だとされているが，あるとき愛知県のさる町で，簡易水道を設置したところ，たまたまこの水源がフッ化物イオン濃度の高いところであったために，地域の学童の間に斑状菌が多発して大問題となり，水源を新たに掘り直してようやく発生がとまったということもあった．以前であれば，特定の井戸か湧泉の利用者だけに限定されていたのであるが，水道水となれば影響するところは格段に広くなったのである．

この斑状菌は，歯牙の琺瑯質（エナメル質）のリン灰石の表面にフッ素分が沈着することで起きるのであるが，斑状菌を発生するよりもずっと低濃度のフッ化物ならば，むしろ虫歯の予防となることがわかって，一時期は上水にフッ化物を添加することが広く行われた．ただ，「フッ化物添加（fluoridation）」と「フッ素添加（fluorination）」を（なかば悪意的に）混同した環境保護論者がいろいろとクレームをつけたらしく，世界的にもこの上水へのフッ化物添加は減少方向にある．英語でも上記のようにスペルが1字しか違わないので，わざわざ混同させて善男善女を惑わしている向きも多いらしい．さすがに，歯磨き粉にフッ化物（これはフッ化スズ（SnF_2）やフルオロリン酸ナトリウム（Na_3PO_3F）が用いられている）を添加しているものにまで苦情を申し立てる連中はいないようである．

フッ素を濃縮する植物

植物の中でも，ある限られた種類においてはフッ化物を濃縮する性質をもつものがある．その中で身近なものとしては，ツバキ科の植物がある．ツバキやサザンカのほか，茶やヒサカキなどがこれに属する．これらの植物では葉や茎に含まれているが，その形態はフッ化物塩の形であるらしく，熱水抽出によってほぼ全量が抽出される．茶の葉の場合，ある程度フッ化物イオン濃度が高い方が美味であるといわれるが，栽培に際してフッ化物を含む肥料を施肥することで，上質な茶が得られるという報告もある．もっとも，玉露や煎茶などに用いられる若芽よりも，番茶などに用いる，多少とも成熟した葉や茎の方にフッ化物含量が多いので，「下手に高価なフッ素含有歯磨き粉を使うくらいなら，三度の食事の後，入れたての番茶でうがいをする方が手軽だし，かつずっと有効だろう」といわれた大権威もおられた．

超強酸

フッ化水素酸は他のハロゲン化水素酸に比べるとかなり弱い酸であり，水中でもご

く一部しか解離しない.ところが,無水のフッ化水素(HF)やフルオロスルホン酸(フルオロ硫酸)に,ある種のフッ化物を溶解させたものは,著しく強い酸となる.これは「超強酸(super acid)」とか「魔法酸(magic acid)」などと呼ばれる.このような酸の強さの指標となるのは,通常の酸解離定数では無意味で,ハメットの酸度関数(H_0)と呼ばれる値を用いるが,この H_0 が負であるほど酸としての強度が大きいことになる.この超強酸の研究は,まずカナダのマクマスター大学のギレスピー(Gillespie)教授の研究室で,フルオロ硫酸と金属フッ化物の系の研究がはじまったが,通常ならば酸には溶けないはずのパラフィンワックスですら,このような超強酸にあうとプロトンを押しつけられてイオン化し,溶液になってしまう.さらに,南カリフォルニア大学のオラー(Olah)教授の研究室で研究が展開された.「魔法酸(magic acid)」というのは,オラー教授の命名らしい.

表1 液体超強酸のハメット酸度関数

酸	H_0
HF	-10.20
H_2SO_4	-11.93
$H_2S_2O_7$	-14.47
FSO_3H	-15.07
$FSO_3H\text{-}SbF_3$ (1:0.2)	-20.00
$HF\text{-}SbF_5$ (1:0.03)	-20.30
$HF\text{-}SbF_5$ (1:x)	-24.33

ギレスピー教授の研究室のクリスマスの際に,ある大学院生がいたずらをしてケーキの上に立っているロウソクをこの超強酸の中へ放り込んだところ,加熱もしないのに跡形もなく溶けてしまったことから,予想以上に強力な酸としてはたらくことがわかったのが,この分野の大発展の糸口であったといわれている.

[参考文献]
國分信英,フッ素の化学,裳華房ポピュラーサイエンス,裳華房(1988).
田部浩三,野依良治,超強酸・超強塩基,講談社(1980).
松浦新之助,國分信英,フッ素の研究,東京大学出版会(1972).

ネオン Ne

発見年代：1898 年　　発見者（単離者）：W. Ramsay

原子番号	10	天然に存在する同位体と存在比	Ne-20（90.48），Ne-21（0.27），Ne-22（9.25）
単体の性質	無色無臭気体		
単体の価格（chemicool）	33 $/100 g	宇宙の相対原子数（Si = 10^6）	8.6×10^6
価電子配置	[He]$2s^2 2p^6$	宇宙での質量比（ppb）	1.3×10^5
原子量（IUPAC 2009）	20.1797(6)		
原子半径（pm）	160	太陽の相対原子数（Si = 10^6）	2.148×10^6
イオン半径（pm）	—		
共有結合半径（pm）	—	土壌	ごく微量
電気陰性度		大気中含量	18 ppm
Pauling	—	体内存在量（成人 70 kg）	痕跡量
Mulliken	—	空気中での安定性	不活性
Allred	—	水との反応性	不活性
Sanderson	—	他の気体との反応性	不活性
Pearson（eV）	10.60	酸，アルカリ水溶液などとの反応性	不活性
密度（g/L）	0.8999（気体 0℃）		
融点（℃）	−248.67	酸化物	—
沸点（℃）	−246.048	塩化物	—
存在比（ppm）		硫化物	—
地殻	7.0×10^{-5}	酸化数	0（他）
海水	2.0×10^{-4}		

英 neon	独 Néon	佛 néon	伊 neo（neon）	西 neon	葡 neonio	希 νεον（neon）	羅 neon	エスペ neono	露 неон
アラビ نيون（niyum）	ペルシ نئون（neon）	ウルド نیون（neon）	ヘブラ ןואנ（neon）	スワヒ neoni	チェコ neon	スロヴ neón	デンマ neon	オラン neon	クロア neon
ハンガ neon	ノルウ neon	ポーラ neon	フィン neon	スウェ neon	トルコ neon	華 氖	韓・朝 네온	インドネ neon	マレイ neon
タイ นีออน	ヒンデ नियॉन（neon）	サンス —							

同位体

「アイソトープ」，すなわち同位元素（現在では「同位体」という方が正式用語となったが）は，最初は放射性元素においてのみ存在するものと思われていた．放射性の核種はきわめて微量でも検出可能であったし，また起源による違いも大きかったから容易に認識できたこともある．ところが，放射性のない元素においても質量数の異なる原子（同位体）が存在することが証明されたのは，アストンとニーアの功績である．彼らは高感度の質量分光計（最初のものは質量分光写真器であった）を用いてネオンの原子を測定対象としたところ，質量数が20のものと22のものがともに自然界に存在することを見出した（さらに質量数21の同位体が存在することも判明したが，これはずっと後のことである）．安定同位体が発見されたことで，その昔の「プラウトの仮説」，すなわちあらゆる元素の原子は水素原子（あるいはそれとほぼ同じ質量の粒子）が集合してできたものであろうという仮説が復活したともいえる．

ネオンの場合には，質量数（核子数）21，22の同位体はかなり少ないので，原子量はほぼ20に近い値であるが，その昔から化学者を悩ませてきた半端な数の原子量，なかでも塩素（原子量がほぼ35.5）は，質量数35と37の同位体の混合物で，組成比はほぼ3：1であることが判明して，長年の難問も解決した．

紅燈の巷

「紅燈の巷」という言葉があるように，夜に人間を引き寄せるには，可視光線の中でも波長の長い成分がはるか昔から変わらずに有効であるらしい．ラムゼイが，液体空気の分留によって紅色の放電スペクトルを与える新しい気体元素を発見してまもなく，「ネオンサイン」が夜空を彩るようになった．

大気中にはアルゴンに次いで豊富に存在している希ガス（貴ガス）元素で，以前から放電に基づく赤色光をいろいろな方面に利用してきた．真空管式ラジオ全盛の時代には，高電圧検知用のドライバーの把手にネオン管を埋め込んだものがあり，高圧側に接触すると赤く光るので危険だとすぐわかるようになっていたのであるが，トランジスタ全盛となると，高電圧といっても知れたもの（それでも半導体素子にとっては致命的であるが）であるから，もはやネオン管入りのドライバーなど見かけることもほとんどなくなってしまった．

身近なところでみられるネオンの光

案外身近なところでネオンの放電の御利益を被っているのは，道路照明などに使われているナトリウムランプである．トンネルの中などでは四六時中つきっぱなしであるが，そうでないところでは日がかげって暗くなると，センサーがはたらいて自動的に点燈するようになっている．この点燈時には，本来のナトリウムランプの黄色の光ではなく，かなり強いピンクの輝きがみられる．電極間に高電圧が印加されても，常温では金属ナトリウムの蒸気圧はきわめて低いので，とても発光を支えるのに十分なナトリウム原子の数を確保できない．そのために，不活性であるネオンガスを封入しておくと，まずこちらで放電が起きてランプ内の温度がしだいに上昇し，その結果，金属ナトリウムの蒸気圧も高くなり，やがてナトリウム原子の鮮やかな黄色が認められるようになる．こうなるとナトリウム自体が加熱されるので，あとは十分な蒸気圧

ナトリウム Na

発見年代：1807 年　　発見者（単離者）：H. Davy

原子番号	11	天然に存在する同位体と存在比	Na-23（100）
単体の性質	銀白色金属，立方晶系	宇宙の相対原子数（Si = 10^6）	4.4×10^4
単体の価格（chemicool）	7 \$/100 g	宇宙での質量比（ppb）	2.0×10^4
価電子配置	[Ne]$3s^1$	太陽の相対原子数（Si = 10^6）	5.751×10^4
原子量（IUPAC 2009）	22.98976928(2)	土壌	主要成分
原子半径（pm） イオン半径（pm） 共有結合半径（pm）	153.7 98 154	大気中含量	痕跡量
		体内存在量（成人 70 kg）	100 g
電気陰性度 　Pauling 　Mulliken 　Allred 　Sanderson 　Pearson（eV）	 0.93 1.2 1.01 0.85 2.85	空気中での安定性	常温では徐々に酸化，高温では燃焼して Na_2O_2 を生成
		水との反応性	激しく反応して H_2 を放出し，NaOH 水溶液を生成
密度（g/L）	971（固体）	他の気体との反応性	H_2 とは高温で反応し NaH を生成．ハロゲンとは激しく反応し NaX の形の塩をつくる
融点（℃）	97.75		
沸点（℃）	881.4	酸，アルカリ水溶液などとの反応性	酸とは激しく反応する．メタノールやエタノールとはアルコキシドをつくって溶解．液体アンモニアには Na^+ と溶媒和電子となって溶解
存在比（ppm） 　地殻 　海水	 23,000 10,500		
		酸化物 塩化物 硫化物	Na_2O, Na_2O_2 NaCl Na_2S
		酸化数	+1（他）

英 sodium　独 Natrium　佛 sodium　伊 sodio　西 sodio　葡 sodio　希 νατριο（natrio）natrium　エスペ natrio　露 натрий（natrij）　アラビ صوديوم（sudiyum）　ペルシ سديم（sudiya ウルド ―（sodiyam）　ヘブラ נתרן（natran）　スワヒ natiri　チェコ sodik　スロヴ sodik　デ natrium　オラン natrium　クロア natrij　ハンガ nátrium　ノルウ natrium　ポーラ sod natrium　スウェ natrium　トルコ sodyum　華 鈉，鈉　韓·朝 나트륨（소듐）　インドネ マレイ natrium　タイ โซเดียม　ヒンデ सोडियम（sodiyam）　サンス ―

が存在している限りは，ナトリウム原子による黄色のスペクトル線が，ずっと強度が大きいこともあって，卓越して放出されることになる．つまり，ナトリウムの発光に至るまでの誘導期間の電気の流れは，ネオンガスの放電によるプラズマが支えているのである．

カタカナで書いてあるために、テレビタレントたちは「エイゴ」だと思っているらしいが、実はラテン語由来である。カリウムと同様に、ドイツ語のまねをして日本語ができた。そのまたもとは、エジプトで古く使われたコプト語であるらしい。

旧約聖書の「ソーダ」

ローマ時代以来、天然ソーダ、つまり炭酸ナトリウムはエジプトからはるばる運ばれてくるもので、結構高価であった。この炭酸ナトリウムは純品ではなく、現在ではトロナなどと呼ばれる重炭酸ナトリウムと炭酸ナトリウムの複塩が主成分である。旧約聖書にも、「たとひソーダをもて自ら濯ひまたおほくの灰汁を加ふるも汝の悪はわが前に汚なりと主エホバいひ給ふ」（エレミア記第2章22節）とあるように、紀元前から汚れ落としのための化学薬品として使われてきたことがわかる（なお、評判の悪い新共同訳では、このあたりは化学的にはいささか意味が通じにくくなっている）。

このエジプトの天然ソーダの産地は何カ所かあるのだが、なかでも有名なのは「ワディ・ナトルーン（wadi natrun）」、つまり「ソーダの涸れ川」と呼ばれる谷で、カイロからアレクサンドリアに向かう幹線道路の西側に平行した長い窪地（旧河道の一つ）である。現在でも採取が続いているが、アスワンハイダムが完成するまでは、ナイル川の増水期にはここまで水がやってきて、やがて乾期ともなると干上がって天然ソーダが結晶することを何千年も繰り返していたために、膨大な量のソーダの鉱床が生成したのである。聖書にちなんでか、コプト教の由緒ある修道院がいくつかあり、今日では観光対象ともなっている。

内蒙古（今のモンゴル）にも、同じように地質時代の湖沼の干上がったあとが各地にあり、ブルドーザーで天然ソーダを採掘している。その中の一つは二連（アルレン）といい、北京から張家口、ウランバートルを経てシベリア鉄道へとつながる鉄道幹線の国境（北側はモンゴルである）の駅となっているが、現在では鉱山都市としても有名である。この近くのソーダ鉱床（もちろん露天掘り）からは、恐竜の化石が多数発見されるのであるが、ソーダ採掘の邪魔となるために、あちこちにごろごろと転がったままとなっているらしい。恐竜研究家の金子隆一氏によると、文字どおりそこら中に化石を含む塊が転がっていて、小学生でも恐竜の化石骨の標本を採集できるくらいだという。

炭酸ナトリウムを噴出する火山

アフリカの東部を南北に走る大地溝帯に沿っては多数の火山活動が認められるが、その中にはカーボナタイトマグマを噴出する珍しい火山もある。われわれにおなじみの火山では、ハワイや大島などのような玄武岩質の熔岩や浅間、桜島などの安山岩質の熔岩、さては有珠山のような流紋岩質の熔岩くらいが代表で、みなケイ酸分をかなり大量に含んでいる。玄武岩質がもっとも少なく、流紋岩質のものは多い。有色鉱物の含量は逆に玄武岩の方が多く、流紋岩の方は少ないから、ハワイ島や伊豆大島、エトナ火山などの玄武岩質の熔岩は真っ黒である。これに対して、アラスカや地中海のリパリ島などでは、かなり淡色の流紋岩質の熔岩を噴出する火山もある。

アフリカのタンザニアにあるカーボナタイト熔岩を噴出する火山として有名なのはOl Doinyo Lengai 火山（標高 2,200 m）であるが、熔岩の温度は 500〜600℃ くらい

で，おそらくは世界中でもっとも低温の熔岩であろうといわれている．噴出物の主成分は炭酸ナトリウムであり，最近の噴火での熔岩の温度は 510℃ ほどで，玄武岩質熔岩の 1,000℃ ほどのものに比べると著しく低い．有色鉱物をほとんど含まないので，熔岩流も白色から灰色である．テレビの「世界ふしぎ発見」で放送されたこともあるが，この折りには噴火は休息状態であったらしく，撮影班はカルデラの中にキャンプを張って撮影することができたという．

ソーダとカリ

　元素名は「ナトリウム」なのに，化合物名には「ソーダ」（さらには宛字で「曹達」）が使われている例は現在でも少なくない．これは元素の名称はラテン語やドイツ語起源なのに，実業界では英語の通称の方がよく用いられ，製品名などはこちらが主となっているためである．「曹達」はいくつかの社名にもなるぐらい普及していて，家政学のテキストなどにある「洗濯ソーダ」は炭酸ナトリウムのことである．だがこれはもともと「natron」といったはずなので，両用されてきた歴史も旧約聖書時代以降だから二千数百年以上もある．ベーキングパウダーの成分である炭酸水素ナトリウムなども食品店などではカタカナで「ジュウソウ」となっていて，小学校の教科書などもこれを使っているが，これは以前の命名システムだと「重炭酸曹達」といっていた言葉の短縮形である．水酸化ナトリウムは実業界では以前からずっと「苛性曹達」と呼んできた．今の初学者向けのテキストみたいにカタカナ表記をすると，まったく意味不明の暗記事項になってしまう．

　カリウムもラテン語起源なのだが，英語では「potassium」で，薪などを燃やしてできた鍋の底につく灰 potash（＝「pot ash」）に由来している．アルカリはもともとがアラビア語の草木灰を意味する「al-kali」に基づく言葉（「al」は冠詞である）で，スペインやイタリアなどの，もともとアラビア語圏との交流が深くて，その上にラテン語の伝統が色濃く残っている地域では普通の言葉であった．だから十九世紀初頭のヨーロッパの化学者にとっては，辺境地（僻地？）であるイングランドでの使われ方よりも，ラテン語由来の由緒正しい言葉の方が優先されたのであろう．

マグネシウム Mg

発見年代：1755 年　　発見者（単離者）：J. Black

原子番号	12	天然に存在する同位体と存在比	Mg-24 (78.99), Mg-25 (10.00), Mg-26 (11.01)
単体の性質	銀白色金属，六方晶系	宇宙の相対原子数 ($Si = 10^6$)	9.1×10^5
単体の価格（chemicool）	3.7 $/100 g	宇宙での質量比（ppb）	6.0×10^5
価電子配置	$[Ne]3s^2$	太陽の相対原子数 ($Si = 10^6$)	1.02×10^6
原子量（IUPAC 2009）	24.3050(6)	土壌	5 ppm
原子半径（pm） イオン半径（pm） 共有結合半径（pm）	160 78 136	大気中含量	痕跡量
		体内存在量（成人 70 kg）	25 g
電気陰性度 　Pauling 　Mulliken 　Allred 　Sanderson 　Pearson（eV）	 1.31 — 1.23 1.42 3.75	空気中での安定性	常温では表面に酸化被膜を形成．高温では強い光を放って MgO を生成
		水との反応性	常温では反応しないが熱水に溶解して H_2 を放出
密度（g/L）	1.738（固体）	他の気体との反応性	Cl_2 との反応では $MgCl_2$ を生成
融点（℃）	648.8	酸，アルカリ水溶液などとの反応性	無機酸には溶解して H_2 を放出．アルカリとは反応しない
沸点（℃）	1,090		
存在比（ppm） 　地殻 　海水	 21,000 1,200	酸化物 塩化物 硫化物	MgO, MgO_2 $MgCl_2$ MgS
		酸化数	+2（他）

英 magnesium　独 Magnesium　佛 magnésium　伊 magnesio　西 magnesio　葡 magnesio　希 μαγνησιο (magnesio)　羅 magnesium　エスペ magnezio　露 магний (magnij)　アラビ مغنيسيوم (maghnisiyum)　ペルシ منزيوم (megnisiyam)　ウルド ― (megnesiyam)　ヘブラ מגנזיום (magnezium)　スワヒ magnesi　チェコ hořčík　スロヴ horčík　デンマ magnesium　オラン magnesium　クロア magnezij　ハンガ magnézium　ノルウ magnesium　ポーラ mgnez　フィン magnesium　スウェ magnesium　トルコ magnezyum　華 鎂，镁　韓・朝 마그네슘　インドネ magnesium　マレイ magnesium　タイ แมกนีเซียม　ヒンデ मैग्नीसियम (magnesiyam)　サンス ―

良薬は口に苦し

人間の舌には，マグネシウムイオンは強い苦味として感じられる．もちろん，水に溶けなければこの苦味は感じられない．英国のエプソム鉱泉の発見も，溶けているマグネシウムイオンの苦味のために，家畜がどうしても泉の水を飲もうとしないことからだったという．

有色の造岩鉱物はよく「苦鉄質鉱物」などと呼ばれるが，この「苦」はマグネシア（酸化マグネシウム）の古名が「苦土」であったからつけられた．鉱物中では，二価の鉄のイオン（Fe^{2+}）とマグネシウムイオン（Mg^{2+}）の半径はきわめて近いために，この両方の成分比はほとんどの場合，連続的に変化しうる．たとえばカンラン（橄欖）石は，苦土橄欖石（forsterite, Mg_2SiO_4）から鉄橄欖石（fayalite, Fe_2SiO_4）までの連続的な組成の固溶体として産出する．準宝石に属する「オリヴィン」はこのうちで美しいオリーヴ色のもの，すなわち鉄分がきわめて少ないものをさしている．苦土橄欖石は，ニューセラミックスの一つであるフォルステライト磁器の成分でもある．

苦汁の効用

酸化マグネシウムは胃酸過多などにも処方されるが，これ自体は水に溶けない（したがって苦くもない）けれど，塩酸には溶けて中和作用を示す．以前の製法では，海水を濃縮して得た荒塩を俵に詰めてつるしておき，下に受け鉢をおいて潮解性の塩化マグネシウムが水溶液となって落下してくるのを集め，これを苦汁（にがり）として豆腐を固めたりするのに用いた．ゴマ塩などに使うとき一度焙烙（ほうろく）で煎って焼き塩の形としたのは，含水塩化マグネシウムを分解して酸化マグネシウムの形となれば，やっかいな潮解性も失われるし，苦味もなくなるからである．

日本に復帰する前の沖縄県では，通常利用される食塩は地元の塩田から昔どおりの方法で採取される荒塩であった．ところが復帰後，食塩はまだ専売制がしかれていたために，内地のイオン交換法で調製した純度の高い製品のみが市販されるようになり，その結果として「豆腐が固まらない！」という苦情が専売局に殺到したという．やがていろいろなものを添加した特製の食塩が市販されるようになり，また専売制も廃止になって，海外産の岩塩や湖塩なども食品店に並ぶようになった．しかしそれまでは「試薬用の塩化ナトリウム」などの輸入にも，通常の「食塩」の輸入なみにいろいろと繁雑な手続きが必要であったため，医学診断に用いられる放射性のNa-22を含む塩化ナトリウムの購入に，ひとかたならぬ苦労をさせられたという経験談を聞いたこともある．

生体作用

マグネシウムのイオンは，生体反応においていろいろと重要な役割を果たしている．クロロフィルの中心に位置していることはかなりよく知られているが，生物発光などの実験には，微量のマグネシウムイオンの添加が不可欠である．これは，ATP（アデノシン5′-三リン酸）などのリン酸基グループと錯形成を行って反応活性を示すのが原因であるらしいが，詳しいメカニズムは現在でもあまり解明されていないようである．

超伝導体

青山学院大学の秋光　純教授のグループが，ホウ化マグネシウム（MgB_2）が39 K

で超伝導になることを正式発表（2001年3月）されてからそろそろ10年近くなるが，これならばいままでの超伝導体（Nb_3Snなど）と違って液体ヘリウムによる冷却を必要としない（液体水素で十分である）から，しばらくすると爆発的な応用の例が報告されることが期待できそうである．もっとも，酸化物系超伝導体と比較した場合，実用面での得失によって，それぞれにふさわしい応用分野ができることになるかもしれない．

アルミニウム Al

発見年代：1825 年　　　発見者（単離者）：H. C. Oersted

原子番号	13		天然に存在する同位体と存在比	Al-27（100）
単体の性質	銀白色金属，立方晶系		宇宙の相対原子数 ($Si = 10^6$)	9.5×10^4
単体の価格（chemicool）	1.8 \$/100 g		宇宙での質量比（ppb）	5.0×10^5
価電子配置	$[Ne]3s^23p^1$		太陽の相対原子数 ($Si = 10^6$)	8.41×10^4
原子量（IUPAC 2009）	26.9815386(8)			
原子半径（pm）	143.1		土壌	7（0.5～10）%
イオン半径（pm）	57（Al^{3+}）		大気中含量	塵埃以外，事実上皆無
共有結合半径（pm）	125		体内存在量（成人 70 kg）	60 mg
電気陰性度			空気中での安定性	常温では表面に酸化被膜を形成．高温では燃焼して酸化物（Al_2O_3）を生成
Pauling	1.61			
Mulliken	1.4			
Allred	1.47		水との反応性	純水とは反応しないが，熱水に溶解して H_2 を放出
Sanderson	—			
Pearson（eV）	3.23		他の気体との反応性	高温ではハロゲンや N_2 と反応
密度（g/L）	2,698.9（固体）			
融点（℃）	660.4		酸，アルカリ水溶液などとの反応性	濃硝酸以外の無機酸の水溶液には可溶．強アルカリ水溶液にも可溶
沸点（℃）	2,470			
存在比（ppm）			酸化物	Al_2O_3
地殻	82,000		塩化物	$AlCl_3$
海水	(0.13～9.7)$\times 10^{-4}$		硫化物	Al_2S_3
			酸化数	+3（他）

英 aluminium（aluminum）　独 Aluminium　佛 aluminium　伊 alluminio　西 aluminio　葡 aluminio　希 αργιλιο（αλουμινιο）（arginio（alouminio））　羅 aluminium　エスペ aluminio　露 арюминий（aljuminij）　アラビ الومنيوم（alūminyūm）　ペルシ آلومينيوم（eluminiyam）　ウルド —（eluminiyam）　ヘブラ אלומיניום（aluminium）　スワヒ alumini　チェコ hliník　スロヴ hliník　デンマ aluminium　オラン aluminium　クロア aluminij　ハンガ aluminium　ノルウ aluminium　ポーラ glin　フィン alumiini　スウェ aluminium　トルコ alüminyum　華 鋁，铝　韓・朝 알루미늄　インドネ aluminium　マレイ aluminium　タイ อะลูมิเนียม　ヒンデ एलुमिनियम（elyuminiyam）　サンス —

その昔の高貴薬

　地殻中では3番目に豊富な元素なのであるが，前のページのデータにもあるように，人体内にはきわめてわずかしか含まれていない．これはもともと消化管から吸収されないからであり，風邪薬などでも胃壁を損ねないようにと水酸化アルミニウムを添加したものが少なくないのは，単に中和作用のみを果たすだけで，体内に移動することがまずほとんど無視できるからである．それでも中世からルネッサンス時代にかけては，ミョウバン（明礬）は高貴薬の一つとして医師たちに利用されていたが，ヨーロッパでも産地は限られていた．フィレンツェのメディチ家などは，ミョウバン鉱山を経営して富を積んだといわれる．メディチ（Medici）という家名も，初代が薬品商を営んでいたことに由来するらしい．後には，ローマ法皇領のミョウバン鉱山がほぼ独占的な生産を行っていた．

薬用と副作用

　アルミニウムのイオンは血液凝固作用もあり，また殺菌作用もあるために，アストリンゼントなどの化粧水類に配合されているし，米国などではカミソリ負けなどの止血用に，ミョウバン入りの細いスティックが販売されている．

　ところで，血液内にアルミニウムイオンがいったん侵入してしまうと，この除去は容易ではない．これは，血清中に含まれるタンパク質（ポリペプチド）と強固な錯形成を起こすためであるらしく，腎臓からも排泄されないし，除毒のためによく行われる血液透析を行ってもほとんど除けない．しかも，血液脳関門を通過して，脳に集積する性質がある．

　現在の人工腎臓用の透析膜は，わが国の製品が世界的にも大きなシェアを保っているが，この透析が開始された頃の米国で，患者の中にアルツハイマー症類似の痴呆症状を発現する例が多発し，しばらくは原因不明で「透析脳症」などと呼ばれた．やがてこの症状で死亡した患者の脳検体から，かなりの量のアルミニウムが検出され，大問題となったことがある．

　これは当時のあまり性能のよくない（米国製の）透析膜を使用していたところ，透析外液に殺菌用に添加していたミョウバンの中のアルミニウムイオンが膜をすり抜けて血液中に入ってしまい，やがて脳の中に蓄積した結果であったようである．現在ではもはやこの「透析脳症」は過去の歴史の一こまとなってしまったが，高性能の透析膜は，あまり目立たないところで人類のために大きな貢献をしているともいえる．

媒染剤・万葉人の常識

　アルミニウムの塩類は，薬剤のほかに，優れた媒染剤として洋の東西を問わず古くから用いられてきた．もっとも，昔はいまのように試薬としてのアルミニウム塩類が簡単かつ安価に入手できるわけではなかったので，いろいろと門外不出の口伝や，特定の「秘薬」などとして使用されてきたこともあった．多くの天然の植物性色素は水に可溶であるから，そのままでは布地に色を固定することはできない．そのために特定の金属塩などを添加して，繊維上に水に不溶な形（現代風にいえば「錯体」）に変えて析出させるが，このときに添加するものが「媒染剤」である．ミョウバンや「錫塩」などは無色の陽イオンなので，ほぼもとの色素の色のままで染着できるが，鉄やクロムなどの有色の陽イオンでは，かなり違った感じの色調となる．したがって，媒

染剤の選択は現代の「草木染め」でもきわめて重要なのである．

古代紫の色は，紫根（ムラサキの根）に含まれるシコニンという色素（これはお茶の水女子大学の黒田チカ（1884-1968）教授が構造決定を行われたもので，優れた薬効のために最近ではカルス培養で大量に生産されるようになった）をツバキの灰を媒染剤として染色したものである．ツバキの灰はアルミニウムが多いが鉄分が少ないので，鮮やかな紫色が出現する．万葉集にも「紫は灰指すものぞ海石榴市の八十の衢に逢へる子や誰」（詠み人知らず，12巻）という有名な歌があるが，この「海石榴市」は「つばいち」と読み，飛鳥時代からの繁華な町（したがって「八十のちまた」といわれる）で，後には字も「椿市」と書くようになり，大三輪神社や長谷寺への参詣者でにぎわうところであった．桜井市の金屋がそのあとだといわれ，今東光大僧正の筆になるこの歌の碑がある．「むらさきは灰指すものぞ」という序詞は，当時の人々にはこの染色法がすっかりおなじみであったことを示す．いまでも細胞染色によく用いられるヘマトキシリン（これは「蘇枋（すおう）」の紅色色素である）もミョウバンで処理して固定するが，蘇枋染めにもツバキの灰が同じように使われた．もっともこちらは舶来なので，ムラサキほどには万葉人にも身近ではなかったらしい．

水中の微量元素

いまのような布地の染色の際には，あとで余分な染料などを洗い流す（さらす）操作に用いる水にも，重金属イオンが含まれていないことが必要である．その昔，京都工芸繊維大学の上村六郎（1895-1992）教授が，学生にそれぞれの自宅でこの紫根による染色を実験させたところ，あとでさらすための水（井戸水）に，きわめて微量でも鉄イオンなどが含まれているところでは，どうしても紫色が美しく仕上がらなかったということを御著書で述べられていた．その昔から（曲亭馬琴も上方旅記の「羈旅漫録」の中で「江戸より優れたるもの」の筆頭にあげている）水の質はよいことになっている関西でも，町や区域によってかなり異なっていることがわかる．

江戸紫が珍重されたのも，その昔，染色に用いられた多摩川の水質が，流域の地層のせいでもあろうが，他の河川（利根川や荒川など）に比べて鉄分の少ない水であったためだといわれる．

アルマイト

金属アルミニウムは酸化されやすいので，テルミット反応などにはこの性質が利用されるのだが，材料として用いるには，腐食されやすいわけであるから逆に望ましくないことになる．この欠点を克服する方法の一つが電解酸化法であり，中でも「アルマイト」と呼ばれる表面に強固で薄い酸化物の膜をつくらせる方法は，理化学研究所で大正時代の末頃に考案され，昭和六年（1931）に「理研アルマイト」の名で商標登録された．これはシュウ酸を含む溶液中で電気分解を行う方法で，丈夫で緻密な酸化物被膜を生成させる．その後，希硫酸中での電気分解法も開発され，無色の被膜がつくれるようになった（シュウ酸電解液を用いると黄色の被膜となる）．生成した酸化物は多孔質なので，これを染料と反応させることで着色も可能となるし，最終的に熱水処理をすることで細孔を塞いでしまえば耐久性も格段に向上する．

ケイ素 Si

発見年代：1824 年　　発見者（単離者）：J. J. Berzelius

原子番号	14	天然に存在する同位体と存在比	Si-28 (92.323), Si-29 (4.685), Si-30 (3.092)
単体の性質	灰白色，立方晶系（ダイヤモンド型）	宇宙の相対原子数 ($Si = 10^6$)	1.0×10^6
単体の価格（chemicool）	5.4 \$/100 g	宇宙での質量比（ppb）	7.0×10^5
価電子配置	$[Ne]3s^2 3p^2$	太陽の相対原子数 ($Si = 10^6$)	1.0×10^6
原子量（IUPAC 2009）	28.0855(3)	土壌	約 49%
原子半径（pm）	117	大気中含量	痕跡量
イオン半径（pm）	26 (Si^{4+}), 271 (Si^{4-})	体内存在量（成人 70 kg）	約 1 g
共有結合半径（pm）	117	空気中での安定性	常温では反応しない
電気陰性度 Pauling	2.25	水との反応性	反応しない
Mulliken	2.0	他の気体との反応性	F_2 との反応では SiF_4 を生成．N_2 とは 1,000℃ 以上で Si_3N_4 を生成．Cl_2 とは 430℃ 以上で $SiCl_4$ を生成
Allred	1.74		
Sanderson	1.74		
Pearson（eV）	4.77		
密度（g/L）	2,330	酸，アルカリ水溶液などとの反応性	無機酸には不溶，濃厚アルカリには可溶．強酸とフッ化水素酸の混合物には $H_2[SiF_6]$, SiF_4 をつくって溶解
融点（℃）	1,410		
沸点（℃）	2,355		
存在比（ppm） 地殻	277,000	酸化物	SiO_2
海水	0.03〜4.09	塩化物	$SiCl_4$
		硫化物	SiS_2
		酸化数	+4, 0, −4（他）

英 silicon　独 Silicium　佛 silicium　伊 silicio　西 silicio　葡 silicio　希 πυριτιο (puritio)　羅 silicium　エスペ silicio　露 кремний (kremnij)　アラビ سيليكون (silikun)　ペルシ سیلیسیوم (silisiyam)　ウルド سلیکون (silikon)　ヘブラ צורן (tsoran)　スワヒ silikoni　チェコ křemík　スロヴ kremík　デンマ silicium　オラン silicium　クロア silicij　ハンガ szilícium　ノルウ sililsium　ポーラ krzem　フィン pii　スウェ kisel　トルコ silisyum　華 硅（以前は矽）　韓・朝 규소　インドネ silikon　マレイ silikon　タイ ซิลิคอน　ヒンデ सिलिकन (silikon)　サンス ―

もともとは「珪素」と書き，この「珪」は美しい珠を意味した．つまり，水晶の珠であったろうとされる．現代中国では石偏の「硅」の方を使っているが，これは非金属の固体元素が石偏に統一されているためである．この「硅」の字は，本来は「砥石」を意味するそうである．

結晶ケイ素とアモルファスシリコン

ベルツェリウスが最初に単体ケイ素を単離したのは 1824 年のことであるが，これは無定形（今日風にいうと「アモルファス」）のものであった．以来，純粋なケイ素を得ようとする試みはたびたび繰り返され，多くは不成功に終わった．1854 年になって，フランスのサント・クレール・ドヴィーユ（H. E. Sainte-Claire-Deville, 1818-1881）が，偶然のことから電気分解法によって結晶性ケイ素をはじめて得た．彼は，$NaCl-AlCl_3$ 系に四塩化ケイ素（$SiCl_4$）を含む融解塩を電気分解して得られたケイ化アルミニウムを水と反応させたところ，結晶ケイ素単体が残ったのである．

現在では，粗製のケイ素からつくられる製鉄用のフェロシリコン（ケイ素鋼の材料となる）のほかに，半導体用の高純度ケイ素（電機業界では「シリコン」というのがこの高純度ケイ素をさす言葉になっている）が大量に生産されている．粗製ケイ素をつくるには，電気炉中で炭素電極を用いて石英砂とコークスを 2,000℃ に加熱する．

高純度ケイ素を得るには，この粗製ケイ素をいったん四塩化ケイ素（$SiCl_4$）かトリクロロシラン（シリコクロロホルム，$SiHCl_3$）に変えて蒸留法などで精製した後，四塩化ケイ素なら金属亜鉛で還元，トリクロロシランであれば水素ガスで還元してアモルファスシリコンを得る．必要ならば，帯熔融法（ゾーンメルティング）などを駆使して精製することになる．

水晶と石英

石英は，結晶性二酸化ケイ素のことである．天然にも産出するが，結晶性の優れたものは水晶である．ところが，100 年ほど前までは結晶性の優れたものの方が「石英」（すなわち「いしのはな」）で，不透明で無定形のものが「水晶」であった．したがって，アメジスト（紫水晶）が漢方薬として処方されるときの生薬名は，「紫石英」である．工業的に用いられるものは，水熱合成法でつくられた人工の「水晶」であり，特定の向きに精密にカットすることで，正確な周波数の振動子とすることができる．この高性能，高信頼度の水晶振動子をつくるメーカーは，ほとんどが日本国内にしかない（精度が低いものは中国産やタイ産などのものでも十分らしい）が，放送局からコンピュータに至るまでの，厳しくて幅広い要求をすべてこなしている．

有機ケイ素化合物

炭素の同族元素であるので，Si＝Si 二重結合をもつ化合物（シリレン）や立方体の Si_8 単位をもつシリコキュバンなど，以前のテキスト類には「存在できない」としか記載されていなかったいろいろな化合物がつくられている．もちろん，遊離の「ケイ化水素」の形ではなく，かさ高な置換基をつけたものではあるが，いろいろと予想外の興味ある性質をもつので，多彩な利用面が期待されている（シリコキュバン（Si_8）の骨格をもつ分子は，群馬大学工学部の故永井洋一郎教授の研究室ではじめて合成された）．

ケイ酸塩鉱物

ケイ素の化合物としてもっとも普遍的なものは,「ケイ酸塩」である.ところが,これは $[SiO_4]$ 単位がいろいろな様式で縮合して生じた陰イオンを骨格とし,電荷のバランスがうまくとれるように陽イオンが入って結晶化したものなので,「鉱物化学」はほとんどが「ケイ酸塩化学」みたいなものである.どのような陰イオンが含まれているかを知るには,以前は化学分析によって,組成を頼りにするしかなかったのであるが,最近では著しく強い塩基であるナトリウムエトキシドを加えて還流煮沸し,溶液となったものを分別蒸留することでかなり正確な値が得られる.ネソケイ酸塩 ("neso-" は離島を意味し,SiO_4 単位が離ればなれにあるもの,たとえば橄欖(かんらん)石や柘榴(ざくろ)石などをさす.化学流ならオルトケイ酸塩)ならば,得られるケイ酸エステルはみな $[Si(OC_2H_5)_4]$ ばかりとなるし,縮合ケイ酸塩ならば,それぞれに対応するケイ酸エステルが得られるわけである.もちろん,あまり重合度が大きければ蒸留分離は無理となるのであるが,フラグメンテーション(断裂化)を解析することで,もとの縮合ケイ酸イオンの構造が推定可能となることが多い.アルミノケイ酸塩のようなヘテロケイ酸塩にも,応用可能となっている.

リン P

発見年代：1669 年　　発見者（単離者）：H. Brandt

原子番号	15
単体の性質	（本文を参照）
単体の価格（chemicool）	4$/100 g
価電子配置	$[Ne]3s^23p^3$
原子量（IUPAC 2009）	30.973762(2)
原子半径（pm）	115
イオン半径（pm）	44（P^{3+}）
共有結合半径（pm）	110
電気陰性度	
Pauling	2.19
Mulliken	2.3
Allred	2.06
Sanderson	2.16
Pearson（eV）	5.62
密度（g/L）	1,820（白リン）
融点（℃）	44.1
沸点（℃）	280.5
存在比（ppm）	
地殻	1,000
海水	0.0015〜0.084

天然に存在する同位体と存在比	P-31（100）
宇宙の相対原子数（$Si=10^6$）	9.0×10^3
宇宙での質量比（ppb）	7,000
太陽の相対原子数（$Si=10^6$）	8.373×10^3
土壌	0.65 ppm
大気中含量	痕跡量
体内存在量（成人 70 kg）	780 g
空気中での安定性	黄リンはりん光を発して酸化
水との反応性	酸素がなければ反応しない．通常は徐々に酸化されて次亜リン酸などを生成
他の気体との反応性	ハロゲンとは激しく反応する．PX_3 タイプのハロゲン化物を生成
酸，アルカリ水溶液などとの反応性	濃硝酸で酸化されるとリン酸を生成．アルカリ水溶液では不均化を起こし，ホスフィンと次亜リン酸塩を生成
酸化物	P_4O_6，P_4O_{10}
塩化物	PCl_3，PCl_5
硫化物	P_4S_3，P_4S_{10}
酸化数	+5，+3，0，−3（他）

英 phosphorus　独 phosphorus　佛 phosphore　伊 fosforo　西 fosforo　葡 fosforo　希 φωσφόρος (phosphoros)　羅 phosphorus　エスペ fosforo　露 фосфор (fosfor)　アラビ فسفور (fūsfūr)　ペルシ فسفر (fasfor)　ウルド — (fasfir)　ヘブラ זרחן (zarhan)　スワヒ posfori　チェコ fosfor　スロヴ forfor　デンマ fosfor　オラン fosfor　クロア fosfor　ハンガ foszfor　ノルウ fosfor　ポーラ fosfor　フィン fosfori　スウェ fosfor　トルコ fosfor　華 磷　韓・朝 인　インドネ fosfor　マレイ fosforus　タイ ฟอสฟอรัส　ヒンデ फास्फोरस (phasphoras)　サンス — (garhdhakah)

「燐」＝ヒトダマ，人魂

以前は漢字で「燐」と書いたが，現代中国では石偏の「磷」を使っている．石偏は非金属固体元素を意味しているらしい．もとの漢字である「燐」は，本来が鬼火や狐火などの正体不明の怪火を意味する文字であった．ドイツのブラントが1669年に発見した新元素の訳語としてこの字をあてたのは，清代の初期に中国へとはるばる熱心な布教のために訪れていたイエズス会（ジェスイット会）の神父の誰かであろう．有名なマテオ・リッチ（利馬竇）やアダム・シャール（湯若望）は明代のうちに没していたから，彼らの後継者のうちの一人と考えられる．つまり，17世紀の末頃の翻訳者たちには，黄リンの燃えるときの淡い光が，まさに「燐火」とそっくりに思えたために選定された訳語なのであろう．

したがって，早稲田大学のヒトダマ教授こと大槻義彦先生が，ことあるごとに「人魂はリンの燃えるものではない！」と声を大にしていわれても，400有余年の誤解はなかなか解けないのである．

同素体のいろいろ

黄リンは自然発火性があるので，通常は水中に蓄えるが，淡黄色の蝋状の固体である．もっともこの中に含まれる正四面体のP_4分子は，常温では迅速に回転していて，NMRスペクトルなどを測定すると，液体そっくりのスペクトルが現れる．二酸化炭素気流中で注意して蒸留すると，ほとんど透明なものが得られるので，最近では「白リン」という方が正式名称となった．猛毒で，以前は殺鼠剤（ネコイラズ）に使用されたこともある．最初の頃のマッチは，軸木の頭に黄リンを付着させたものであったから，日本語でも「燐寸」と書いてマッチと読ませた．ただこの製造にはかなりの危険を伴い，職工の中に黄リン中毒患者が続出したので，もっと安全な薬品が探索され，やがて硫化リン（P_4S_3）を用いるマッチがつくられた．これはいまでも登山用品などとして細々とつくられているものの，その後登場した安全マッチ（赤リンとガラス粉末を側薬に，塩素酸カリウムなどを頭薬にしたもの）に市場を譲ってしまった．

リンにはいろいろな同素体が知られている．ブラントが最初につくった（単離した）のは黄リンであったが，これは現代風に考えると，人尿の乾固物（リン酸塩を含む）がレトルトの成分の二酸化ケイ素と反応してリン酸を生成し，これが有機物や炭素によって熱時還元されて，それが気化したものを水中に凝結させて得られたということになる．空気中の酸素と反応するので暗所で発光する（ケミルミネッセンス）のがみられ，そのために暁の明星を意味するギリシャ語 "φοσφορoς"（phosphoros）から "Phosphor"（英語は phosphorus）という名称がつけられた．この黄リンは，自然発火性もあり猛毒でもある．前述のように殺鼠剤（ネコイラズ）に用いられたこともあるが，現在では試薬業者のカタログにも載らなくなってしまった．危険物とみなされ，輸送や保管にもいろいろと問題が生じるからでもある．高校の化学担当の先生方は，入手も難しくなったためにいろいろと御苦労されているらしい．

マッチの歴史

マッチはその昔「燐寸」という字を書いた．頭部にリンがついている長さが1寸（3 cm）ほどのものという意味である．これはまさに黄リンマッチをよく表現したものといえる．アンデルセンの名作『マッチ

売りの少女』は 1848 年に刊行されたものであるが，この頃はまだ安全マッチは製造されていなかったから，それ以前のマッチ，すなわち頭薬に黄リンか硫化アンチモンなどを含むタイプのものであったはずである．したがって「壁にこすりつける」だけで点火することができたし，結構高価であったので 1 本単位でバラ売りしてオカネを稼ぐこともできた（現在では登山用に使われる硫化リンマッチは，西部劇などでカウボーイが靴の踵ですったりすることでおなじみでもあるが，もっと後の 1898 年にはじめて製造されたので，当時はまだ存在しなかったようである）．

1845 年にウィーン大学のシュレッター（Anton von Schroetter）の手によって赤リンがつくられ，これがスウェーデンのルントストリョーム（Lundström）の手で安全マッチに利用されるようになった（1855 年）ことは諸書に詳しい．しかしこのほかにもいろいろな同素体がある．いわゆる黄リンは，白リンの表面付近が赤リンに変化したものらしく，また赤リン自体も単一の相ではないらしい．19 世紀にマッチの材料として使用されたが，自然発火事故や健康被害により 20 世紀初頭に使用が禁止された．このほか紅リンや紫リン，黒リンなども知られている．金属性を帯びたものもある．比較的身近な黄リンや赤リンも，どうもそれぞれが単一の相ではなくていくつかの相の混合物らしいから，受験用のテキストに書いてあるような簡単なものではないようである．

白リン（P_4）は比重が 1.82，融点が 44.1℃，沸点が 280℃ の，常温，常圧で白色（本来は透明）の蝋状の固体である．湿った空気中で酸化され自然発火するため，水中に保存しなくてはならない．二硫化炭素（CS_2）によく溶ける．毒性が強く（猛毒），にんにく臭（これはホスフィン（PH_3）の臭気である）がある．白リン以外の同素体は，ほとんど無毒である．リン鉱石から得た段階では不純物のため黄色に着色しているので「黄リン」と呼ばれるが，これを炭酸ガス気流中で注意して蒸留精製すると，ほとんど無色透明の白リンが得られる．

黒リンは比重が 2.69 の固体である．黄リンを約 12,000 気圧で加圧し，約 200℃ で加熱すると得られる．安定である．空気中ではなかなか発火しない．

紫リンは比重が 2.36 の固体である．金属光沢をもち金属リンとも呼ばれる．密閉して，黄リンに鉛を加え加熱することで得られる．

赤リン（P_n）は，紫リンを主成分とする白リンとの混合体で，融点 590℃，発火点 260℃ の赤褐色の粉末である．二硫化炭素に不溶．マッチの材料に使われる．密閉した容器で黄リンを約 250℃ で加熱すると得られる．

紅リンは比重が 1.88 の深紅色の粉末である．微細な赤リンと考えられている．

このあたりの詳しいことは「電子地場産館（姫路地区の地場産業）」のウェブページ（http://himeji.jibasan.jp）の中にある「マッチの館」を参照されたい．わが国のマッチ産業は，良質な軸木の素材の入手の便があったために，姫路近郊で発展してきた歴史がある．

リン酸肥料

19 世紀のはじめ頃，ドイツのリービッヒが，植物体に含まれる無機物の分析を繰り返し行った結果，「窒素」「リン酸」「カ

リ」の3成分が欠乏すると作物は育ちが悪くなること，これらを植物体が吸収しやすい化学形にして与えてやることで，収穫量は格段に増えることを示したのであるが，これが今日の「化学肥料」のはじまりである．特にリン酸肥料は，最初の頃はもっぱら獣骨（主成分はリン灰石）を硫酸で分解してつくっていた．難溶性のリン酸カルシウムを，可溶性のリン酸一水素カルシウム（過リン酸石灰）に変えることで，吸収されやすくしたのである．この効果は，当時のヨーロッパ人には劇的とも思えたようで，たちまちにさまざまなリン酸塩資源が探索され，ついには無縁墓地の人骨を掘り返して肥料の原料とするところまで現れた．ロシアなどでは，クリミア戦争の戦没者の墓地を掘り返すやからまで現れたという．

やがて海鳥の糞化石（グアノ）が著量のリン酸分を含むことが判明し，こちらが肥料の主原料となったのであるが，昨今はこのグアノ資源もそろそろ乏しくなってきたので，フロリダやロシアにあるリン灰石鉱床を採掘するようになった．

ただ，農家の方々は，可溶性の形で施肥しても，作物に吸収されないまま流失してしまう分が少なくないことを肌で感じて知っているため，どうしても過剰に施肥を行う傾向がある．これがやがて農業排水の形で天然の陸水系に注ぎ込まれるのであるが，その結果として「富栄養化」が起こる．

排水問題

富栄養化のもう一つの原因としては，硬水軟化剤としてのメタリン酸ナトリウムがある．「豊葦原瑞穂ノ国」と古くからいわれてきたわが国では，上水や河川水が硬水である地域はきわめて珍しい．したがって，琵琶湖条例などでリン酸塩を含む洗剤の使用を差し止めても，あまり大きな影響は出ないし，むしろ無リン洗剤があたりまえになってしまったくらいであるが，ヨーロッパは地域全体が中生代の厚い石灰岩の上に立地しているため，ほとんどの上水は著しく硬度が高く，石けんを使っても不溶性のカルシウム石けんなどの塊（スカム）が生じるだけで，洗浄効果は上がらない．また，蒸気機関などのボイラーでは大量の缶石（スケール）が生じ，ときには危険ですらある．このために，水中のカルシウムイオンやマグネシウムイオンを錯形成でマスクし，石けんと反応しないようにしたり，加熱しても炭酸塩の析出が起きないようにする必要があるのだが，この対策として以前から用いられてきたのが，メタリン酸ナトリウムであった．ドイツやフランスの洗濯屋などでは，著しく大量のメタリン酸ナトリウムを洗濯機に投入する情景が以前はよくみられたものである．

ヨーロッパでもさすがに，廃水処理や環境保護の面からこれはまずいということになって，現在ではイオン交換法や，その他の別の方法がしだいに採用されるようになってきたものの，やはりもっとも手軽であるせいか，メタリン酸ナトリウムの使用は相変わらずで，かなりの量が消費されている．下水道の水処理における効果的な除リン法も，いろいろと開発されつつあるようである．

硫 黄 S

発見年代：有史以前　　発見者（単離者）：—

原子番号	16
単体の性質	（α）黄色固体，斜方晶系，（β）淡黄色固体，単斜晶系，ほかにも多数の変態あり
単体の価格（chemicool）	24 $/100 g
価電子配置	$[Ne]3s^23p^4$
原子量（IUPAC 2009）	32.065(5)
原子半径（pm）	104
イオン半径（pm）	37（S^{4+}），29（S^{6+}）
共有結合半径（pm）	104
電気陰性度 Pauling	2.58
Mulliken	2.5
Allred	2.44
Sanderson	2.66
Pearson（eV）	6.22
密度（g/L）	2,070（α），1,957（β）（固体）
融点（℃）	112.8（α），119.0（β）
沸点（℃）	444.674
存在比（ppm）地殻	260
海水	870
天然に存在する同位体と存在比	S-32（94.99），S-33（0.75），S-34（4.25），S-36（0.01）
宇宙の相対原子数（Si = 10^6）	4.3×10^5
宇宙での質量比（ppb）	5.0×10^5
太陽の相対原子数（Si = 10^6）	4.449×10^5
土壌	主要成分
大気中含量	全体として1 ppbほど
体内存在量（成人70 kg）	140 g
空気中での安定性	常温では安定．高温では燃焼してSO_2を生成
水との反応性	反応しない
他の気体との反応性	高温ではH_2やハロゲンと反応
酸，アルカリ水溶液などとの反応性	熱濃硫酸では徐々に酸化を受ける．硫化ナトリウム水溶液には多硫化物イオンを生成して溶解
酸化物	SO_2，SO_3
塩化物	S_2Cl_2，SCl_2，SCl_4
硫化物	
酸化数	+6，+4，0，−2（他）

英 sulphur（sulfur）　独 Schwefel　佛 soufre　伊 solfo（zolfo）　西 azufre　葡 enxofre　希 θειο（theio）　羅 sulphur　エスペ sulfuro　露 cepa（sera）　アラビ كبريت（kibrit）　ペルシ کوگرد（gugird（sulphur））　ウルド —（gandhak（salfar））　ヘブラ גופרית　スワヒ sulfuri（kibiriti）　チェコ síra　スロヴ síra　デンマ svovl　オラン zwavel　クロア sumpor　ハンガ kén　ノルウ svovel　ポーラ siarka　フィン rikki　スウェ svavel　トルコ kükürt　華 硫　韓・朝 유황　インドネ belerang　マレイ sulfur　タイ กำมะถัน　ヒンデ गन्धक（gamdak）　サンス —

火山からの硫黄

わが国は世界有数の火山国家である．世界の活火山の 15～20% がわが国にあるといわれるが，数値に幅があるのは，「活火山」の定義がしばらく前に改定されて，以前の「休火山」をも包含するようになったからである（ところがこの「休火山」とされてきたものの定義が，国ごとに異同があるので数値が違ってくる）．

その昔は択捉島や北海道の知床，雌阿寒岳から吐噶喇列島の諏訪之瀬島や口之島に至るまでのほとんど日本全国に硫黄鉱山があった．しかし，原油中の硫黄分が二酸化硫黄の形で排出されると，四日市喘息や横浜喘息などと呼ばれる著しい公害病の原因となるため，排煙脱硫法がいろいろと研究されて，現在ではほとんど定量的に原油中の硫黄分を回収可能となっている．その結果，市場にきわめて安価な硫黄が大量に供給されることになり，各地の硫黄鉱山は軒並み閉山となってしまった．排煙脱硫の生成物は，硫黄そのものよりも硫酸カルシウム（石膏）の形となっていることが多いので，ちょうど建築の防火対策が問題となっていたこともあって，住宅用のプラスターボードの利用が増え，それまでの建築における大仕事であった左官業の活躍する場所が大きく減ってしまった．

ところで，源平時代に法勝寺の俊寛上人が鹿ヶ谷の陰謀が露見して清盛入道の逆鱗に触れ，鬼界ヶ島に流されたエピソードは平家物語にあるし，歌舞伎にもなっているので知る人も多かろう．一緒に流罪となった平康頼と丹波少将成経は先に赦免にあったが，俊寛一人が許されずに島に残される．やがてはるばる都から尋ねてきた弟子の有王に島での生活を語るくだりは感動的であるが，何一つ生計の手段をもたない流人だから，「山に登りて硫黄を採り，これを浜による船商人にとらせて生活（たつき）のすべとしている」という文章がある．

その昔の花形輸出品

ここで硫黄が船商人の求めるものであるということは，当時の中国（南宋の時代）での需要が大きかったことを物語る．すでに黒色火薬は発明されていたし，北方の「金」や「蒙古」との戦乱もいっこうに収まらず，いろいろな火薬を利用した兵器もつくられていた．北宋の末期を舞台としている『水滸伝』には，爆裂弾を操る名人として「霹靂火の秦明」という豪傑が登場するが，これには実在のモデルがいたといわれる．しかし大陸には活火山がほとんどない．数少ない例は高麗との境にある長白山（現在の韓国や北朝鮮では「白頭山」と呼んでいる）くらいであるが，こちらは当時は敵国（金）の領土であった．そのために利にさとい商人たちは，杭州あたりから船を出して南島各地へ硫黄を買出しにきていたのである．もっと後の明の時代になると，この交易の船は江戸湊（当時はいまの品川あたり，目黒川の河口）にまでやってきて，はるばる草津から利根川の水運で運ばれてくる硫黄を購入していた記録がある．多くの歴史家は「この硫黄は薬用のもの」，あるいは「煉丹術用」と説明しているが，交易の量からしても，とてもそんなものではなさそうである．やがて舶来の大砲がフビライの軍によって使用され，その結果として南宋は滅びてしまうが，この折りにも特に火薬を増産した気配はないから，もともと黒色火薬（硫黄と硝石と木炭末）がかなりつくられて備蓄されていたの

酸味料としての利用

俊寛上人の流された鬼界ヶ島は，物語の中の描写からすると，現在の佐多岬の沖にある薩摩硫黄島であるらしい．ここは以前には稲作が全くできず，そのために酢をつくることも難しかったので，「火山の噴気孔に凝縮する水滴を集めて，調理に使う酢の代わりとしている」という記載が，いまから 1,200 年ほど昔の平城天皇の御代にまとめられたといわれる『大同類聚方』の注記の中にある．これは，硫酸の酸味を利用しているわけでちょっと怖くもあるが，ほかに代替物がなければ致し方なかったのであろう．噴気中の二酸化硫黄が水滴に吸収されて，やがて空気酸化を受ければ硫酸となるのは，「酸性雨」の成因と同じである．

アマチュア化学者

少年時代に「化学実験を趣味とした」という話は，ファインマンやセーガン，オリヴァー・サックスなどおなじみの大科学者の伝記や回顧録にはよくある．もっとも昨今の米国では，実験用のガラス器具の一般への販売が違法となったところ（テキサス州など）もあるぐらいで，自分の家で化学実験などもってのほかという風潮もある（これは覚醒剤や麻薬の密造に使われる可能性が極めて大きいからだという）．

ボロディンのように，現役時代には化学が専門で作曲が趣味であった人物もいるのだが，逆に作曲が専門で化学実験を趣味としていた人物としては，テレビコマーシャルでもお馴染みの行進曲の「威風堂々」などを作曲した英国のエドワード・エルガー (1857-1934) が挙げられる．エルガーの父君は楽器商であった．そのためか，金管楽器の着色などに化学薬品を利用することなどは幼時から馴染んでいたようである．作曲家として有名になってからでも，自宅の裏庭に別棟の化学実験室をつくり，黄リンをつかった時限発火などいろいろとデモンストレーションをして客人を楽しませていたらしい．実用化されたものの中に「簡易型硫化水素発生装置」がある（1908 年に特許が下りている）．この「エルガー式発生装置」は太めのガラス管や試験管の底にいくつかの孔を開け，上端部にはゴム栓付きのガラス管にコックを付けただけの簡便なもので，中に硫化鉄の塊を入れる．必要な時には希塩酸を入れたビーカーに浸すと，硫化水素が発生するので，ガラス管から外に導くことになる．キップの装置よりも小規模のガスが必要となる場合に愛用された．

塩 素 Cl

発見年代：1774年　　発見者（単離者）：C. W. Scheele

原子番号	17		天然に存在する同位体と存在比	Cl-35（75.76），Cl-37（24.24）
単体の性質	黄緑色気体			
単体の価格（chemicool）	0.15 \$/100 g		宇宙の相対原子数（Si = 10^6）	1.0×10^5
価電子配置	[Ne]$3s^2 3p^5$		宇宙での質量比（ppb）	1,000
原子量（IUPAC 2009）	35.453(2)		太陽の相対原子数（Si = 10^6）	5.237×10^3
原子半径（pm）	100			
イオン半径（pm）	181（Cl^-），22（Cl^{7+}）		土壌	20～2,000 ppm
共有結合半径（pm）	99		大気中含量	海水飛沫と有機塩素化合物（痕跡量）
電気陰性度				
Pauling	3.46			
Mulliken	3.3		体内存在量（成人 70 kg）	95 g
Allred	2.83		空気中での安定性	N_2，O_2 のいずれとも反応しない
Sanderson	—			
Pearson（eV）	8.30		水との反応性	微溶．一部は不均化して HCl+HClO を生成
密度（g/L）	3.214（気体0℃）			
融点（℃）	−100.98		他の気体との反応性	H_2 とは UV 照射で爆発的に反応（塩素爆鳴気）．CO とはホスゲンを生成．他のハロゲンとも反応し，ハロゲン環化合物を生成
沸点（℃）	−34.6			
存在比（ppm）				
地殻	130		酸．アルカリ水溶液などとの反応性	アルカリ性水溶液には Cl^- と ClO^- を生成して溶解
海水	18,000			
			酸化物	Cl_2O，ClO_2，ClO_3，Cl_2O_7
			塩化物	—
			硫化物	S_2Cl_2，SCl_2，SCl_4
			酸化数	+7，+5，+3，+1，0，−1（他）

英 chlorine　独 Chlor　佛 chlore　伊 cloro　西 cloro　葡 cloro　希 χλώριο (chlorio)　羅 chlorum　エスペ kloro　露 хлор (hlor)　アラビ كلور (klur)　ペルシ کلر (klor)　ウルド کلورین (klorin)　ヘブラ גופרית (chlor)　スワヒ klorini　チェコ chlor　スロヴ chlór　デンマ klor　オラン chloor　クロア klorin　ハンガ klór　ノルウ klor　ポーラ chlor　フィン kloori　スウェ klor　トルコ klor　華 氯　韓・朝 염소　インドネ klor　マレイ klorin　タイ คลอรีน　ヒンデ क्लोरीन (klorin)　サンス —

必須元素の代謝異常

日本ではきわめてまれな疾患に「囊胞性線維症（cystic fibrosis）」という遺伝病がある．明治以来でもまだ発生数は100例に満たないそうであるが，白人にはかなり多くみられ，なかでも特にある集団のユダヤ系の人たち（ロシア系のアシュケナーズィと呼ばれるグループ）に多発するといわれる．常染色体の劣性遺伝子に由来するが，米国人では20～25人に1人ほどが保因者であり，新生児1万人当たり3人ほどの割合で発生する．つまり，出現頻度が3,300分の1ほどである．細胞膜の塩化物イオンチャネルがうまく作動しないために起こるもので，鼻汁や痰，胆汁や膵液などの粘性が著しく増加する．その結果として，呼吸器傷害（気管閉塞）や消化器傷害（胆管閉塞や膵管閉塞）などの重篤な症状が出現し，ついには肝臓に著しく負担がかかり，肝機能障害から肝硬変を起こして成人する前に死に至る．医療技術が進歩してきた現在でも，あまり寿命を延ばすことには成功していない．

この病気は，「汗」の電解質異常で気づかれることが多い．多くは，新生児の汗が著しく塩辛いことに母親が気づいて発見されるのだという．

塩素の漂白作用

塩素を発見したのはスウェーデンのシェーレであるが，彼は二酸化マンガン（褐石）と塩酸との反応で黄緑色の気体を得た後，この気体のいろいろな性質を調べた．その中の一つに，水に溶かすと漂白作用を示すことがある．そこで，当時産業革命とともに勃興しつつあった繊維工業において，この塩素の水溶液（塩素水）の漂白剤としての利用が早速試みられた．しかし塩素はもともとそれほど水に溶けないし，塩素水は不安定で分解しやすく，なかなか十分に漂白作用を発揮できない．

塩素は水に溶けると酸性を呈する．これは，不均化反応によって塩酸と次亜塩素酸が生じるからである．したがって，それならアルカリと反応させたらどうであろうと考えた人物がいた．この人物は，蒸気機関の発明者であるジェームズ・ワットだといわれる．そこで，安価なアルカリとして簡単に調達できる消石灰の上に塩素ガスを導くことで，漂白作用をもつ白い固体を得ることができた．これなら防水の袋にいれておけば，必要なときに水中に投入するだけで漂白作用を発揮させられる．これが「漂白粉（さらし粉）」である．有効成分は，次亜塩素酸カルシウムである．実際につくったのは，酸素の発見者のプリーストリーだと記してある文献もある．

カルキ臭の原因

さらし粉は，ドイツ語では"Chlorkalk"という．これが日本に入ってきて「クロールカルキ」となった．そのために，水道水の塩素の臭いをよく「カルキ臭」などと表現しているのであるが，実際にはカルキ（石灰）分は無臭なので，臭いのもとは塩素の方である．フランスでは，消石灰の代わりにカセイカリやカセイソーダの水溶液に塩素を溶かし込んだものがつくられるようになった．これは，つくられた町の名をとって「ジャヴェル水（eau de Javelle）」と呼ばれる．つまり，次亜塩素酸塩の水溶液である．わが国の家庭用品店で売られている「キッチンハイター®」などは，まさに現代版のジャヴェル水にほかならない．

混ぜるな危険！

一時期，関西方面で，トイレ掃除に塩酸

とこの次亜塩素酸塩水溶液を混ぜて使用したために，塩素中毒となって何人かの主婦が落命したことがある．これはどうも舶来の家事秘訣集の誤訳がもとだといわれるが，一方では生物化学の教科書に「次亜塩素酸は細胞膜を透過するので殺菌能力があるが，次亜塩素酸塩は細胞膜を透過できないから殺菌能力は皆無である」という旨の記載があり，これを誤解した結果だと主張する先生方もおられる．たしかに次亜塩素酸は弱酸なので，中性分子ができやすく，膜透過には有利であるのだが，このための酸性度（pH）とするには，普通の水に溶解している二酸化炭素でも十分なのである．わざわざ強酸性にする必要など全くない．それに汚れ落としであれば，単なる有機物の分解による漂白作用で十分なので，わざわざ生化学用の殺菌剤として利用する必要など最初からない．

プールの水は，衛生上の点から塩素消毒（次亜塩素酸塩消毒）が義務づけられている．そのためにいわゆる「カルキ臭」がするわけなのであるが，この臭気は実はさらし粉（クロールカルキ）由来の塩素の臭気ではなくて，塩素がアンモニアや有機アミンと反応して生じた，モノクロロアミン（NH_2Cl）の臭気であるらしい．たしかに普通の都市の水道水の「カルキ臭」は，井戸水などに比べればかなり明瞭にわかるが，慣れるとあまり気にしなくなる程度である．しかし，プールの水のカルキ臭はこれらに比べるとずっと強いのである．モノクロロアミンは不安定で分解しやすいが，塩素同様の刺激臭がはるかに強いので，低濃度でも検知可能なのである．

アルゴン Ar

発見年代：1894 年　　発見者（単離者）：W. Ramsay

項目	値	項目	値
原子番号	18	天然に存在する同位体と存在比	Ar-36(0.3365), Ar-38(0.0632), Ar-40 (99.6003)
単体の性質	無色無臭気体		
単体の価格（chemicool）	0.5 \$/100 g	宇宙の相対原子数（Si = 10^6）	1.5×10^5
価電子配置	[Ne]$3s^2 3p^6$	宇宙での質量比（ppb）	2.0×10^5
原子量（IUPAC 2009）	39.948(1)	太陽の相対原子数（Si = 10^6）	1.025×10^5
原子半径（pm）	174		
イオン半径（pm）	—		
共有結合半径（pm）	—	土壌	—
電気陰性度		大気中含量	0.93%
Pauling	—	体内存在量（成人 70 kg）	報告なし．ごく微量
Mulliken	—	空気中での安定性	不活性
Allred	—		
Sanderson	1.92	水との反応性	不活性
Pearson（eV）	7.70	他の気体との反応性	不活性
密度（g/L）	1.784	酸，アルカリ水溶液などとの反応性	不活性
融点（℃）	−189.2		
沸点（℃）	−185.7	酸化物	—
		塩化物	—
存在比（ppm）		硫化物	—
地殻	1.2		
海水	0.45	酸化数	0（他）

英 argon　独 Argon　佛 argon　伊 argo　西 argon　葡 argonio　希 αργο (argo)　羅 argon　エスペ argono　露 аргон (argon)　アラビ أرغون (arghun)　ペルシ أرگون (ergon)　ウルド (argon)　ヘブラ ארגון (argon)　スワヒ arigoni　チェコ argon　スロヴ argón　デンマ argon　オラン argon　クロア argon　ハンガ argon　ノルウ argon　ポーラ argon　フィン argon　スウェ argon　トルコ argon　華 氬　韓・朝 아르곤　インドネ argon　マレイ argon　タイ อาร์กอน　ヒンデ आर्गन (argon)　サンス —

原子量の逆転

原子量と原子番号の順が逆転している例として，メンデレーエフの周期律が発表されてからずっと懸案の"タネ"であったのは「テルルとヨウ素」，「コバルトとニッケル」の対であった．メンデレーエフの時代には，原子量の測定精度があまりよくなかったのでばらつきも多く，彼はもっとも信ずべき値（最尤値）と考えるものを採用したのであるが，その後，測定精度が上がってもこの2対だけは逆転したままであった．さらに30年ほどして，一連の希ガス元素がラムゼイによって発見され，アルゴンの原子量がカリウムよりも大きいことがわかって，ここで第3番目の逆転例が登場したことになる．

このアルゴンの原子量がカリウムよりも大きいのは，もともとカリウムに含まれている不安定核種のK-40の壊変の結果，Ar-40が生成したからである．地球上の大気では，同位体組成はAr-36：0.3356%，Ar-38：0.0632%，Ar-40：99.6003%で，Ar-40/Ar-36の比はおよそ300となっている．そのため，岩石の中に含まれるカリウムの量とアルゴンの量とから，生成年代を決定する方法（K-Ar法と呼ばれている）がある．K-40の半減期は1.25億年であるから，大部分の地質時代の試料について，マグマからの固化，あるいは熱変性を受けた時点から以後の年代（気体保持年代という）を測定することができる．カリウム含量が多い試料ならば，数万年のものでも測定対象となりうるが，通常は10万年から10億年くらいの年代のものが測定範囲に含まれる．ほとんどの岩石・鉱物類にはカリウムが例外なく含まれているから，対象となる範囲も広いのである．

希ガスよりも貴ガス

大気中にはおよそ1%弱ほど含まれているが，これほどもあるならば，日本のテキスト類で使われている「希ガス元素」という表現はあまりぴったりこない．そのために，以前の用語であった「貴ガス」（英語でもずっとnoble gas elementsで，rare gas elementsという言葉はもっと限られたもの（ラドンなど）だけを対象としているようである）に戻そうという動きもあるが，お役所は動きが遅いから，改訂には時間がかかりそうである．空気の平均分子量は28.9とされるが，この最後の桁には1%のアルゴン（分子量40）の寄与が利いてくる．

宇宙における同位体組成

ところで，目を宇宙に転ずると，金星には濃密な二酸化炭素を主成分とする大気があることはよく知られているが，旧ソ連のヴェネラ探査機から得られたデータによると，この中にもアルゴンは当然ながら含まれていて，その量は地球に比べると数十倍から100倍程度もある．しかしこの同位体組成を調べると，驚くことにAr-40/Ar-36はほぼ1であるという．原子核の安定性などから考えると，これが太陽系における始源同位体組成（primodial abundance）に近いものだと考えてよいであろう．地球大気中のアルゴンのほとんどは，上述のように地殻中のK-40の壊変生成物が集積したものであると考えられるから，金星の場合には，地殻からのAr-40の放出がほとんどなかったと考えなくてはならない．これは，焦熱地獄に近い金星の地表（摂氏数百度もあり，液体の水は存在できない）や，リモートセンシングの結果わかってきた多数の火山地形の存在などの状況を考え

ると，なかなか簡単には解明できそうもない問題を提起している．金星の大気の同位体組成の大幅な異常は，ほかに水素と重水素の比（地球よりも重水素の含量が120倍も多い）においても認められていて，惑星の起源については，いままで主力であった星雲モデルはあまりにも簡単にすぎ，もっと細密な成因論が必要となるであろう．

カリウム K

発見年代：1807 年　　　発見者（単離者）：H. Davy

原子番号	19	天然に存在する同位体と存在比	K-39 (93.2581), K-40 (0.0117), K-41 (6.7302)
単体の性質	銀白色金属，立方晶系	宇宙の相対原子数 ($Si = 10^6$)	3,200
単体の価格（chemicool）	85 \$/100 g	宇宙での質量比（ppb）	3,000
価電子配置	$[Ar]4s^1$	太陽の相対原子数 ($Si = 10^6$)	3,692
原子量（IUPAC 2009）	39.0983(1)	土壌	14 ppm
原子半径（pm）	227	大気中含量	痕跡量
イオン半径（pm）	133	体内存在量（成人 70 kg）	110〜140 g
共有結合半径（pm）	203	空気中での安定性	容易に発火し紫色の炎を上げて燃焼する．純酸素中で燃焼させると KO_2 を生成
電気陰性度　Pauling　Mulliken　Allred　Sanderson　Pearson（eV）	0.82　1.1　0.91　0.74　2.42	水との反応性	激しく反応して KOH 水溶液を生成
		他の気体との反応性	H_2 とは高温で反応し KH を生成．ハロゲンとは KX を生成
密度（g/L）	862（固体）	酸，アルカリ水溶液などとの反応性	無機酸と激しく反応して溶解．エタノールにも溶解してカリウムエトキシドを生成．液体アンモニアには反応せずに可溶
融点（℃）	63.4		
沸点（℃）	758	酸化物　塩化物　硫化物	K_2O, K_2O_2, KO_2　KCl　K_2S
存在比（ppm）　地殻　海水	21,000　379	酸化数	+1（他）

英 potassium　独 Kalium　佛 potassium　伊 potassio　西 potasio　葡 potassio　希 καλιο (kalio)　羅 kalium　エスペ kalio　露 калий (kalij)　アラビ بوتاسيوم (būtāsiyūm)　ペルシ پتاسیم (putasiyam)　ウルド — (potasiyam)　ヘブラ אשלגן (ashlagan)　スワヒ kali　チェコ draslík　スロヴ draslík　デンマ kalium　オラン kalium　クロア kalij　ハンガ kálium　ノルウ kalium　ポーラ potas　フィン kalium　スウェ kalium　トルコ potasyum　華 鉀, 钾　韓・朝 칼륨　インドネ kalium　マレイ kalium　タイ โพแทสเซียม　ヒンデ पोटैसियम (potasiyam)　サンス —

ナトリウムとカリウムの分離

通常の入門の化学の書籍類では,教科書類をも含めて「カリウムとナトリウムはきわめて性質が類似していて……」という記載がある.しかし実際に扱ってみると,この両元素の性質の差は予測よりもかなり大きいことが少なくない.

分析化学の方でナトリウムイオンとカリウムイオンを分離するには,古典的な分離法としては,一度炭酸塩の形としたものを濃厚過塩素酸で処理し,過剰の過塩素酸を完全に加熱気化させた後,エタノールで過塩素酸ナトリウムのみを分別溶解させ,不溶性の過塩素酸カリウムと分離するという方法がもっぱら採用された.しかしこの方法では,過塩素酸の沸点が高いので蒸発除去が不十分になりがちで,揮散処理が完全でないと,無水の過塩素酸と有機化合物が接触することになって,爆発事故が起きることがしばしばであった.

別法としては,塩化白金酸($H_2[PtCl_6]$)によってカリウムイオンのみを沈殿させる方法も用いられた.この方法では,ルビジウムやセシウムのような重アルカリ金属元素も沈殿するので,ブンゼンとキルヒホッフが鉱泉水からこの両元素を分離する際にも,この塩化白金酸沈殿法を利用したことは有名である.現在では,テトラフェニルホウ酸ナトリウム(「カリボール」とか「カリグノスト」などの商品名の方が有名であるが)によって沈殿分離を行う方法が採用されるようになり,爆発性のある過塩素酸や高価な塩化白金酸を用いることはなくなっている.その結果でもあろうが,欧米の有名大研究室からの論文でも,「$0.5\ mol/L$ の K_2PtCl_6 溶液を調製し……」などという奇妙な記述が間々みられるようになった.塩化白金酸カリウムの溶解度は,常温で数 mmol/L しかないのであるから,大先生方も予想外に不勉強であることがわかる.

生体への影響

これらよりも重大な性質の違いとしては,生体に対する影響がある.細胞の内部と外部におけるナトリウムイオンとカリウムイオンの濃度の違いは,生体機能に重要な役割を果たしている.

心臓の外科手術などで,一時的に拍動を停止させることが必要となる場合があるが,この場合には,塩化カリウム等張水溶液の灌流を行う.手術が終了したらこれをとめて,生理食塩水に戻すことで拍動が再開される.米国でも州によっては,死刑に際し電気椅子の代わりに塩化カリウム溶液の静脈注射が採用されているところがある.これは,死後の臓器を移植用に提供する(せめて世間に対する罪滅ぼしにもなるであろう)という希望者が増加してきた結果でもあるらしい.

以前にあちこちの大病院で,いわゆる「オタンコナース」が,患者さんの輸液に配合するはずの塩化カリウムの添加を忘れ,あわてて静脈に原液のまま注射した結果,心臓を停止させてしまったという事故が続発したことがある.現代の看護教育では,どうも「心のケア」などという美名のために末端の技術偏重になってしまい,「物質の濃度の重要性」などを含む大事な自然科学上の常識がないがしろにされていることを,はしなくも暴露してしまったことになる.

低カリウムジュース

腎機能が衰えて,透析法のご厄介になるような人たちにとっては,かなり厳格な食

事制限が課せられる．その中の一つに，カリウムを含む食品を控えることがある．現在の人工腎臓システムでは，血液中のカリウムを除くことができないので，通常のままの食事を摂取していると，血液中のカリウム濃度が上昇して「ハイパーカレミア」，つまり「高カリウム血症」となり，最後には上記のように心臓を停めてしまう結果となってしまう．ところが，生体機能維持のためにはカリウムイオンの存在は不可欠であり，全くゼロとするわけにもいかない．植物性の食品はカリウム分をかなり含むものがほとんどなので，たいへんに困らされることになる．

そのためにわが国の食品メーカーからは，「低カリウムジュース」がつくられて市場に提供されている．これは，イオン交換法を用いてトマトジュースや野菜ジュースなどから効率的にカリウムを除去したものであるが，飲み物にも不自由していた患者各位にはたいへん好評であるらしい．

カルシウム Ca

発見年代：1808 年　　発見者（単離者）：H. Davy

原子番号	20	
単体の性質	銀白色金属，立方晶系	
単体の価格（chemicool）	11 \$/100 g	
価電子配置	$[Ar]4s^2$	
原子量（IUPAC 2009）	40.078(4)	
原子半径（pm）	197.3	
イオン半径（pm）	106	
共有結合半径（pm）	174	
電気陰性度		
Pauling	1.00	
Mulliken	—	
Allred	1.04	
Sanderson	1.06	
Pearson（eV）	2.20	
密度（g/L）	1,550（固体）	
融点（℃）	839	
沸点（℃）	1,484	
存在比（ppm）		
地殻	41,000	
海水	390〜440	

天然に存在する同位体と存在比	Ca-40 (96.941)，Ca-42 (0.647)，Ca-43 (0.135)，Ca-44 (2.086)，Ca-46 (0.004)，Ca-48 (0.187)
宇宙の相対原子数（Si = 10^6）	4.9×10^6
宇宙での質量比（ppb）	7.0×10^4
太陽の相対原子数（Si = 10^6）	6.287×10^4
土壌	1〜2 ppm
大気中含量	塵埃中に痕跡量
体内存在量（成人 70 kg）	1,200 ppm
空気中での安定性	常温では表面酸化，高温では燃焼してCaOを生成
水との反応性	—
他の気体との反応性	H_2，N_2 とは高温で反応し，それぞれ CaH_2，Ca_3N_2 を生成．ハロゲンとは CaX_2 を生成
酸，アルカリ水溶液などとの反応性	無機酸と激しく反応して溶解．エタノールや液体アンモニアにも可溶
酸化物	CaO
塩化物	$CaCl_2$
硫化物	CaS
酸化数	+2（他）

英 calcium　独 Calcium　佛 calcium　伊 calcio　西 calcio　葡 calcio　希 ασβεστιο (asvestio)　羅 calcium　エスペ kalcio　露 кальций (kal'cij)　アラビ كالسيوم (kalsiyum)　ペルシ كلسيم (kelsiyam)　ウルド ― (kelsiyam (cuna))　ヘブラ סידן (sidan)　スワヒ kalisi　チェコ vápník　スロヴ vápník　デンマ calcium　オラン calcium　クロア kalcij　ハンガ kalcium　ノルウ kalsium　ポーラ wapń　フィン kalsium　スウェ kalcium　トルコ kalsiyum　華 鈣, 钙　韓・朝 칼슘　インドネ kalsium　マレイ kalsium　タイ แคลเซียม　ヒンデ कैल्सियम (kalsiyam)　サンス ―

わが国も資源大国

わが国のマスコミは，第二次世界大戦以前からことあるごとに「日本は資源小国である」と宣うのが常であったし，現在はますますその傾向が強い．しかし，いくつかの元素については，あまり人に知られてはいないが結構な資源大国として世界を動かしてもいる．その昔は金や銀，銅などが世界の流通量のかなりの部分を占めていたこともあった．現在でもヨウ素やセレン，カドミウム，ビスマスなどは世界有数の輸出量を保っているし，ほかにも，他の国では製錬技術が十分ではないために，どうしても日本に依存しなくてはならないレアメタル類もかなりある．この場合には原料を輸入し，高純度の製品（つまり高付加価値製品でもある）を輸出して儲けていることになる（このあたりのノウハウを提供しろという某大国（複数）からの圧力は，以前よりも声高になってきている）．

ところで，明治以降，連綿とわが国で自給自足，さらにはかなりの量を輸出しているセメントは，やはり世界で第3位ほどの生産量，輸出量を維持している．この原料となる石灰石は，何しろ重くてかさばるものであるから，各地で石灰石専用の鉄道路線が引かれたことも少なくない．東京近郊の青梅線や五日市線，南武線などはいまこそ通勤路線であるが，もともとは奥多摩地域に産する石灰石を，川崎の工業地帯にあった浅野セメントの工場へ運ぶために敷設された．東武鉄道や西武鉄道も石灰石輸送を盛んに行ってきたが，これらの私鉄も貨物輸送をやめてしまい，石灰石輸送はトラックに切り替えられてしまった．それでも，秩父鉄道や岩手開発鉄道，西濃鉄道などの小さな私鉄で貨物輸送が生き残っているのは，石灰石輸送は地域によってはなかなか代替が利きにくいからでもある．もっとも最近では，鉄道輸送に見切りをつけたセメント会社が自社専用の高速道路を建設し，超巨大型のダンプカーの頻繁運転で輸送をまかなっている例もある（伊藤博康，『日本の"珍々"踏切』，東邦出版）．

軍事技術のスピルオーバー

金属カルシウムや水素化カルシウム（CaH_2）は，以前はかなり高価で，なかなか入手しにくいものであった．ところが第二次世界大戦後しばらくして，水中に投げ込むと盛大な水煙が上がる（もちろん，水との反応で水素が発生して，これが燃えて熱を発するからである）ので，煙幕発生源として使えるが，金属ナトリウムよりは比重が大きいので，水面を移動していくこともないから，取扱いがずっと容易であることが買われ，やがてベトナム戦争の頃から大々的に製造・利用されるようになった．そのため，これを還元試薬として用いることも，以前に比べるとはるかに容易となったのである．いわゆるランタニド元素などのレアメタルの金属を製造するのに，「金属カルシウムを用いて還元」という方法が増えてきたのもこの時代からである（それ以前の還元剤は，金属ナトリウムか金属マグネシウムを用いるのが主であった）．

カルシウムの代謝異常

現代の熟年の人間を悩ます成人病の一つに，「骨粗鬆症」がある．この「鬆」は，現在の日本ではほかにはあまり使わない漢字であるが，「ス」つまり内部に空いた穴を意味する字である．大根の「す」はほとんどひらがなで書かれるようになってしまったが，鋳造時やプラスチックの成型時の「ス」は現在でも大問題である．

人間の骨格は常にカルシウムの代謝を行っていて，血液からカルシウム分を吸収して，造骨細胞によってリン酸カルシウムを形成する．一方では，破骨細胞のはたらきで古いカルシウム分を血液中に再度放出している．このバランスが何かのきっかけでくずれ，放出する方が多くなった結果起こるのが「骨粗鬆症」である（鉛中毒患者などに対して，錯形成により排泄させるためにEDTA（エチレンジアミン四酢酸）のナトリウム塩を処方すると，同時に骨のカルシウムが失われてしまうが，これもバランスがくずれた結果である）．ひとたびこうなると，バランスをもとに戻すのはたいへんで，単にカルシウム分を含む食品の摂取量を増やしても，肝心の骨の部分まではなかなか届かない．そのために，カルシウムイオンを錯形成させた薬剤が開発され，これによって造骨細胞のところへカルシウムを少しは有効に運ぶことができるようになった．この錯形成剤はよく「ビスホスホネート」などと呼ばれるが，メチレンビスホスホン酸$(RCH(PO_3H_2)_2)$の解離した形の配位子である．

ヨーロッパの上水事情

洗剤の効力を失わせないためにも，上水の硬度は世界各地での大問題である．この原因のほとんどはカルシウムイオンであり，ところによってはマグネシウムイオンも寄与している．カルシウムイオンの影響を除くためには，イオン交換法によってナトリウムイオンなどに置き換えてしまうか，キレート試薬を添加して洗剤分子と難溶性のカルシウム塩（スカム）を形成できないようにするなどの方法がとられる．いわゆる中性洗剤は，もともと難溶性のカルシウム塩をつくらないので，あまりこの影響を考慮しなくともよい．

以前からこのために頻用されてきたのは，メタリン酸ナトリウムであった．鎖状のポリリン酸イオンを含み，これがカルシウムイオンと錯形成して，石けんの効力を発揮させられるように工夫されたのである．わが国では「琵琶湖条例」などが制定されて，「無リン洗剤」があたりまえとなってしまったが，もともと軟水に恵まれた「豊葦原瑞穂の国」だからこそ可能となったので，諸外国ではなかなか難しい．ヨーロッパ各国は，地中深くには中生代の厚い石灰岩層が堆積しているために地下水の硬度が高く，メタリン酸塩でも添加しないことには洗濯もままならないのである．代用となる硬水軟化剤もいろいろと模索されているが，あとでの浄水処理に障害となったり，変異原性が指摘されたり，コストが折り合わなかったりと難問山積状態である．ボイラー用水などでは，炭酸ナトリウムを添加して炭酸カルシウムを沈殿除去する方法も採用されている．

スカンジウム Sc

発見年代：1879 年　　発見者（単離者）：L. F. Nilson

原子番号	21	天然に存在する同位体と存在比	Sc-45（100）
単体の性質	銀白色金属，六方晶系	宇宙の相対原子数（Si = 10^6）	28
単体の価格（chemicool）	1,400 \$/100 g	宇宙での質量比（ppb）	30
価電子配置	[Ar]$3d^1 4s^2$	太陽の相対原子数（Si = 10^6）	34.2
原子量（IUPAC 2009）	44.955912(6)		
原子半径（pm）	160.6	土壌	7（0.5〜45）ppm
イオン半径（pm）	83	大気中含量	事実上皆無
共有結合半径（pm）	144	体内存在量（成人 70 kg）	0.2 mg
電気陰性度　Pauling　Mulliken　Allred　Sanderson　Pearson（eV）	1.36　—　1.20　—　3.34	空気中での安定性	常温では徐々に表面酸化を受ける．高温では Sc_2O_3 を生成
		水との反応性	熱水とは反応して H_2 を放出するが，常温ではほとんど反応しない
密度（g/L）	2.985（固体）	他の気体との反応性	H_2 との反応では ScH_2 を生成
融点（℃）	1,541	酸，アルカリ水溶液などとの反応性	無機酸と反応して H_2 を放出
沸点（℃）	2,830		
存在比（ppm）　地殻　海水	16　(3.5〜8.8)×10^{-7}	酸化物　塩化物　硫化物	Sc_2O_3　$ScCl_3$　Sc_2S_3
		酸化数	+3（他）

英 scandium　独 Scandium　佛 scandium　伊 scandio　西 escandio　葡 escandio　希 σκανδιο (skandio)　羅 scandium　エスペ skandio　露 скандий (skandij)　アラビ سكانديوم (iskandiyum)　ペルシ سکاندیوم (skandiyam)　ウルド —　ヘブラ סקנדיום (skandium)　スワヒ skandium　チェコ skandi　スロヴ skandium　デンマ scandium　オラン scandium　クロア skandij　ハンガ szkandium　ノルウ scandium　ポーラ skand　フィン skandium　スウェ skandium　トルコ skandiyum　華 鈧，钪　韓・朝 스칸듐　インデネ skandium　マレイ skandium　タイ สแคนเดียม　ヒンデ स्काण्डियम (skandiyam)　サンス —

いまのところ，スカンジウムの用途はまだきわめて限られたものである．数少ない例として，野球場用のナイター照明のハロゲンランプに，ヨウ化スカンジウムを用いるとまぶしさが激減するので好評であるというケースがある．また，少年硬式野球用の金属バットにスカンジウム-アルミニウム合金製のものが普及し出しているが，まだかなり高価で，1本2万円ほどもする．そのほかには，競走用自転車のスポークや，登山用テントの骨組み，釣り竿などであるが，このどちらもアルミニウムとの合金である．いまのところ，どうしてもスカンジウムを使わなくてはならないという用途がこれといってないのである．

本当の新材料？

しかし最近になって，宇宙工学用材料として金属スカンジウムがかなり有望ではないかといわれている．この理由は，第一に低密度である（比重3.0）ことと，高融点(1,541℃)のためである．軽金属材料としてもっとも広く愛用されるアルミニウムは，比重2.7，融点661℃であるから，使用条件が1,000℃以上の高温領域にわたる宇宙材料などには，アルミニウムよりもはるかに好適である．新しい材料が活用されるのは，費用に糸目をつけないスポーツ用品か宇宙材料などの分野からはじまるというのは，炭素繊維などと同様であろう．

目下のところ，スカンジウムの資源もきわめて限られたものである．希土類元素鉱物のうちで比較的重希土類に富むユークセン石やゼノタイムなどから，通常のランタニド元素を精製分離する際の副産物として採取されるのがほとんどである．このほかには，アルミニウム資源であるボーキサイトの中にも含まれているのであるが，精錬過程で水酸化鉄などと一緒に除かれてしまう．

温泉水も資源となるかも

しかし最近になってわが国でも注目され出した資源としては，草津温泉の温泉水がある．もともと著しく強酸性（世界有数である）の温泉水なので，通常の天然水ならば水酸化物として沈殿してしまうはずのスカンジウムが，結構な高濃度で含まれている．ある源泉からの水はpH 1.4もある強酸性の熱水で，スカンジウム含量は40 ppb，温泉排水は多少薄まっているがpH 1.8，18 ppbほどもある．"ppb"は十億分率なので低濃度にもみえるが，原鉱石をわざわざ溶解する手間は省けるし，湧出量は豊富であり，おまけに昨今の環境関係法令の改正によって，温泉排水中のヒ素なども回収する必要が生じてきたのであるから，これらと同時に選択的に他の元素と分離することができるなら，年間で100 kg以上のスカンジウムを集めることが可能となるはずである．現在の価格からすると，スカンジウム化合物は低純度のものでもkg当たりで100万円以上もするのであるから，これだけで年商数億円規模の大プロジェクトとなりうる．

高崎にある日本原子力研究所の研究チームが，数年前から実際にプロジェクトを開始したようである．これには，不織布上にリン酸基やホスホン酸基を結合させたイオン交換膜を使うようであるが，うまくいけば「草津よいとこ一度はおいで，お湯の中にも……」のあとの文句が新しく書き変わるかもしれない．理想的に進行すれば，この源泉だけでレアメタルのバナジウムが725 kg/年，スカンジウムが116 kg/年ほどの量が得られる皮算用になっている．こ

のほかに，回収目的のヒ素も年間で32トンほどが得られるらしい．同じように酸性の強い温泉は日本各地にあるし，また地熱発電に使用した地下水もヒ素分などを含む排水の再処理が必要とされる場合が少なくない．現在のところ，フェロバナジウムの年間輸入量は，純バナジウムに換算するとおよそ6,000トン内外であるから，このような源泉が十数カ所もあれば，輸出国の政情不安に一喜一憂しなくともすむであろうし，スカンジウムなどは逆に輸出国になる可能性だってある．

チタン Ti

発見年代：1791 年　　発見者（単離者）：W. Gregor/H. Klaproth

原子番号	22	
単体の性質	銀灰色金属，六方晶系	
単体の価格（chemicool）	6.1 $/100 g	
価電子配置	$[Ar]3d^24s^2$	
原子量（IUPAC 2009）	47.867(1)	
原子半径（pm）	144.8	
イオン半径（pm）	80（Ti^{2+}），69（Ti^{3+}），（Ti^{4+}）	
共有結合半径（pm）	132	
電気陰性度		
Pauling	1.54	
Mulliken	—	
Allred	1.32	
Sanderson	—	
Pearson（eV）	3.45	
密度（g/L）	4,500（固体）	
融点（℃）	1,660	
沸点（℃）	3,290	
存在比（ppm）		
地殻	5,600	
海水	4.8×10^{-4}	

天然に存在する同位体と存在比	Ti-46 (8.25)，Ti-47 (7.44)，Ti-48 (73.72)，Ti-49 (5.41)，Ti-50 (5.18)
宇宙の相対原子数（Si = 10^6）	2,400
宇宙での質量比（ppb）	3,000
太陽の相対原子数（Si = 10^6）	2,422
土壌	0.33（0.02〜2.4）%
大気中含量	塵埃中に痕跡量
体内存在量（成人 70 kg）	700 mg
空気中での安定性	反応しない
水との反応性	反応しない
他の気体との反応性	O_2 とは高温で反応し TiO_2 を生成．ハロゲンとは TiX_4 を生成．N_2 とも高温で反応し TiN を生成
酸，アルカリ水溶液などとの反応性	硝酸やフッ化水素酸には可溶．熱塩酸には溶解し Ti(III) 錯体となる．アルカリとは反応しない
酸化物	TiO_2
塩化物	$TiCl_2$，$TiCl_3$，$TiCl_4$
硫化物	TiS_2
酸化数	+4，+3，+2（他）

英 titanium　独 Titan　佛 titane　伊 titanio　西 titanio　葡 titanio　希 τιτανιο (titanio)　羅 titanium　エスペ titanio　露 титан (titan)　アラビ تيتانيوم (titaniyum)　ペルシ تيتانيوم (titanium)　ウルド —　ヘブラ טיטניום (titanium)　スワヒ titani　チェコ titan　スロヴ titán　デンマ titan　オラン titanium　クロア titanij　ハンガ titán　ノルウ titan　ポーラ tytan　フィン titaani　スウェ titan　トルコ titanyum　華 鈦，钛　韓・朝 타이타늄　インドネ titanium　マレイ titanium　タイ ไทเทเนียม　ヒンデ टाइटानियम (titaniyam)　サンス —

タイタンとチタン

　日本語の元素名はドイツ語から入ったものがかなりあるが、これもその一つである。土星の衛星にも同じ名称のものがあるのだが、探査機のカッシーニの子機であるホイヘンスが着陸して観測データを送ってくるようになってからは、英語読みの「タイタン」の方が衛星名としては幅をきかすようになった。もともとはギリシャ神話に登場する巨人族をさしていて、形容詞形の"titanic"は「巨大な」という意味もある（化学ではTi(IV)の化合物をさす）。大西洋で氷山に衝突して沈没した豪華客船の「タイタニック」号も、これと同じスペル（ただし頭文字は大文字）であった。

付加価値産業

　酸化チタン（TiO_2）には3種類の結晶系がある。すなわち、「ルチル（金紅石）」「アナターゼ（鋭錐石）」「ブルッカイト（板チタン石）」である。天然産のルチルは和名のように着色しているものが多いが、合成したものは純白の顔料として、白粉から道路のゼブラゾーンに至るまで広く用いられている。高純度の金属チタンやチタン化合物を製造するには、わが国の特殊技術（ノウハウ）の貢献が著しく大きいらしく、「もし日本からチタンの輸出（金属でも化合物でも）が何かの原因で停止してしまったら、世界中の宇宙開発や精密工業は即時に操業停止に追い込まれる」という外国新聞の記事が出たこともあるそうである。単に資源としてモノをもっているだけでは何にもならないというのである。眼鏡の高級フレームやゴルフクラブなどでもシェアを広げつつあるが、これはニッケルなどのようにアレルギーを起こす気遣いがほとんどないことにも起因しているという。

クリーンエネルギー

　「本多・藤嶋効果」は、藤嶋 昭先生がまだ東京大学生産技術研究所の本多健一教授の研究室の大学院生であった頃に発見された、きわめてユニークな現象である。二酸化チタンの結晶粉末を水中に入れて、主に近紫外線領域の光を照射すると、水の分解反応が進行し、水素と酸素に分解される。クリーンエネルギー源として水素が必要とされるといっても、従来の方法では熱分解か電気分解によるしかなかったのであるから、これではエネルギー収支から考えると絶対に損をするのであるが、ほぼ無尽蔵の太陽光線を利用できるのであれば、十分引き合うことになる。この際に生じる酸素の方も反応活性が大きいので、殺菌、消毒効果を利用することも可能である。二酸化チタンの結晶構造によって、活性化に必要な光の波長にも差が出てくる。

チタン顔料

　チタンを含む顔料としては、昔からのチタンホワイトのほかに、チタンイエローとチタンブラックがある。チタンホワイトは主にルチル型の二酸化チタンであるが、前述のように白粉をはじめとし、横断歩道（ゼブラゾーン）用の白色ペイントまでの広い用途をもっている。本多・藤嶋効果の立役者でもある。チタンイエローは有機色素（マグネシウムなどの検出試薬）にも同じ名称のものがあるが、これとは全く別の顔料で、別名をニッケルイエローともいう。酸化チタン（TiO_2）、酸化アンチモン（Sb_2O_3）、酸化ニッケル（NiO）の固溶体で、黄色の油絵具のほかに、最近ではバイクの塗装用にかなり用いられている。堅牢で耐候性・耐光性のどちらにも優れていることと、以前からおなじみの黄色の顔料で

ある.ネープルスイエロー(アンチモン酸鉛)やカドミウムイエロー(硫化カドミウム),ロイヤルイエロー(雄黄,硫化ヒ素)などのように有害元素を含むものではないので,マニアからはじまってしだいに広く用いられるようになってきた.歴史も比較的新しく,第二次世界大戦後から生産されるようになったものである.

チタンブラックは,二酸化チタンに窒素を反応させて調製する黒色の顔料で,組成は $Ti(O,N)_2$ のように表せる.堅牢性に優れかつ被覆力が大きいので,他の黒色顔料(おおむね炭素系)よりも高価ではあるが利用分野は広い.こちらも比較的新しく登場した顔料(チタンイエローよりももっと新顔)であるため,塗料としての応用はかなり広まったものの,絵画方面(油絵画家など)での利用にまでは広まっていないようである.

酸素を含まない窒化チタン(TiN)は黄金色であり,高硬度で滑り特性・耐熱性に優れ付着力が強く,もっともポピュラーなコーティング材料でもある.安物の腕時計(いわゆる「ナンキンムシ」)などが黄金色にメッキしてあるのは,ほとんどが金ではなくて窒化チタン膜でコーティングされたものである.

バナジウム V

発見年代：1801/1830 年　　　発見者（単離者）：A. M. del Rio/N. G. Sefström

原子番号	23	天然に存在する同位体と存在比	V-50（0.25），V-51（99.75）
単体の性質	銀灰色金属，体心立方	宇宙の相対原子数（Si＝10^6）	220
単体の価格（chemicool）	220 \$/100 g	宇宙での質量比（ppb）	1,000
価電子配置	[Ar]3d^{3}4s^2	太陽の相対原子数（Si＝10^6）	288.4
原子量（IUPAC 2009）	50.9415(1)	土壌	100（10〜500）ppm
原子半径（pm）	132.1	大気中含量	0.02 ng/m^3（大洋上空）
イオン半径（pm）	72（V^{2+}），65（V^{3+}），61（V^{4+}），59（V^{5+}）	体内存在量（成人 70 kg）	0.1 mg
共有結合半径（pm）	125	空気中での安定性	常温では反応しない．高温では酸化を受け，最終的には V$_2$O$_5$ を生成
電気陰性度　Pauling　Mulliken　Allred　Sanderson　Pearson（eV）	0.63　—　1.45　—　3.60	水との反応性	反応しない
		他の気体との反応性	N$_2$ とは高温で反応し VN を生成．Cl$_2$ とは高温で反応させると VCl$_4$ を生成
密度（g/L）	6,110（固体）	酸，アルカリ水溶液などとの反応性	塩酸やアルカリ水溶液とは反応しない．硝酸，熱濃硫酸，過塩素酸，フッ化水素酸，王水には可溶
融点（℃）	1,890		
沸点（℃）	3,380		
存在比（ppm）　地殻　海水	160　(1.1〜1.8)×10^{-3}	酸化物　塩化物　硫化物	VO，V$_2$O$_3$，VO$_2$，V$_2$O$_5$　VCl$_2$，VCl$_3$，VCl$_4$　—
		酸化数	＋5，＋4，＋3，＋2（他）

英 vanadium　独 Vanadium（Vanadin）　佛 vanadium　伊 vanadio　西 vanadio　葡 vanadio　希 βαναδιο（vanadio）　羅 vanadium　エスペ vanado　露 ванадий（vanadij）　アラビ فاناديوم（fānādiyūm）　ペルシ واناديوم（vanadiyam）　ウルド —　ヘブラ ונדיום（vanadium）　スワヒ vanadi　チェコ vanad　スロヴ vanád　デンマ vanadium　オラン vanadium　クロア vanadij　ハンガ vanádium　ノルウ vanadium　ポーラ wanad　フィン vanadiini　スウェ vanadin　トルコ vanadyum　華 釩，钒　韓・朝 바나듐　インドネ vanadium　マレイ vanadium　タイ วาเนเดียม　ヒンデ वनडियम（vanadiyam）　サンス —

ヒトには必須？

　人間にとって必須元素であるかどうかはまだ確実なところはわからないのであるが，ヒヨコの生育時には不可欠な元素であることがわかっている．もっとも，バナジウムの生理学的作用はまだまだよくわからないところが多い．脊索動物のホヤの中には，血液中にかなりの量のバナジウムを含む例が知られている．このバナジウムは，ポルフィリン系統の錯化合物として溶けているらしいが，呼吸に関係しているかどうかは諸説があってまだ不明である．

　石油（原油）の中には，産地によってかなりの濃度でバナジウムを含むものがある．有名なのは，ベネズエラのマラカイボ湖付近の油田から採取される原油であるが，この原油の母体となった古代生物が，ホヤ類に近縁なものだったのであろうと考えられている．

喘息の原因かも

　第二次世界大戦後に日本にやってきた米国人の間で問題となった，「横浜喘息」と呼ばれる症状の原因がバナジウムによるのではないかと騒がれたことがある．これは，1950年頃にそれまでインドネシア産が主力であった原油の輸入が，中近東産のものに切り替わった折りから激しくなったので，石油の中に含まれるいろいろなものが原因であろうと疫学的な探索が行われ，その中の候補の一つとしてバナジウムがあげられたのである．インドネシア産の原油にはバナジウム含量が比較的低いのに，イランやイラクなど中近東産の原油は，ベネズエラ産のものほどではないが，かなりのバナジウムを含有しているものがほとんどだったからである．

　この時代はまだ原油の生焚きが普通であったが，やがて脱硫処理が励行されるようになると，この処理で硫黄とともにバナジウムもほとんど除かれてしまうことがわかった．脱硫処理が広がるにつれてこの「横浜喘息」は下火になってしまったので，そのためにバナジウムが本当にこの横浜喘息の原因であったのかどうかは不明のままである．

　なお，「横浜喘息」と呼ばれるものは，つとに明治時代にも存在した．当時横浜に来訪した欧米人たちは，主に貿易商と外交官，あるいは宣教師たちであったが，彼らがよく罹患する病気の一つに喘息があった．任務に堪えられないほどに症状が重くなって，帰国する船が横浜港から遠ざかるにつれて喘息の発作は軽くなり，やがておさまったという．これを彼らは横浜喘息と呼んだのである．明治時代の横浜では，まだ石油を燃料として消費することによる大気汚染や公害などとは無縁であったはずなので，この喘息にも何かアレルゲンが存在したのであろうと思われるが，あるいは杉花粉（杉の木は外国にはないからである）のような，日本固有の生物種に由来するのかもしれない．

新しい用途

　バナジウムの用途は，合金（フェロバナジウム）として鉄鋼材料に用いたり，酸化物（V_2O_5）を種々の工業化学触媒として活用したりするのがメインであるが，最近になって，水素貯蔵合金の材料として注目されるようになってきた．チタンとバナジウムの合金は，重量比でほぼ2％近くまで水素を吸蔵できる．パラジウムなどよりずっと軽いので，将来の水素自動車用に有望な材料の一つでもある．燃料電池などにもすでに利用されていることは，新聞紙上

にも紹介された．

アレキサンドライトのまがい

　あまり意識されていないバナジウムの用途の一つに，人造アレキサンドライトがある．本物のアレキサンドライトはキャッツアイと同じようなクリソベリルに，不純物として微量のクロムイオンが含まれたもので，しばらく前までは合成がきわめて難しく，そのために著しく高価であった．昼の太陽光線では美しい青緑色，白熱電球のもとでは鮮赤色にみえるという二色性のために珍重されている．もちろんいまでは合成も可能で，レーザー用光学材料として盛んに用いられている．

　ところがエジプトのアレキサンドリアに行くと，土産物としてこのアレキサンドライト製の装身具を売っている．かのアレクサンドロス大帝が珍重したという，もっともらしい由来がついている．しかしこれは，合成のコランダム（人造サファイヤ）かスピネルに，バナジウムをドープしてつくった真っ赤なにせものである．もちろんエジプトに産出するわけでもなく，だいたいアレキサンドライト自体が19世紀にロシアで発見され，ツァーのアレクサンドル2世を記念して命名されたものなので，時代錯誤もはなはだしいのである．

　これ自体，結構美しい色調を示す人造宝石なのであるが，なまじっか詐称をしているためにずいぶん割を食わされている．

クロム Cr

発見年代：1797 年　　発見者（単離者）：L. N. Vauquelin

原子番号	24	天然に存在する同位体と存在比	Cr-50 (4.345)，Cr-52 (83.789)，Cr-53 (9.501)，Cr-54 (2.365)
単体の性質	銀白色金属，立方晶系	宇宙の相対原子数 (Si = 10^6)	7.8×10^3
単体の価格 (chemicool)	10 \$/100 g	宇宙での質量比（ppb）	1.5×10^4
価電子配置	[Ar]$3d^54s^1$	太陽の相対原子数 (Si = 10^6)	1.286×10^4
原子量（IUPAC 2009）	51.9961(6)	土壌	50（1〜450）ppm
原子半径（pm）	124.9	大気中含量	検出限界程度
イオン半径（pm）	84（Cr^{2+}），64（Cr^{3+}），56（Cr^{4+}），40（Cr^{6+}）	体内存在量（成人 70 kg）	1〜2 mg
共有結合半径（pm）	127	空気中での安定性	常温では反応しない
電気陰性度		水との反応性	反応しない
Pauling	1.66	他の気体との反応性	N_2 とは高温で反応し CrN を生成．ハロゲンとは CrX_3 を生成
Mulliken	—		
Allred	1.56	酸，アルカリ水溶液などとの反応性	塩酸や希硫酸には可溶．濃硝酸や王水では不働態となる
Sanderson	—		
Pearson (eV)	3.72	酸化物	CrO，Cr_2O_3，CrO_3
密度（g/L）	7,090（固体）	塩化物	$CrCl_2$，$CrCl_3$
融点（℃）	1,857	硫化物	—
沸点（℃）	2,670	酸化数	+6，+4，+3，+2（他）
存在比（ppm）			
地殻	100		
海水	(1.5〜2.5)$\times 10^{-4}$		

英 chromium　独 Chrom　佛 chrome　伊 cromo　西 cromo　葡 cromio　希 χρωμιο (chromio)　羅 chromium　エスペ kromo　露 хром (hrom)　アラビ كروم (krum)　ペルシ کروم (krom)　ウルド ─　ヘブラ כרום (chrom)　スワヒ kromi　チェコ chrom　スロヴ chróm　デンマ krom　オラン chroom　クロア krom　ハンガ króm　ノルウ krom　ポーラ chrom　フィン kromi　スウェ krom　トルコ krom　華 鉻，铬　韓・朝 크로뮴　インデ kromium　マレイ kromium　タイ โครเมียม　ヒンデ क्रोमियम (kromiyam)　サンス ─

緑色顔料

「目に優しい」というキャッチフレーズのせいか，教室の黒板は現在ではほとんどが緑色のものになってしまったが，この緑色は顔料のクロムグリーン，すなわち酸化クロム（Cr_2O_3）によるものである．一時期，公害の元凶として騒がれた六価クロム（Cr(VI)）は，主に工業原料の重クロム酸カリウム（正式名は二クロム酸カリウムであるが，工業界では「重クロム酸加里」の方がいまでも通用している）のことであった．この Cr(VI) の化合物は，ほとんどが強酸化剤として作用するので，ガラスなどの有機物による汚れを除去したりするためには，濃硫酸と重クロム酸カリウムの飽和溶液を等容で混合した，「クロム酸混液」が用いられてきた．現在でも蛍光測定用のセルなど，用途によってはこれで洗浄しなくてはならない場合が少なくないのであるが，実はこのクロム酸混液（組成は多少違うらしいが）は写真のゼラチン版や生物標本，病理検体などを固定するために用いられ，しかもきれいに仕上げるためには使った後，毎回廃棄することになっていた．そのため廃液中の Cr(VI)，つまり六価クロムの規制が厳しくなると，化学の実験室でのクロム酸混液の使用は目の敵にされてしまったが，これは本来いささか筋違いでもある．一時期においては，公害摘発に熱心な新聞社自身が，実はもっとも大量の六価クロムを排出していたという笑えない現象も珍しくなかったらしい．

化学の実験室のクロム酸混液は，これとは違ってほとんど廃棄することはなく，酸化力が衰えた気配があると濃硫酸と重クロム酸カリウムを追加しながら何年間もそのままで使うものであった．歴史の古い研究室に行くと，このクロム酸混液の容器の底から採取したという，巨大なクロムミョウバンの結晶をよくみせられたものである．なお，有機金属化合物などなかなか分解されにくいものを扱っている研究室では，重クロム酸カリウムの水溶液の代わりに，無水クロム酸（三酸化クロム）を直接溶解して用いることもある．ただ，このクロム酸混液の酸化力はたしかに強いが，有機物を酸化する速度はそれほど大きいものではない．

皮革の鞣し

鞣皮（なめし）操作にもクロム塩が用いられている．これには一浴法と二浴法とがあり，二浴法の方が先（1884 年）に開発された．こちらではまずクロム酸塩（実際には重クロム酸カリウム）の溶液に獣皮を浸し，皮のコラーゲンと反応させる．このときに還元されてクロムは三価になるが，その後，塩酸で処理して仕上げることになる．現在ではもっと簡単な一浴法（1893年に発明された）の方が主となっているが，こちらでは硫酸クロム(III) のアルカリ性水溶液を使用する．このときには pH の調整がだいじで，水酸化クロムが沈殿してしまうような条件ではうまくいかないのである（二浴法が長いこと使われてきたのは，この操作が不必要であったからでもある）．松本清張の作品（たしか『眼の壁』）の中で，犯人が鞣し革工場に逃げ込んで，クロム酸混液を張った大きなタンクの中に飛び込み自殺する場面があったが，これは二浴法が採用されていた工場でなくては成り立たない．しかし「みるみるうちに緑色の泡が発生してあとかたもなく溶けてしまった」というのは，文豪のレトリックでもあろうが，いささか誇大表現でもある．

成人病の遠因？

ところで，悪者扱いされてきたクロムであるが，現実にはヒトに対しても必須元素である．特に妊婦においては必要とされる量が大きいといわれる．動物実験では，クロムが欠乏すると，胎児の発育不全や流産が起きやすくなるというデータが報告されている．ヒトの場合，クロムの欠乏によって以下のような症状が出る可能性があるといわれる．

- 糖尿病になる（血糖値が下がりにくくなる）
- 動脈硬化が進む
- 高血圧になる
- 疲れやすくなる

この場合，Cr^{3+}の方が細胞内に入り込みやすいことはわかっているが，実際にはどのような化学形（錯体）のクロムが作用しているのか，またどのようなメカニズムによるのかはさっぱりわかっていない．生体内における微量のクロムの挙動には，まだまだ未知の部分が多々残されているからである．

ただ，上記のような症状はまさに「メタボリックシンドローム」の典型ばかりなので，あるいは加齢とともに消化管からのクロムイオンの吸収能力が落ちることが，老化の原因の一つではないかともいわれている．米国の若者たちによくみられる「若年性高血圧症」や「若年性糖尿病」の原因の一つが，彼らの多食するポテトチップスのせいだといわれたこともある．ジャガイモはどちらかというとクロム含量の少ない食品だからだというのであるが（クロムが多いのは穀類の胚芽など），これはいまでも確実ではない．いずれにせよ，偏食がよろしくないということであろう．

マンガン Mn

発見年代：1774 年　　発見者（単離者）：C. W. Scheele/J. G. Gahn

原子番号	25	
単体の性質	銀白色金属，立方晶系	
単体の価格（chemicool）	1.7 \$/100 g	
価電子配置	$[Ar]3d^54s^2$	
原子量（IUPAC 2009）	54.938045(5)	
原子半径（pm）	124	
イオン半径（pm）	91（Mn^{2+}），70（Mn^{3+}），52（Mn^{4+}），39.5（Mn^{7+}）	
共有結合半径（pm）	117	
電気陰性度		
Pauling	1.55	
Mulliken	—	
Allred	1.60	
Sanderson	—	
Pearson（eV）	3.72	
密度（g/L）	7.440（固体）	
融点（℃）	1,244	
沸点（℃）	1,962	
存在比（ppm）		
地殻	950	
海水	$(0.4～1.0) \times 10^{-4}$	

天然に存在する同位体と存在比	Mn-55（100）
宇宙の相対原子数（$Si=10^6$）	6.9×10^3
宇宙での質量比（ppb）	8,000
太陽の相対原子数（$Si=10^6$）	9.168×10^3
土壌	440（7～9,000）ppm
大気中含量	$0.01\ \mu g/m^3$
体内存在量（成人 70 kg）	12 mg
空気中での安定性	常温では表面酸化，高温では Mn_3O_4 を生成
水との反応性	徐々に溶解
他の気体との反応性	H_2 とは反応しない．高温の O_2 との反応では Mn_3O_4 を，N_2 との反応では MN_3N_2 を生成．Cl_2 とも高温で反応し $MnCl_2$ を生成
酸，アルカリ水溶液などとの反応性	無機酸と反応して H_2 を放出
酸化物	MnO，Mn_2O_3，MnO_2，Mn_2O_7
塩化物	$MnCl_2$
硫化物	MnS
酸化数	+7，+4，+3，+2（他）

英 manganese　独 Mangan　佛 manganèse　伊 manganese　西 manganeso　葡 manganes　希 μαγγανιο (magganio)　羅 manganum　エスペ mangano　露 марганец (marganec)　アラビ منجنيز (manghaniz)　ペルシ منگنز (mangan)　ウルド — ヘブラ מנגן (mangan)　スワヒ manganisi　チェコ mangan　スロヴ mangán　デンマ mangan　オラン mangaani　クロア mangan　ハンガ mangán　ノルウ mangan　ポーラ mangan　フィン mangaani　スウェ mangan　トルコ mangan　華 錳，锰　韓・朝 망가니즈　インドネ mangan　マレイ mangan　タイ แมงกานีส　ヒンデ मंगनीज (mangan)　サンス — (ayas)

消毒剤の花形

 その昔は，過マンガン酸カリウムの水溶液が消毒用に広く使われていた時代がある．特に消化器系伝染病（チフスやコレラ，赤痢など）の患者の吐瀉物や排泄物の滅菌のために，強力な酸化作用が利用されたのである．東京ではこのような伝染病患者専門の病院が二つあり，通常は「避病院」などと呼ばれていた．現在の駒込病院と荏原病院である．当時の最先端の医療施設が備わっていて，悪性の病原体をもっている患者を，一般世間から完全に隔離できるようになっていた．いまでもこの両病院は悪性の伝染病の対策を立てるための中核的な役割を担っているし，成田空港あたりで怪しげな症状（たとえばSARSの疑い）を呈する人間が発見されると，たちまちに荏原病院へ直送されたというニュースも時折みられる．何十年もの歴史があるために対策がきちんとできていて，完備した設備とスタッフが用意されているのである．

 文豪谷崎潤一郎の作品に『過酸化マンガン水の夢』（1956年刊行）というのがあるが，この「過酸化マンガン水」とは，医学方面で長いこと用いられてきた，消毒用の過マンガン酸カリウム水溶液の俗称である．いまでもたまに，この時代を感じさせる名称を愛用されるお医者様もおられるが，チフスやコレラの発生頻度が激減したために，あまり使用されることもなくなった．医学の世界では，長い伝統があるためか，古風な名称を愛用される向きが洋の東西を問わず少なくはないのである．この水溶液はまた，「紫チンキ」などと呼ばれたこともある．マーキュロクロームの水溶液が「赤チン」と長いこと呼ばれてきたが，これと区別するためでもあっただろう．子供の頃にうがい液に添加するようにと指示された面々は，まだかなりおいでのはずである．

 この過マンガン酸カリウムの水溶液は，現在でも放射性物質が皮膚についたときの除染剤として用いられている．皮膚表面の死んだ細胞を除去するとともに，汚染物質を全部水溶性にして洗い流せるための試薬でもあった．

合金としての用途

 マンガン自体の用途は，何といっても合金鋼である．あまり世人には知られていないが，おそらくはもっとも大量に使われているのは鉄道のレールであろう．鉄道ファン（レールファン）の中には文字どおり古いレールについての「オタク」が存在し，各地の駅舎や柵などに用いられている，明治以降の古いレールについての情報を集めては互いに交換しているようであるが，このようなレールの再利用が可能なのは，何といっても腐食されにくく加工もそれほど難しくないために，いろいろな用途に転用されてきたからである．

海底資源

 マンガンの資源としてここ何十年か以前から注目されているのに，「マンガンノデュール」といわれるものがある．これは海底に存在する小石状のかたまりで，主に水和した二酸化マンガンからできているが，コバルトやニッケルなど他の鉄族の元素をも含んでいる．この成因は現在でもはっきりしたことはわからないのであるが，わが国では淡水産のマンガンノデュールも，琵琶湖に注ぐ河川から発見されている．

 地上の鉱物資源が枯渇したとき，この海底のマンガンノデュールは，鉄族元素以外

にもランタニド元素などをも含む，きわめて有望なレアメタル資源なのであるが，現在のところ深海底から採取して精錬対象とするにはコストがかかりすぎるということで，各国の領海政策の要因となる以外にはあまり注目されていない．しかし将来においては，資源争奪が起きるとなればいろいろと紛争のたねとなる可能性は大きい．このあたりの事情は，海洋冒険小説として有名なクライヴ・カッスラーの「ダーク・ピット・シリーズ」などにも利用されている．

鉄 Fe

発見年代：紀元前 25 世紀頃　　発見者（単離者）：―

原子番号	26	天然に存在する同位体と存在比	Fe-54 (5.845), Fe-56 (91.754), Fe-57 (2.119), Fe-58 (0.282)
単体の性質	灰白色金属，体心立方	宇宙の相対原子数 ($Si = 10^6$)	6.0×10^4
単体の価格 (chemicool)	6.7 \$/100 g	宇宙での質量比 (ppb)	1.1×10^6
価電子配置	$[Ar]3d^6 4s^2$	太陽の相対原子数 ($Si = 10^6$)	8.38×10^5
原子量 (IUPAC 2009)	55.845(2)		
原子半径 (pm)	124.1	土壌	4 (0.5〜5) %
イオン半径 (pm)	82 (Fe^{2+}), 67 (Fe^{3+})	大気中含量	痕跡量
共有結合半径 (pm)	116.5	体内存在量（成人 70 kg）	4 g
電気陰性度		空気中での安定性	乾燥空気中では安定．水蒸気を含む場合には酸化を受ける．高温では Fe_2O_3 を生成
Pauling	1.83		
Mulliken	―	水との反応性	熱水には溶解して H_2 を放出するが，常温ではほとんど反応しない
Allred	1.64		
Sanderson	―	他の気体との反応性	N_2 とは反応しないが，Cl_2 との反応では $FeCl_3$ を生成
Pearson (eV)	4.06		
密度 (g/L)	7.874（固体）	酸，アルカリ水溶液などとの反応性	濃硝酸，濃硫酸では不働態となるが，他の希酸には H_2 を放出して溶解
融点 (℃)	1,535		
沸点 (℃)	2,750		
存在比 (ppm)		酸化物	FeO, Fe_3O_4, Fe_2O_3
地殻	41,000	塩化物	$FeCl_2$, $FeCl_3$
海水	$(0.1〜4.0) \times 10^{-4}$	硫化物	FeS, FeS_2
		酸化数	+6, +3, +2, 0 (他)

英 iron　独 Eisen　佛 fer　伊 ferro　西 hierro　葡 ferro　希 σιδωρος (sideros)　羅 ferrum　エスペ fero　露 железо (železo)　アラビ حديد (hadid)　ペルシ آهن (ahah (iron))　ウルド لوہا (lohaa)　ヘブラ ברזל (barzel)　スワヒ feri　チェコ Železo　スロヴ Železo　デンマ Jern　オラン ijzer　クロア Željezo　ハンガ vas　ノルウ jern　ポーラ zelazo　フィン rauta　スウェ Järn　トルコ demir　華 鐵，铁　韓・朝 철　インドネ besi　マレイ besi　タイ เหล็ก　ヒンデ लोहा (loha)　サンス अयस

古代の鉄

　現在は漢字制限のために「鉄」の字が普通に用いられるが，以前は「鐵」という本字が用いられていた．現在でも，由緒ある企業の社名ではこちらになっているものが少なくない（なお，電鉄会社などで社名に「鉃」を使っているところがあるが，これはもともと「テツ」ではなく「シ」と読む「鏃（やじり）」の俗字である．新字体であると「金を失う」なんて意味になるので，縁起でもないというのでこちらにしているらしい）．しかし，もっと以前（甲骨文字や金文の時代）では「銕」の方が正式であったという．青銅器が盛んに製作されていた殷の時代，鉄はまだあちらの中原（洛陽と長安の間，本来の「中国」はこの地域をさし，いまの北京や上海あたりは立派な僻地扱いで「中国」ではなかった）地方では採掘されず，もっぱら東の方の野蛮人（東夷）から入手するものであったため，「エビスのカネ」という意味がこめられているのだという．もともと殷の王朝は，「夏」や「周」とは違って，中原よりもずっと東に寄った黄河の下流地域から勃興したものであるから，この「東夷」はもっと東にあたるはずで，現在のどこにあたるのかは諸説がある．その中でかなり有力だと考えられているのは，朝鮮半島であるらしい．日本書紀にも記載のある百済の「谷那」鉄山は，時代によっては高句麗領や新羅領との記載もある（重要な資源供給地であったから，三国それぞれが確保に狂奔したことがわかる）が，かなり古くから採掘の歴史があり，『魏志東夷伝（韓伝）』にも，周辺各国から鉄を求めに多くの人がやってくると記されている．もっとも，本当に殷代まで採掘の歴史がたどれるかどうかは確実ではない．

　鉄の精錬は，銅やスズなどよりもかなり高度な技術を必要とする．小アジアのヒッタイト（ハッティ）族は，この技術を活用して当時の尖端的兵器をつくり，近東からエジプトまでを席巻した．この遺跡は近年になってようやく調査対象となったのであるが，興味ある方は中近東文化センターの大村幸弘氏による『鉄を生みだした帝国―ヒッタイト発掘』（NHKブックス，日本放送出版協会）などを参照されるとよかろう．

日本での製鉄

　鉄鉱石の還元には，もっぱら炭素と加熱する方法が用いられている．その昔は，木炭を熱源と還元剤として利用する方法がとられたが，これが先人の手によっていろいろと改良された製法でつくられたものが「和鋼」である．製鉄用の炭素源としては歴史ある木炭のほかに，石炭そのもの，さらにはコークスを利用するように進歩してきたが，木炭はコークスなどに比べると炭素含有率が低いので，鉄の精錬に必要な高温を得るのは，伝統的なたたら製鉄においてもなかなか高度な技術を要する．和鋼の歴史については，日本鉄鋼連盟の窪田蔵郎氏のいくつかの著書があるが，『鉄から読む日本の歴史』（講談社学術文庫，講談社）などが手頃であろう．この中でも指摘されているが，中国各地での鉄利用は周代以降ももっぱら鋳造が主であったのに対し，わが国では一時期を除いて鍛造の方がメインで，茶釜や鉄瓶などの鋳物製品はどちらかというと珍しいものであった．鋳物師は座（現代でいうギルド）をつくっていたようで，京都にはいまでも「釜座」通りがあるが，やはりいろいろなノウハウを仲間うち

で蓄積・伝承するには，鍛冶屋のように全国に広がるよりも，まとまって居住していた方が有利だったのであろう．

微量元素としての重要性

鉄の純度を向上させると，いろいろと予想外の性質が出現するようになる．99.999％（5 N）から 99.9999％（6 N）程度まで純度が上がると，酸素との反応性が著しく小さくなるので，ほとんど錆びることもなくなる．酸に溶けにくくなるので耐食性が著しく向上するし，通常の鉄なら低温では脆性破壊を起こして可塑性が失われてしまうのであるが，これほどの高純度鉄の場合には，液体ヘリウム温度においてすら可塑性を保持している．通常の鉄はまず「錆びるもの」「容易に酸化されるもの」としての認識が大きいのであるが，純度しだいでは挙動も大きく違ってくるのである．

鉄は生物の生命活動においても重要な役割を果たしている．動物の血液中にみられる，呼吸タンパク質のヘモグロビンに鉄が含まれていることをご存じない方はまずいないであろうが，鳥類の中には頭部に微小な磁鉄鉱粒子をもっているものがあり，これと地球磁場との相互作用を利用して渡りをしたり，伝書鳩のように遠距離から帰巣したりしているらしい．

もっと小さな，海洋表面に生息する単細胞藻類などのプランクトンにとっても，鉄のイオンはやはり必須であるらしい．海洋表面水はこれらのプランクトンの生息の場なのであるが，この部分はどうも慢性的な鉄の欠乏状態にあると思われる．英米両国の研究チームは，これを確かめるために，ガラパゴス諸島の西の沖合で緑礬（硫酸鉄(II)）水溶液をおよそ $60\,\mathrm{km}^2$ の範囲にわたって散布する実験を行った．1 週間もたたないうちに水面は緑色に変色し，いわゆる「青潮」状態になった．大量のプランクトンが鉄の供給の結果，急速に繁殖したのである．海洋の生産量を上げるには，ひょっとしたらこの鉄分の補給がもっと必要となるかもしれない．もっと詳しいことを望まれる方は，筆者の先輩である矢田浩氏の執筆された『鉄理論＝地球と生命の奇跡』（ブルーバックス，講談社）などを参照されたい．

コバルト Co

発見年代：1735 年　　発見者（単離者）：G. Brandt

原子番号	27	天然に存在する同位体と存在比	Co-59（100）
単体の性質	灰白色金属，(a)立方晶系，(b)体心立方	宇宙の相対原子数（Si = 10^6）	1.8×10^3
単体の価格（chemicool）	21 \$/100 g	宇宙での質量比（ppb）	3,000
価電子配置	[Ar]$3d^7 4s^2$	太陽の相対原子数（Si = 10^6）	2.323×10^3
原子量（IUPAC 2009）	58.933195(5)	土壌	8 ppm
原子半径（pm） イオン半径（pm）	125.3 82（Co^{2+}），64（Co^{3+}）	大気中含量	事実上皆無
共有結合半径（pm）	116	体内存在量（成人 70 kg）	1～2 mg
電気陰性度 　Pauling 　Mulliken 　Allred 　Sanderson 　Pearson（eV）	 1.88 — 1.70 — 4.30	空気中での安定性	常温では安定．400℃ 以上では酸化されて Co_3O_4 を生成
		水との反応性	反応しない
		他の気体との反応性	H_2，N_2 とは反応しないが，ハロゲンとは CoX_2 を生成
		酸，アルカリ水溶液などとの反応性	希硫酸や希硝酸に可溶．アルカリ水溶液には不溶
密度（g/L）	8,900（固体）	酸化物 塩化物 硫化物	CoO，Co_3O_4，Co_2O_3 $CoCl_2$ CoS
融点（℃）	1,495		
沸点（℃）	2,870	酸化数	+4，+3，+2（他）
存在比（ppm） 　地殻 　海水	 20 (1.1～6.9) $\times 10^{-6}$		

英 cobalt　独 Cobalt (Kobalt)　佛 cobalt　伊 cobalto　西 cobalto　葡 cobalto　希 κοβαλτιο (kovaltio)　羅 cobaltum　エスペ kobalto　露 кобальт (kobal't)　アラビ كوبالت (kūbālt)　ペルシ كبالت (kobalt)　ウルド كوبالٹ (kobalt)　ヘブラ קובלט (kobalt)　スワヒ kobalti　チェコ kobalt　スロヴ kobalt　デンマ kobolt　オラン kobalt　クロア kobalt　ハンガ kobalt　ノルウ kobolt　ポーラ kobalt　フィン koboltti　スウェ kobolt　トルコ kobalt　華 鈷，钴　韓・朝 코발트　インドネ kobal (kobalt)　マレイ kobalt　タイ โคบอลต์　ヒンデ कोबाल्ट (kobalt)　サンス —

西域伝来の顔料

白磁の表面に鮮やかな青色の絵柄のついた磁器は元時代に出現するが,わが国では「染付」と呼んでいる.海外の中国文化圏では「青花」という方が普通らしい.

これはコバルト釉による色,つまり「コバルトブルー」なのであるが,Co(II)イオンがケイ酸イオンの酸素原子に囲まれた四面体のサイトに存在しているときに示す鮮やかな色にほかならない.この釉薬は西方伝来であり,もっぱらシルクロード経由でアラビアやソグドあたりの商人のキャラヴァンの手で運ばれてきた高価なものであった.そのために,「回々青(フィフィチン)」とも呼ばれたものである.やがて華南地域や日本でも,よく似た色を出す釉薬材料として「呉須」が発見されたが,こちらはコバルトのほかにマンガンをも含むので,青色の発色はあまり鮮明ではなく,多少暗い(陰翳を帯びた)感じになる.茶人たちには,くっきりと鮮やかな染付の色よりもこの方が好まれたらしく,各地の美術館などに所蔵されている貴重な茶碗や花瓶などの美術品も,呉須釉で描かれたものの方がよく目につくようである.

普通のコバルトの塩類は赤から淡紅色を帯びていて,硫酸コバルト七水塩の別名は「赤礬」といわれるくらいであるが,これは水分子が6個配位したCo(II)の色である.ところが,アンモニアやシアン化物などを含む水溶液にこの赤色のコバルトの塩類を溶かして空気酸化を行うと,ちょっとした操作法の違いで,黄色や橙色,緑色,紫色など実にさまざまな色合いをもったCo(III)の塩類が生じる.これは,19世紀の化学者を大きく悩ませた複雑怪奇な現象であった.そのために,これらの塩類は"Komplexzalz"(錯雑した塩類)と呼ばれていた.日本語訳を「錯塩」に定めたのは,「味の素」の発見で名高い池田菊苗先生であるという.

スイスのアルフレッド・ヴェルナー(1866-1919)がこの現象をたくみに解明したことから,今日の「錯体化学」「配位化学」の分野が花開いたことになるし,野依良治先生の不斉合成触媒にまでつながる,華やかな錯体化学の分野が展開されたともいえる.

近年の用途

現在では,コバルトの世界貿易量の大半を日本が輸入している.いわゆる「レアメタル資源」の確保が急務だといわれるゆえんでもあるが,以前ならばコバルトはもっぱら合金用であった.最近の使用量の急増は,これとは違ってリチウム電池にコバルト酸リチウム($LiCoO_2$)が大量に使用されるようになった結果である.このほかに強磁性体原料としてもかなり利用されているが,こちらについては「サマリウム」の項(p.187)をも参照されたい.

コバルトはビタミンB_{12}に含まれていて,ヒトにとっても必須元素である.かのアイザック・アシモフによると,人体に含まれる諸元素のうちで,コバルトよりも少量のものは,はたして生体機能に本当に必要なのかどうかはかなり疑わしいといわれる.なかには,生体に必須な元素と一緒にまぎれ込んでしまったもの(ストロンチウムやルビジウムなど)や,もともとは不要なのに,なかなか排泄されないために検出可能なほどに蓄積したもの(金など)があると考えられている.

ニッケル Ni

発見年代：1751 年　　発見者（単離者）：A. F. Cronstedt

原子番号	28
単体の性質	銀白色金属，六方晶系
単体の価格（chemicool）	7.7 \$/100 g
価電子配置	$[Ar]3d^8 4s^2$
原子量（IUPAC 2009）	58.6934(4)
原子半径（pm）	124.6
イオン半径（pm）	78（Ni^{2+}），62（Ni^{3+}）
共有結合半径（pm）	115
電気陰性度 Pauling	1.91
Mulliken	—
Allred	1.75
Sanderson	—
Pearson（eV）	4.40
密度（g/L）	8.908（固体）
融点（℃）	1,453
沸点（℃）	2,910
存在比（ppm）地殻	80
海水	$(1.0 \sim 5.7) \times 10^{-4}$
天然に存在する同位体と存在比	Ni-58（68.0769），Ni-60（26.2231），Ni-61（1.1399），Ni-62（3.6345），Ni-64（0.9256）
宇宙の相対原子数（Si = 10^6）	2.7×10^4
宇宙での質量比（ppb）	6.0×10^4
太陽の相対原子数（Si = 10^6）	4.780×10^4
土壌	50 ppm
大気中含量	ごく微量
体内存在量（成人 70 kg）	15 mg
空気中での安定性	反応しない．微粉末は発火
水との反応性	反応しない
他の気体との反応性	Cl_2 との反応では $NiCl_2$ を，Br_2 とは高温で反応し $NiBr_2$ を生成．CO との反応では $Ni(CO)_4$ を生成
酸，アルカリ水溶液などとの反応性	濃硫酸では不働態となる．塩酸，硫酸，希硝酸には可溶．アルカリ水溶液には不溶
酸化物	NiO，Ni_2O_3
塩化物	$NiCl_2$
硫化物	NiS
酸化数	+3，+2（他）

英 nickel　独 Nickel　佛 nickel　伊 nichel　西 niquel　葡 niquel　希 νικελιο（nikelio）　羅 niccolum　エスペ nikelo　露 никель（nikel'）　アラビ نيكل（nikil）　ペルシ نیکل（nikal）　ウルド نیکل（nikal）　ヘブライ ניקל（nikel）　スワヒ nikeli　チェコ nikl　スロヴ nikel　デンマ nikkel　オラン nikkel　クロア nikal　ハンガ nikkel　ノルウ nikkel　ポーラ nikiel　フィン nikkeli　スウェ nickel　トルコ nikel　華 鎳，镍　韓・朝 니켈　インドネ nikel　マレイ nikel　タイ นิกเกิล　ヒンデ निकेल（nikel）　サンス ― （arakuta）

電極材料

　蓄電池（二次電池）の素材として，古くから用いられてきた歴史をもっている．エジソンが鉄とニッケルを電極としてつくったいわゆる「エジソン電池（ニフェ電池）」は長い歴史があるが，短期間に広く普及したものとしてはニッカド電池，すなわちニッケルとカドミウムを両極とした二次電池がある．

　普通にはニッケルは Ni(II) の化合物しかつくらないが，限られた条件においては，Ni(III) の化合物も生成する．いまの電池にニッケルが用いられるのは，この性質を活用してのことである．

アレルギー源

　金属による皮膚炎の中で，比較的よくみられるものに，アクセサリーが原因となるニッケル皮膚炎がある．ピアスやセプタムリングなど，古風な人たちには「野蛮人の風習じゃないか」とくさされているが，原始人ならばこれらのアクセサリーの材料は貝殻や骨であったから，たとえ血液やリンパ液などに成分が溶け出しても，カルシウムイオンが多少増えるくらいで実害はほとんどなかったのである．

　貴金属ならば，血液の中のキレート生成能をもつアミノ酸やペプチドなどと直接反応して，悪影響を及ぼすほどの量が溶け出すことはまずないので，純金や白金製ならば何の問題もない．しかし，通常市販されているピアスなどは，ニッケルの下地の上に貴金属をメッキしたものが使われている（価格から考えても，そうでもしなくては生産コストの割が合わないであろう）．

　ピアスなどをつけるために耳朶に孔を開ければ，当然ながら金属表面と血液が接触することになる．表面のメッキ処理が十分に厚い被膜をなしていれば，下地のニッケルが溶け出すことはないのであるが，不完全でピンホールでも開いていたらことである．血液のみならず，汗との化学反応もアレルギーの原因となるらしく，つまり金属ニッケルではなくニッケルイオンの存在が重要だということになる．したがって，ネックレスや腕輪など素肌に接触するものでも，やはりアレルギーの原因となりうる．同じように，ジッパーやサスペンダーの金具，眼鏡のフレームなどもニッケルを含むものであればやはり可能性がある．

　このニッケルアレルギーは，重症になると白銅貨（銅とニッケルを含む合金）に触れたりすることでも起きるようになるという．米国の硬貨の5セント貨は「ニクル」と呼ばれる．もちろん "nickel" の英語読みである．25セント貨は「クォータ」である．材質はわが国の50円硬貨および100円硬貨と同じで，どちらも銅75％，ニッケル25％の白銅である．銅とニッケルを主成分とする合金は，一般には上記のように「白銅」なのであるが，通常「洋銀」とか「洋白」と呼ばれる．英語では "nickel silver" や "german silver" という．アクセサリーや食器に使うときには「洋銀」が，加工材料とするときには「洋白」が用いられるような使い分けがされているらしい．500円硬貨も以前は同じ組成の白銅貨であったが，現在のものは銅72％，亜鉛20％，ニッケル8％のニッケル黄銅製である．

　欧米でも，ニッケルアレルギーはもっぱら女性に多発するらしい．報告されているところでは，女性の10～12％にみられるというのであるが，もっと多い（その倍以上）という権威筋も少なくない．これはやは

り，安価なピアスをはめる面々の絶対数にもよるのであろう．もっとも，この頃は若者の間には男女を問わず派手な金属製のアクセサリーを，耳介以外にも鼻だとか臍などにまでつけるのが増えてきているので，この男女差は縮小しつつあるという報告もある．通常の場合，ニッケルアレルギーの症状は，最初は耳介付近に頑固な湿疹としてみられるのであるが，重症となると全身に湿疹が出現するようになる．さすがに硬貨に触れただけで発症するような重症の例は少ないようであるが，ご本人にとっては程度の差こそあれ深刻であることは想像に難くない．アクセサリーをつけるなら，安物を避けることくらいしか対策はなさそうである．

銅 Cu

発見年代:有史以前　　発見者(単離者):—

原子番号	29	
単体の性質	赤色金属,立方晶系	
単体の価格(chemicool)	2.7 $/100 g	
価電子配置	$[Ar]3d^{10}4s^1$	
原子量(IUPAC 2009)	63.546(3)	
原子半径(pm)	127.8	
イオン半径(pm)	96 (Cu^+), 72 (Cu^{2+})	
共有結合半径(pm)	117	
電気陰性度		
Pauling	1.90	
Mulliken	—	
Allred	1.75	
Sanderson	—	
Pearson(eV)	4.48	
密度(g/L)	8,960(固体)	
融点(℃)	1,083.4	
沸点(℃)	2,570	
存在比(ppm)		
地殻	50	
海水	$(8.0\sim28)\times10^{-5}$	
天然に存在する同位体と存在比	Cu-63 (69.15), Cu-65 (30.85)
宇宙の相対原子数($Si=10^6$)	212
宇宙での質量比(ppb)	60
太陽の相対原子数($Si=10^6$)	527
土壌	20 ppb
大気中含量	ごく微量(かろうじて検出可能)
体内存在量(成人 70 kg)	70 mg
空気中での安定性	常温の乾燥空気中では安定.高温では酸化されて CuO を生成
水との反応性	反応しない
他の気体との反応性	N_2, H_2 とは反応しない.大気中でももし水蒸気を含む場合には酸化を受ける.CO_2 が共存すれば緑青となる
酸,アルカリ水溶液などとの反応性	希硫酸には可溶.濃硫酸には不溶.アンモニア水やシアン化物水溶液には錯イオンをつくって溶解
酸化物	Cu_2O, CuO
塩化物	CuCl, $CuCl_2$
硫化物	Cu_2S, CuS
酸化数	+2, +1, 0(他)

英 copper　独 Kupfer　佛 cuivre　伊 rame　西 cobre　葡 cobre　希 χαλκος (chalkos)　羅 cuprum　エスペ kupro　露 медь (med')　アラビ ناحاس (nuHās)　ペルシ مس (mis (copper))　ウルド تانبا (tanba)　ヘブラ נחושת (nahoshet)　スワヒ kupri (nahasi)　チェコ měd'　スロヴ med'　デンマ kobber　オラン koper　クロア bakar　ハンガ réz　ノルウ kobber　ポーラ miedź　フィン kupari　スウェ koppar　トルコ bakir　華 銅　韓・朝 구리　インドネ tembaga　マレイ tembaga　タイ ทองแดง　ヒンデ तामा (tambama)　サンス आरकूटा (yasadah)

バイオミネラルとしての銅鉱物

バイオミネラル,つまり生物がつくり出す鉱物としては,真珠や珊瑚（さんご）などの成分である霰石（炭酸カルシウム）や,ある種の貝類がつくるオパールの微粒子などがよく知られている.珪藻などは二酸化ケイ素をつくり出して殻としているし,インド洋のロドリゲス島付近の海中に生息する巻貝類の中には,鱗状の黄鉄鉱をつくり出して体を守っているものもある.

ところが,塩基性塩化銅である緑塩銅鉱（アタカマ石, $Cu_2(OH)_3Cl$）をつくり出して,歯として利用している海生の生物がある. $Glycera\ dibranchiata$ と呼ばれる多毛類（ゴカイ近縁の生物）で,和名は「チロリ」というらしいが,自分よりもっと大きな動物の血を吸って栄養としている.このときに,かみつくための歯の成分が緑塩銅鉱なのである.緑塩銅鉱は,海浜に近いところでの青銅像の表面などにもみられるが,通常は比較的希産の鉱物である.

緑塩銅鉱の硬度はヒトの歯の主成分であるリン灰石よりは小さいが,方解石（炭酸カルシウム）よりは大きい.まして生物体内でホイスカー（ウィスカー）状の針状結晶として形成されるので,強度はもっと大きくなり,他の動物の体にかみつくには十分な強度をもっている.

「チロリ」は,関西方面で釣りの餌としてよく用いられるものであるが,ゴカイ科に含めているものと,独立のチロリ科を立てているものと両方の専門書がある.日本近海に生息しているものは, $Glycera\ tirori$ と日本語のままの学名で呼ばれている.参考までに原論文の書誌事項を記しておこう.

H. C. Lichtenegger, $et\ al.$, High abrasion resistance with sparse mineralization: Copper biomineral in worm jaws. $Science$, 298, 389-392 (2002).

この $Science$ の記事の紹介は,ドイツの http://www.innovations-report.de にある"Bloodworm's way with copper likely provides paradigm for new materials"にもあり,問題のチロリの歯の画像もみられる.

日本の産銅

通常の化学のテキスト類にはあまり触れられていないが,江戸時代から明治のはじめ頃までは,日本は銅の輸出国であった.最盛期には,世界の貿易量の5%強をも占めていたのである.つとに奈良時代にも,大仏様を鋳造する際の銅は全部が国産であった（よく考古学や歴史の本に「朝鮮から銅を輸入して……」とあるのは大きな間違いらしい.朝鮮半島には,いろいろな鉱物資源はあるものの,こと銅に関しては慢性的な不足に悩まされ,明治に至るまでわが国から輸入するしかなかったのが本当である）.大仏鋳造用の銅は,長門の美祢郡にあった長登（ながのぼり）銅山や兵庫県の明延鉱山などから得られたが,長門の方はほとんど完膚なきまでに掘りつくし,現在ではどこが鉱脈のあとなのか遺跡をたどることも難しくなってしまったという.

江戸時代になると,生野や阿仁,小坂,尾去沢,別子,吹屋など各地の銅山が稼働するようになった.足尾や日立,松尾,花岡などはこれよりも開発が遅れ,明治になってから稼働がはじまったが,まさに日本各地に銅山が操業されていたのである.しかし,南米のチリや米国などの露天掘り方式の鉱山とは違って,わが国の鉱山は地中深く坑道を掘って鉱石を採取する方式な

ので，コストがしだいにかさむようになって，現在では国内の銅山はすべて閉山してしまった．もっとも，ほとんどの銅の精錬所は相変わらず稼働しているので，海外から銅鉱石を輸入して銅をつくり，その傍らで，含まれている貴重な金属類（金や白金などの貴金属のほか，セレンやビスマスなども）を回収している．国内で巨額な費用を払って採掘するよりも，船で鉱石を輸入する方がずっと安価なのである（銅の資源自体はまだかなりたくさんの埋蔵量があるのだが，採掘しても全く採算が合わなくなってしまった）．

亜 鉛 Zn

発見年代：1746 年　　発見者（単離者）：A. S. Marggraf（異説も多い）

原子番号	30	
単体の性質	青白色金属，六方晶系	
単体の価格（chemicool）	3.7 $/100 g	
価電子配置	$[Ar]3d^{10}4s^2$	
原子量（IUPAC 2009）	65.38(2)	
原子半径（pm）	133.2	
イオン半径（pm）	83	
共有結合半径（pm）	125	
電気陰性度		
Pauling	1.65	
Mulliken	—	
Allred	1.66	
Sanderson	1.86	
Pearson（eV）	4.45	
密度（g/L）	7.133（固体）	
融点（℃）	419.58	
沸点（℃）	907	
存在比（ppm）		
地殻	75	
海水	$(0.5 \sim 5.7) \times 10^{-4}$	
天然に存在する同位体と存在比	Zn-64(48.268), Zn-66(27.975), Zn-67(4.102), Zn-68(19.024), Zn-70(0.631)	
宇宙の相対原子数（Si = 10^6）	490	
宇宙での質量比（ppb）	300	
太陽の相対原子数（Si = 10^6）	1,226	
土壌	64 ppm	
大気中含量	$0.1 \sim 4 \mu g/m^3$	
体内存在量（成人 70 kg）	2,300	
空気中での安定性	乾燥空気中では安定．高温では燃焼して ZnO を生成	
水との反応性	純水とは反応せず．O_2 を含む水と反応して水酸化亜鉛を生成	
他の気体との反応性	H_2, N_2 と反応せず．ハロゲンとは水蒸気がなければ常温で反応しないが，高温で ZnX_2 を生成	
酸, アルカリ水溶液などとの反応性	無機酸，アルカリ水溶液には H_2 を発生して溶解．シアン化アルカリ水溶液やアンモニア水には錯形成を起こして溶解	
酸化物	ZnO	
塩化物	$ZnCl_2$	
硫化物	ZnS	
酸化数	+2（他）	

英 zinc　独 Zink　佛 zinc　伊 zinco　西 cinc　葡 zinco　希 ψευδαργυρος (pseudargyros)　羅 zincum　エスペ zinko　露 цинк (cink)　アラビ خرسين (kharsin)　ペルシ روی (roy (zinc))　ウルド نی‌خارص　ヘブラ אבץ (avats)　スワヒ zinki　チェコ zinek　スロヴ zinok　デンマ zink　オラン zink　クロア cink　ハンガ cink　ノルウ sink　ポーラ cynk　フィン sinkki　スウェ zink　トルコ çinko　華 鋅, 锌　韓・朝 아연　インドネ seng (zink)　マレイ zink　タイ สังกะสี　ヒンデ वट्गम (paigama)　サンス —

オリハルコンの正体？

酸化亜鉛は白色の固体で「亜鉛華」と呼ばれることもあるが，英語名は"Chinese White"という．つまり，東洋伝来の新奇な白色顔料であったことがわかる．天然産の酸化亜鉛（紅亜鉛鉱）や炭酸亜鉛（菱亜鉛鉱）はヨーロッパにも産出するのであるが，どうも他のもの（炭酸カドミウムなど）と混同されてきた歴史が長かったようである．あるいは，純度が高くて純白のものは，やはり東洋産の舶来のものだけだったのかもしれない．

元素名の「亜鉛」とは，鉛に亜ぐ（次ぐ）ものという意味をもっているが，これは日本語だけであり，現代中国語では英語名の音訳らしい「鋅」を使っている．近代ギリシャ語では"ψευδοαργψροσ（＝pseudoargyros)"，つまり「擬いの銀」という．これはストラボンの地理誌にも登場する由緒ある言葉であるが，何しろ古代ギリシャのことであるから，今日の亜鉛と本当に同じものをさしているかどうかはわからない．ストラボンの時代には，まだ金属亜鉛の製造法は知られていなかったらしいのである．ところが，プラトンのアトランティス関連の物語に出てくる珍しい金属「オリハルコン（οριξαλκον（＝orichalcon))」の正体は，黄銅（真鍮，すなわち銅と亜鉛の合金）であったという説が有力なのだそうで，だとすると金属亜鉛や亜鉛華などが世人に認識されるよりも前に，亜鉛合金がつくられていたということになってしまう．あるいは，孔雀石などの銅の炭酸塩鉱石と菱亜鉛鉱などを混ぜて，炭素還元する方法が採用されていたのかもしれない．ただ，金属亜鉛は高温で蒸気圧が著しく大きくなるので，以前には精錬がたいへん難しかった．

薬剤としての利用

ところでその昔，赤ちゃんのおむつを代えたときには「シッカロール」などと呼ばれた白い粉をはたくのが普通であった．現在なら「ベビーパウダー」である．このシッカロール（siccarole）は，実験室でおなじみのデシケーター（desiccator）と似たスペルを含んでいるが，汗をかきやすい赤ちゃんの皮膚から余分な水分を取り除くためのものであった．

以前は，このためにキカラスウリの根から採取したデンプンが使われていた．そのために「天花粉」などと呼ばれたこともあったが，これは本来は「天瓜粉」であった．「天瓜」はキカラスウリのことである．その後，亜鉛華デンプン，つまり酸化亜鉛を配合したデンプン（これが前述のシッカロールである）がもっぱら用いられていた．亜鉛のイオンは，傷口の治癒を促進する効果があるため，ほかにもいろいろな外用薬に用いられている．「チンク油」は現在でも市販されていて，薬店でも購入可能であるが，この「チンク」はドイツ語の"Zink"そのままである．薬局方などでの正式名では，「亜鉛華オレーフ油」などと呼んでいた．オリーヴ油と酸化亜鉛粉末を練り合わせたもので，火傷などで痛んだ皮膚に塗布する（もっとも，使用法を誤るとかえって治癒が遅くなる）．点眼薬などにも，硫酸亜鉛（$ZnSO_4 \cdot 7H_2O$）を含むものが少なくない．

生体機能においても，微量の亜鉛はさまざまな重要な役割を担っている．なかでも有名なのは，インシュリン（インスリン）と亜鉛の錯体の重要性であるが，これはインシュリンをバンティングとともに単離し

たベストの発見になる．ベストは，糖尿病患者に対するインシュリンの注射に際して，単独投与よりも，硫酸亜鉛水溶液を同時投与した場合に著しく効果が増大することを，1934年に発見したのである．これこそ「生物無機化学の嚆矢」と記してある書物も少なくない．このほかにも，精子の生成や味覚などが体内の亜鉛含量（濃度）によって影響を受けることが知られている．

比較的最近のことであるが，抗結核薬の塩酸エタンブトールによって起こる副作用のうちの視覚障害（色覚異常，視力低下など）が，エタンブトールと亜鉛イオンとの錯形成のために，遊離の亜鉛イオン濃度が著しく低下することが原因で起こることが判明したという．この亜鉛イオン濃度の低下は，味覚神経のみならず，視神経の活動に影響するのである．他の神経活動にも，まだ判明こそしていないが，亜鉛のイオンが関与していることは想像に難くない．

その昔の漢方薬の処方の中には，炉甘石（現代の菱亜鉛鉱にあたる．炭酸亜鉛が主成分である）を配合するようにという指示のあるものがいくつもあるが，生薬類の成分による亜鉛欠乏を補うことで，結果的に効きめを増大させることになっていたのであろう．現在の「サプリメント」の役割を担っていたわけである．

ガリウム Ga

発見年代：1875 年　　　発見者（単離者）：P. E. Lecoq de Boisbaudran

原子番号	31	天然に存在する同位体と存在比	Ga-69 (60.108), Ga-71 (39.892)
単体の性質	青白色金属, 斜方晶系	宇宙の相対原子数 (Si = 10^6)	11.4
単体の価格（chemicool）	220 \$/100 g	宇宙での質量比（ppb）	10
価電子配置	$[Ar]3d^{10}4s^24p^1$	太陽の相対原子数 (Si = 10^6)	25 (2.5×10^1)
原子量（IUPAC 2009）	69.723(1)	土壌	28 (1〜70) ppm
原子半径（pm）	122.1	大気中含量	事実上皆無
イオン半径（pm）	113 (Ga^+), 62 (Ga^{3+})	体内存在量（成人 70 kg）	1 mg 以下
共有結合半径（pm）	125	空気中での安定性	乾燥空気とは反応しない
電気陰性度		水との反応性	溶解して H_2 を放出
Pauling	1.81	他の気体との反応性	高温では O_2 と反応し Ga_2O_3 を生成. ハロゲンとは GaX_3 を生成
Mulliken	1.4		
Allred	1.82		
Sanderson	2.10	酸, アルカリ水溶液などとの反応性	無機酸, アルカリ水溶液に可溶. H_2 を放出
Pearson（eV）	3.20		
密度（g/L）	5.904（固体）	酸化物	Ga_2O_3
融点（℃）	29.78	塩化物	$GaCl$, $GaCl_3$
沸点（℃）	2,403	硫化物	Ga_2S_3
存在比（ppm）		酸化数	+3, +1（他）
地殻	18		
海水	3.0×10^{-5}		

英 gallium　独 Gallium　佛 gallium　伊 gallio　西 galio　葡 galio　希 γαλλιο (gallio)　羅 gallium　エスペ galiumo　露 галлий (galiij)　アラビ حاليوم (ghāliyūm)　ペルシ گاليوم (galiyam)　ウルド گيلينم (gallium)　ヘブラ גליום (galium)　スワヒ gali　チェコ gallium　スロヴ gálium　デンマ gallium　オラン gallium　クロア galij　ハンガ gallium　ノルウ gallium　ポーラ gal　フィン gallium　スウェ gallium　トルコ galyum　華 鎵, 镓　韓・朝 갈슘　インデネ gallium　マレイ galium　タイ แกลเลียม　ヒンデ गैलियम (galiyam)　サンス ―

自分の名前を元素名に？

この元素の「ガリウム」という名称は，発見者であるフランスのボアボードラン (Paul Emile Lecoq de Boibaudran,) が，フランスの雅名である "Gallia" にちなんで名づけたということになっている．もっとも，「ガリア」は必ずしも現在のフランスの地域だけに限られた名称ではなく，カエサルの『ガリア戦記』などでは，いまの北イタリアのミラノやトリノなどのロンバルディアあたりは "Gallia cisalpina"，つまり「アルプスの手前側のガリア」と記されているように，もっと広い範囲でもあった．

メンデレーエフの予言したエカアルミニウムにあたるものとして，予測された諸物性値と現実に測定された値の一致がきわめてよかったことも名高い（もっとも，最初に報告された密度は予測値とはかなり異なっていたため，おかしいのではないかとメンデレーエフに指摘され，ボアボードランが再度測定し直したところ，今度はまさに予測どおりとなったという）．

ところが巷間に伝えられることとして，ボアボードランは自分の名前をこっそりと新発見の元素名につけたのであろうといわれている．彼の姓は "Lecoq de Boibaudran" が正式なのであるが，この "Lecoq" はフランス語では「雄鶏」の意味でもある．有名なフランス料理の「コック・オー・ヴァン（coq au vin）」（鶏肉の赤ワイン煮込み）などは，グルメでなくともおなじみであろう．ところが，雄鶏を意味するラテン語は "gallus" なのである．したがって，後にマルグリート・ペレイ女史が自分の発見した 87 番元素に「フランシウム」と名づけても，どこからも文句が出なかったというのである．

化合物半導体

化合物半導体として広く用いられている GaAs，すなわちヒ化ガリウムは，グリム・ゾンマーフェルト化合物の典型である．電機業界や物理分野では，俗称の「ガリウム砒素（ガリヒソ）」でないと通用しなくなっている．GaAs はケイ素やゲルマニウムなどの真性半導体よりも電子移動速度が著しく大きいという特徴もあって，用途も広い．「砒素」という文字だけで逃げ腰になる世人も，こと半導体になると別に恐怖心も抱かないようである．以前の元素の属分類（メンデレーエフ以来の）ではガリウムはIII族，ヒ素はV族であったので，もっぱら「III-V族半導体」と総称されるものの一つであるが，グリム・ゾンマーフェルト化合物はこのように構成元素一原子当たりの価電子の平均数が4であり，構造が閃亜鉛鉱タイプ（立方晶系）かウルツ鉱タイプ（六方晶系）のどちらかに属するものをいう．多くの化合物半導体はこの構造をとっている．

以前にマスコミに頭脳流出として騒がれた，カリフォルニア工科大学の中村修二教授の開発された青色発光ダイオードは，窒化ガリウム（GaN）をベースとしたものである．これも同じようにIII-V族化合物半導体に属する．このようなユニークな性質をもつ新しい物質をつくり出すのは，もちろん一朝一夕に可能となったわけではないのであるが，結果と収益優先の企業と，試行錯誤を繰り返さなくてはならない新材料開発との折り合いをつけるのは，やはりたいへん難しいことであったと思われる．

温度計などへの利用

金属ガリウムは融点がヒトの体温より低

く（28.67℃），沸点は水銀よりもかなり高い（2,400℃）ために，高温用の温度計としての用途もある．ただ，この融解金属ガリウムはガラスをぬらすので，温度計の管や球部の設計には工夫が必要らしい．数年前に物質・材料研究機構の板東義雄博士のグループは，カーボンナノチューブを壁材として，世界最小の温度計（ナノ温度計）をつくることに成功した．直径85 nmのカーボンナノチューブと酸化ガリウム（Ga_2O_3）とを高温（1,360℃）で反応させると，還元されて生じた金属ガリウムがナノチューブの中に注入される．このナノチューブ中のガリウムは円柱状で，径が約75 nm，長さは100 nmほどである．加熱すると液化した金属ガリウムが膨張するので，長さがほぼ直線的に増大するから，電子顕微鏡スケールできわめて精密な温度測定が可能となることとなる．

ガリウムの放射性同位体であるGa-67は，悪性腫瘍検出のためのシンチグラム用にクエン酸塩の形で投与される．肝臓などの癌やリンパ節腫瘍などに優先的に集積するので，全身の診断には欠かせない検査試薬でもある．正常な人体の場合に集積する場所は，骨，骨髄，肝臓，脾臓，腸管などが代表的なところである．排泄は主に肝臓から腸管へ行われるが，一部は腎臓からも排泄される．

ゲルマニウム Ge

発見年代：1886 年　　発見者（単離者）：C. A. Winkler

原子番号		32	天然に存在する同位体と存在比		Ge-70 (20.38), Ge-72 (27.31), Ge-73 (7.76), Ge-74 (36.724), Ge-76 (7.83)
単体の性質		灰白色，立方晶系（ダイヤモンド型）			
単体の価格（chemicool）		360 $/100 g	宇宙の相対原子数（$Si = 10^6$）		50
価電子配置		$[Ar]3d^{10}4s^24p^2$	宇宙での質量比（ppb）		200
原子量（IUPAC 2009）		72.64(1)	太陽の相対原子数（$Si = 10^6$）		120.6
原子半径（pm）		122.5			
イオン半径（pm）		90（Ge^{2+}），53（Ge^{4+}），272（Ge^{4-}）	土壌		1 (0.5〜2) ppm
			大気中含量		事実上皆無
共有結合半径（pm）		122	体内存在量（成人 70 kg）		5 mg
電気陰性度			空気中での安定性		常温では反応しないが，高温では GeO_2 を生成
Pauling		2.01			
Mulliken		1.9	水との反応性		反応しない
Allred		2.02			
Sanderson		2.31	他の気体との反応性		Cl_2 との反応では $GeCl_4$ を生成
Pearson（eV）		4.60	酸，アルカリ水溶液などとの反応性		硝酸や熱濃硫酸には可溶，濃厚アルカリには溶解して $[Ge(OH)_6]^{2-}$ を生成
密度（g/L）		5.323（固体）			
融点（℃）		937.4			
沸点（℃）		2,830	酸化物		GeO_2
			塩化物		$GeCl_2$，$GeCl_4$
存在比（ppm）			硫化物		GeS_2
地殻		1.8			
海水		(0.07〜7.0) ×10^{-6}	酸化数		+4，+2（他）

英 germanium　独 Germanium　佛 germanium　伊 germanio　西 germanio　葡 germanio　希 γερμανιο (germanio)　羅 germanium　エスペ germaniumo　露 германий (germanij)　アラビ جرمانيوم (jarmāniyūm)　ペルシ ژرمانیوم (zhermaniyam)　ウルドー　ヘブラ גרמניום (germanium)　スワヒ gerimani　チェコ germanium　スロヴ germánium　デンマ germanium　オラン germanium　クロア germanij　ハンガ germánium　ノルウ germanium　ポーラ german　フィン germanium　スウェ germanium　トルコ germanyum　華 鍺，锗　韓・朝 저마늄　インドネ germanium　マレイ germanium　タイ เจอร์เมเนียม　ヒンデ जर्मेनियम (jermeniyam)　サンス ―

希産資源

　ゲルマニウムは，メンデレーエフの予言にある「エカケイ素」にあたるのであるが，炭素族元素のうちで，鉱石資源といえるものをもたない唯一の元素でもある．ドイツのヴィンクラーが，たまたま銀の鉱物として発見されたアルジロド鉱（argyrodite）の中に未知元素の存在を認め，これに「ゲルマニウム」と命名したのであるが，この鉱物も希産であり，ほかにもゲルマニウム鉱物として知られている例も，ゲルマン石（germanite）などきわめて少ない．

　そのために，半導体材料としてゲルマニウム資源が必要となったとき，原料の探索は大問題であった．ゲルマン石は黄銅鉱の一部にゲルマニウムが置換した形ともみなせるが，閃亜鉛鉱や黄銅鉱などのこれらの硫化鉱物を精錬する際に副成する煙道塵には，原鉱石中に存在しているいろいろな微量元素が濃集してくる．現在のゲルマニウム資源ももっぱらこれに頼っている．以前は石炭を燃焼させたときの煙道塵も資源とされたが，これはやはり同族である炭素と挙動をともにしているゲルマニウムが，酸化された後で煙道に沈積するのを利用したのである．

特別な用途

　現在の電子材料としての半導体素材は，原料の入手の容易さもあって，ケイ素（シリコン）の方がメインになってしまったが，用途によってはどうしてもゲルマニウムでなくてはならないものもある．その中の一つに，高分解能の放射線検出器（γ線スペクトロメーター）がある．これは，ゲルマニウム半導体中にリチウム原子を濃度勾配をつけて拡散させたものであり，入射したフォトンのエネルギーに対応した鋭い電流パルスを発生させる．この中のリチウム原子は，温度が上がるとどんどん拡散してしまうので，計測器としては使えなくなってしまうから，常時，液体窒素中に冷却保持しておかなくてはならない．しかし，以前から利用されてきたγ線シンチレーションスペクトロメーターでは，いくら多チャンネル方式でもエネルギーによる分解能はそれほどよいものではなかったし，感度も十分ではなかったが，この半導体検出器（よく「Ge(Li)検出器」と呼ばれる）のおかげで，放射化分析は以前よりもはるかに容易となった．なお，現在では電子冷凍装置も使えるようになり，以前のように液体窒素がなくなって大騒ぎ（温度が上昇するとリチウムの拡散速度が増加して，濃度勾配がなくなるので復元が不可能）という危険性は大幅に小さくなった．もっとも，この半導体検出器にもSi(Li)検出器が開発されて，先立って火星表面の元素分析などに活躍した，マーズパスファインダーにはこちらの方が搭載されていたようである．

　もう一つのあまり知られていない用途としては，赤外線用のセル材料がある．ゲルマニウムの単体は，通常の振動回転スペクトル領域から遠赤外部に至るまで，ほとんど吸収帯をもたないので，薄い板ならば赤外線に対してはほとんど透明なものとみなすことができる．以前であれば，岩塩の板やKRS-5などのタリウム塩ばかりが使われた分野であるが，水溶性でもないし，耐有機溶媒性にも優れている．ただ，いまのところまだ高価なのが難点ではある．酸化ゲルマニウム（GeO_2）も，同じように赤外線用の光学材料に用いられている．

比較的最近になって脚光を浴び出したゲルマニウムの用途に，光ファイバーがある．二酸化ゲルマニウムは屈折率が大きく分散が小さいので，広角用のカメラのレンズや顕微鏡用レンズなどには以前から利用されていたのであるが，光ファイバーのコアの材料として好適なのである．実際には，用途に応じて必要な屈折率の値となるように，ケイ素とゲルマニウムのいろいろな組成の混合酸化物を利用する．このためには，四塩化ケイ素と四塩化ゲルマニウムの混合気体を，酸素中で加熱して得られた混合酸化物を材料として用いることとなる．現在のところ，米国では精製ゲルマニウムのおよそ半分が光ファイバー用に振り向けられている（残りは半導体と赤外線機器である）．

ヒ 素 As

発見年代：1250 年頃　　発見者（単離者）：A. Magnus

原子番号	33	
単体の性質	金属ヒ素，灰色ヒ素（金属光沢，もろい結晶），黄色ヒ素	
単体の価格（chemicool）	320 \$/100 g	
価電子配置	$[\mathrm{Ar}]3d^{10}4s^24p^3$	
原子量（IUPAC 2009）	74.92160(2)	
原子半径（pm）	125	
イオン半径（pm）	69（As^{3+}），46（As^{5+}）	
共有結合半径（pm）	121	
電気陰性度		
Pauling	2.18	
Mulliken	2.2	
Allred	2.20	
Sanderson	2.53	
Pearson（eV）	5.30	
密度（g/L）	5.730（固体）	
融点（℃）	817（28 atm）	
沸点（℃）	613（昇華）	
存在比（ppm）		
地殻	1.5	
海水	$(1.45\sim1.75)\times10^{-3}$	
天然に存在する同位体と存在比	As-75（100）	
宇宙の相対原子数（Si = 10^6）	4	
宇宙での質量比（ppb）	8	
太陽の相対原子数（Si = 10^6）	6.089	
土壌	1〜10 ppm	
大気中含量	痕跡量	
体内存在量（成人 70 kg）	7（0.5〜15）mg	
空気中での安定性	常温では反応しないが，400℃以上で As_4O_6 を生成	
水との反応性	反応しない	
他の気体との反応性	ハロゲンとの反応では AsX_3 を生成	
酸，アルカリ水溶液などとの反応性	熱濃硫酸や濃硝酸には溶解．塩酸には酸素共存時のみ溶解	
酸化物	As_4O_6，As_2O_5	
塩化物	$AsCl_3$，$AsCl_5$	
硫化物	As_2S_3，As_2S_5	
酸化数	+5，+3（他）	

英 arsenic　独 Arsen　佛 arsenic　伊 arsenico　西 arsenico　葡 arsenic　希 αρσενικο (arseniko)　羅 arsenicum　エスペ arseno　露 мышьяк (myš'jak)　アラビ زرنيخ (zamikh)　ペルシ ارسنيک (arsenik)　ウルド ―　(sankiya)　ヘブラ ארסן (arsen)　スワヒ aseniki　チェコ arzen　スロヴ arzén　デンマ arsen　オラン arsenicum　クロア arsen　ハンガ arzén　ノルウ arsen　ポーラ arsen　フィン arseeni　スウェ arsenik　トルコ arsenik　華 砷　韓・朝 비소　インドネ arsenik　マレイ arsenik　タイ สารหนู　ヒンデ आर्सेनिक (armik)　サンス ―

「砒素」と「ヒ素」

何千年も昔から,毒物として使用されてきた歴史をもっているが,その際に使われたのは無水亜砒酸(白砒)であった.したがって,文学作品の中での「砒素」は,化学でいう「ヒ素」の単体とは別の化合物である.中毒症状は,一見したところ消化不良やチフスなどと臨床的に区別するのが難しく,そのためにほとんどばれなかったのである.「砒素」による毒殺に対する鑑識試験法を,英国のジェームズ・マーシュが1818年に考案するまでは,西洋においても毒殺の証拠とすることはきわめて難しかった.マーシュはファラデーの数少ない弟子の一人であったが,試料を亜鉛と塩酸とともに処理してアルシン(昔風には「砒化水素」)を発生させ,これを熱分解すると砒素鏡が析出することで,微量のヒ素分の検出・定量を可能としたのである.なお「砒」という字は,猛獣の「豼」と同じように命に関わるほどのきわめて恐ろしい鉱物という意味で,同じつくりのこの字が用いられるようになったのだという.現代中国では,元素名は「砷」になっているが,歴史のある「砒」の字に戻そうという強い動きもあるらしい(なお,「豼貅」とは精鋭からなる軍隊を意味する).

『水滸伝』と砒素

ところが,東洋の方はこれよりはるかに進んでいたらしい.四大奇書の随一にあげられる『水滸伝』は,元末明初の羅貫中の作ということになっているが,作品の時代は北宋の末,風流人として有名な徽宗皇帝の御代(1100-1125)に設定され,実在の人物についてもほぼ無理のないようたくみに描写されている.このうちの第20回の部分に,清河県に住んでいる美女の潘金蓮が,金持ちで好男子の西門慶と一緒になりたいために,まじめ一方ではあるが醜男である亭主の武大(虎退治の英雄である武松の兄)を信石(無水亜砒酸の別名,これは華中の信州の名産にちなんだ名である)で毒殺する場面がある.西門慶は薬種店をも経営しているので,ねずみとり用の信石の調達など朝飯前である.武松は冤罪を負わされて遠くへ服役に行っている留守中のことである.金蓮は武大の死骸を火葬にして,自分はさっさと西門慶の第五夫人(妾)となってしまう(当時も土葬があたりまえであったので,このこと自体かなりあやしいことの存在を示唆している).

やがて恩赦があって武松が清河県へ帰ってくる.夢枕に兄の霊が現れ,自分は女房に毒殺されたので,ぜひ仇をとってほしいという.武松は検屍と火葬をやった何九のところへかけつけて問いただすと,「不審な点があったのだが,西門の旦那が恐ろしいので黙っていたのです」といわれ,何か怪しげな事情の存在を感じたからと,遺骨の一部を保存してあったものを渡してくれる.

焼け残りの兄の骨をもって「おそれながら」と役所に訴え出た結果,西門慶と潘金蓮のたくらんだ悪事が露見する.このときの骨は黒褐色に変色し,もろくなっていたという記載がある.これはまさに,還元性の雰囲気中で生じた砒素鏡の析出を描写しているとしか思えない.当時の条件では,現代の火葬とは違って,一部が早く灰化して骨となってしまったところに,還元性の雰囲気で生じたアルシンが熱分解して,その結果,黒褐色の単体ヒ素(つまり砒素鏡)が生じていても不思議はない.

この『水滸伝』の現存のものの完成は元

代の末頃ということになっているが，舞台となっている宋の時代（もっとも，『水滸伝』の時代よりは100年ほど後の南宋の理宗皇帝の御代，1247年）に，宋慈の手によってまとめられた世界最初の法医学書といわれる『洗冤集録』には，砒素（信石）で毒害された場合の鑑識法が記されている．『洗冤集録』は訳本もあるが，江戸時代の初期に訓点が施されたものが版行されて，当時の医師や町奉行などの必読の書物でもあった．しかし，わが国でも石見銀山ねずみとりによる毒害の例は結構多かったらしいが，この火葬に付された骨からの犯罪の解明という例は，管見の限りでは見当たらないようである．

「加賀騒動」と「四谷怪談」

江戸時代中期の延享年間（1744-1748）に起きた「加賀騒動」は，講談の題材ともなっているが，金沢の前田家で起きた革新派と守旧派との勢力争いである．この中で悪役の筆頭とされる大槻傳蔵は，経済的に疲弊した藩の財政を建て直そうとしてひとかたならぬ努力をしたのであるが，勇み足めいた活動をやったために今日でも「悪家老」の代名詞にもなっている．しかし，故三田村鳶魚翁のように，この大槻傳蔵の罪科とされるものは，実はでっちあげで，本当は冤罪ではなかったかと主張される向きも多い．

講談では，前田家の宝物倉の曝涼の折りに，大槻傳蔵が高貴薬の「砒霜」を盗み出し，これを使って殿様や若君に一服盛ったということになっている．この「砒霜」は先ほどの「信石」を精製したものであるから，白砒（無水亜砒酸，As_4O_6）そのものである．昇華精製で得られた，霜のように真っ白なものであることが名称からもわかる．ところが，これから80年ほど後の安政8（1825）年に初演された鶴屋南北の「東海道四谷怪談」の序幕には，「いたづらものはいないかな，いたづらものは」という台詞を述べる石見銀山売りが登場する．この「いたづらもの」はねずみのことである．つまり，百万石の大大名の家老職でもなかなか入手できないほどの高貴薬であったものが，江戸の市中で振り売りの対象となるまで普及したことがわかる．そのために，半七や平次の登場する捕物帳（もっぱら幕末が舞台であるが）にも「石見銀山ねずみとり」はすっかりおなじみのものとして登場するのであるが，「石見銀山の味がする」というのはいくら何でもおかしい．無色無臭無味であるからこそ殺鼠剤に使えるので，人間よりも味覚神経のはるかに鋭敏であるねずみにとってすら検知できないからこそ，殺鼠用の毒物として使用可能であったのである．

セレン Se

発見年代：1817年　　発見者（単離者）：J. J. Berzelius

原子番号	34	天然に存在する同位体と存在比	Se-74 (0.89), Se-76 (9.37), Se-77 (7.63), Se-78 (23.77), Se-80 (49.61), Se-82 (8.73)
単体の性質	灰黒色，六方晶系		
単体の価格（chemicool）	14 \$/100 g	宇宙の相対原子数 (Si = 10^6)	68
価電子配置	$[Ar]3d^{10}4s^24p^4$		
原子量（IUPAC 2009）	78.96(3)	宇宙での質量比（ppb）	30
原子半径（pm）	115	太陽の相対原子数 (Si = 10^6)	65.79
イオン半径（pm）	69 (Se^{4+}), 54 (Se^{6+}), 191 (Se^{2-})		
		土壌	約 5 ppm
共有結合半径（pm）	117	大気中含量	1 μg/m^3 程度
電気陰性度		体内存在量（成人 70 kg）	14 mg
Pauling	2.55	空気中での安定性	加熱すると青白色の光を放って燃焼し，SeO_2 を生成
Mulliken	2.4		
Allred	2.48	水との反応性	反応しない
Sanderson	2.76	他の気体との反応性	H_2 とは 250℃ 以上で反応し H_2Se を生成．ハロゲンとも直接反応
Pearson（eV）	5.89		
密度（g/L）	4.790（固体）		
融点（℃）	217	酸，アルカリ水溶液などとの反応性	濃硫酸や硝酸には酸化を受けて溶解
沸点（℃）	684		
存在比（ppm）		酸化物	SeO_2, SeO_3
地殻	0.05	塩化物	$SeCl_4$, $SeCl_6$
海水	(0.15～1.8) ×10^{-7}	硫化物	
		酸化数	+6, +4, -2 （他）

英 selenium　独 Selen　佛 sélénium　伊 selenio　西 selenio　葡 selenio　希 σελενιο (selenio)　羅 selenium　エスペ seleno　露 селен (selen)　アラビ سيلينيوم (silinyūm)　ペルシ سلنیوم (seleniyam)　ウルド —　ヘブラ סלניום (selenium)　スワヒ seleni　チェコ selen　スロヴ selén　デンマ selen　オラン seleeni　クロア selenij　ハンガ szelén　ノルウ selen　ポーラ selen　フィン seleeni　スウェ selen　トルコ selenyum　華 硒　韓・朝 셀레늄　インドネ selenium　マレイ selenium　タイ ซีลีเนียม　ヒンデ सेलेनियम (seleniyam)　サンス —

セレンの資源

わが国は火山が多数あるせいか，産出する硫黄分にもセレンが随伴するようで，以前からことセレンに関しては資源大国である．しかも乾式複写機の普及に伴って，感光素子としてのセレンの利用も大幅に増大した．セレンのリサイクルもかなり熱心に行われている．しかし，以前のセレンの用途はかなり限定されたもので，ラジオマニアが愛用する「セレン整流器」くらいであった．これは，鉄板の表面にセレンを析出させてつくるもので，今日の半導体素子の祖形みたいなものであるが，耐圧が比較的高いので，商用交流（100 V，ところによっては 220 V）の整流にもそれほど素子を直列接続しなくともすむために愛用された．しかし，トランジスタの登場とともにそれほどの直流高電圧が不要となるとしだいに姿を消してしまい，現在ではシリコン整流器に活躍の場を明け渡したことになる．

欠乏症

セレンはだいたい硫黄に随伴して産出するので，火山国の日本は資源的に恵まれているのも不思議はないのであるが，火山の少ない諸国では，結構な頻度でセレンの不足によるいろいろな病状（欠乏症）が発生するらしい．

以前のテキスト類をみると，セレンはもっぱら人体に有毒な作用しか示さないと記してあり，一般にもそのように思われていたのであるが，必須元素であることが比較的最近になって判明している．昭和のはじめ（1935 年頃）当時は満州国であった黒竜江省の克山県（現在では中国東北部龍江省の大チチハル（斉斉哈爾）市の一部となっているが，チチハルから北東方向へ約200 km．黒河（曖琿）を経てロシアのブラゴヴェシチェンスクへ通じる幹線道路の途中にあたる）で，奇妙な心筋疾患症が多発し，原因不明のまま「克山病（Ko-shan disease）」と命名された．それから 40 年ほどたって，この克山病の原因はそれまで考えられていた慢性の一酸化炭素中毒（住居の構造が原因と思われていた）ではなく，セレン欠乏症であることがわかり，セレン製剤（サプリメント）の投与によって患者数は激減した．

最近の報告では，華中・華南地域もやはり環境中のセレン濃度が著しく低い場所が多いらしい．同じように火山地域から遠く離れた場所なので，可能性としては大いにありうる．このような条件下では，いろいろなウイルスの突然変異の生起確率が著しく増加する傾向がある．「香港風邪」とか"SARS" などの大流行の遠因も，ひょっとしたらこの地域における慢性セレン不足が原因らしいという説もあるようである．先の克山病も，セレン欠乏にウイルス（コクサッキーウイルス）の変異が重畳した結果である，という研究報告も出されている．

セレノアミノ酸

必須元素としてのセレンは，含硫アミノ酸の硫黄を置換した形で存在しているらしい．つまり，セレノシステインやセレノメチオニンの形である．これはまた同時に，ソフトな重金属イオン（多くは生物体にとって有害である）をマスクして無害化するために役立っているらしい．水俣病が有機水銀中毒であることが判明してまもなく，マグロの肉にかなり高濃度の水銀が含まれていることが問題となった．米国では当時，いろいろな標準試料調製プロジェク

トの一環として，海生生物の標準試料をつくることとなり，大量のマグロを捕獲して肉部を冷凍粉砕処理して，大量の標準試料が完成寸前の段階まで進行していたのであるが，この高濃度の水銀は環境による汚染であろうということで，せっかくのプロジェクトはおじゃんとなり，巨額の費用を投じて製造された標準試料（缶詰の形にまでなっていた）は，すべて廃棄の対象となってしまった．

しかしその後，各地の海洋研究所や水族館などで数十年以前から保存されてきたマグロの検体にも，やはり現在とほとんど同じほどの水銀が含まれていることが判明し，逆にそれほどの水銀を含んでいてもマグロが元気に海の中を泳いでいるのはなぜかということが問題となった．これはどうもマグロの筋肉に含まれているセレノアミノ酸のおかげであるらしいのであるが，そういうことであれば，魚河岸あたりの日常的にマグロを口にしている威勢のいい兄哥（アニイ）連中が病気にならなくとも不思議はない．

他の体内水銀濃度の比較的高い魚類（キンメダイなど）では，この種のセレノアミノ酸はそれほど多くないということなので，厚生労働省あたりからあまり多量に食べないようにという指示が出たのもかなりうなずける結果でもある．

臭　素 Br

発見年代：1826 年　　発見者（単離者）：A. J. Balard

原子番号	35	天然に存在する同位体と存在比	Br-79（50.69），Br-81（49.31）
単体の性質	赤褐色液体	宇宙の相対原子数（Si = 10^6）	13
単体の価格（chemicool）	4.9 \$/100 g	宇宙での質量比（ppb）	7
価電子配置	$[Ar]3d^{10}4s^24p^5$	太陽の相対原子数（Si = 10^6）	11.32
原子量（IUPAC 2009）	79.904(1)	土壌	15（5〜120）ppm
原子半径（pm）	115	大気中含量	数 ppt
イオン半径（pm）	62（Br^+），39（Br^{7+}），196（Br^-）	体内存在量（成人 70 kg）	260 mg
共有結合半径（pm）	114.2	空気中での安定性	反応しない
電気陰性度		水との反応性	溶解度は常温で約 3%．一部は不均化して HBr+HBrO を生成
Pauling	2.96	他の気体との反応性	H_2 とは光照射，もしくは高温条件下で HBr を生成．F_2，Cl_2 とはそれぞれ BrF，BrCl を生成
Mulliken	3.0		
Allred	2.74		
Sanderson	2.96		
Pearson（eV）	7.59		
密度（g/L）	3,100（液体）	酸，アルカリ水溶液などとの反応性	アルカリ水溶液には Br^- と BrO^- を生成し溶解
融点（℃）	−7.2	酸化物	Br_2O，Br_2O_5
沸点（℃）	58.78	塩化物	BrCl
存在比（ppm）		硫化物	—
地殻	0.37	酸化数	+7，+5，+1，0，−1（他）
海水	65		

英 bromine　独 Brom　佛 brome　伊 bromo　西 bromo　葡 bromo　希 βρομιο (vromio)　羅 bromum　エスペ bromo　露 бром (brom)　アラビ موب (brum (brumin))　ペルシ مرب (brom)　ウルド برومين (bromin)　ヘブラ ברום (brom)　スワヒ bromi　チェコ brom　スロヴ bróm　デンマ brom　オラン broom　クロア brom　ハンガ bróm　ノルウ brom　ポーラ bromo　フィン bromi　スウェ bromo　トルコ brom　華 溴　韓・朝 브로민　インドネ bromin (brom)　マレイ bromin　タイ โบรมีน　ヒンデ ब्रोमिन (bromin)　サンス —

現代中国では，前のページにあるように，さんずいに臭という字を書いて臭素を表している．これは，常温で液体であるという意味をもっている（同じように常温で液体の金属である水銀は，歴史のある「汞」が使われている．やはり水を一部に含む漢字だからである）．

大口の用途

臭素の用途としてその昔から身近であったものは，写真の乾板やフィルム，印画紙などに感光材料として利用する臭化銀（silver bromide）であった．いまの若者たちの中にも時折「アイドルのプロマイド」なんて宣う面々がいるが，これは臭化銀紙 "silver bromide paper" の取違いである．英語では "bromide" に「つまらない奴」という意味もあるらしいのだが（大きな辞典類には載っている．でも俗語扱いにはなっていない），これはいまのように細かい用途別の薬品が多数登場する前には，鎮静剤としてもっぱら臭化カリウム（KBr）が多用された時代がかなり長かったからでもある．

感光材料としての臭化銀の利用は，CCD素子利用のディジタル写真や，蛍光を利用したイメージインテンシファイアのシェアが増大してくるにつれて減少傾向にはあるものの，どうしてもこちらでなくてはまずい分野も残っている．もっとも，臭素よりも銀の方の資源枯渇が何年も前から危惧されてきたのであるから，その意味ではCCDも「地球に優しい」工業製品といえるかもしれない．

自然の有機臭素化合物

大気中にも，微量ながら有機臭素化合物が存在している．その大部分は臭化メチルである．これは，海洋表面に大量に存在するプランクトンが，海水中の臭素を原料としてつくり出す（実は老廃物として大気中に放出する）ためであるらしい．臭化メチルは，いわゆるポストハーベスト農薬として，穀物用サイロの害虫駆除のための燻蒸（くんじょう）などに使われていて，環境保護運動家などには目の敵にされているのであるが，海洋からはこれよりもはるかに大量に放出されていることは案外気づかれていないらしい．

フレオンの代替

大気中のオゾン層破壊が問題となるようになって，いままで使われていたフレオンの大部分が使えなくなり，代替フレオンが何種類か登場するようになった．この中には，臭素を含むものも何種類か存在している．そのために総称として「ハロン（halon）」が使われるようになってきた（なお，「ハロン」はれっきとした英語であるが，「フロン」は和製の法律用語である）．以前から航空機に搭載されていた消火器にはこの種のものが用いられていたが，コンピュータルームなどでよく「ハロン消火設備設置」などと記されているのは，この種の代替フレオンが使われていることを示している．

われわれは実験室以外ではあまり単体臭素の臭いを検知することはまれであるが，数少ない例外として，コンタクトレンズ用の除タンパク液には，臭素を発生させることで，表面に付着したタンパク質系の汚れを分解除去するようになっているものがある．臭素の水溶液は不安定で保存がきかないので，この種のものは通常二液性になっていて，「使用直前にA液とB液を混合せよ」のような指示が記してある．この液の一方は次亜塩素酸ナトリウムの水溶液であ

り，もう一方は臭化カリウム水溶液である．混合すると次亜塩素酸イオンによって臭化物イオンが酸化され，臭素や次亜臭素酸イオンが生成される．これは臭いをかいでみるとよくわかる．タンパク質のペプチド結合の窒素原子と反応してN-Br結合を生成し，ここの部分から酸化分解を起こさせて汚れを除去するメカニズムである．

クリプトン Kr

発見年代：1898 年　　発見者（単離者）：W. Ramsay and M. W. Travers

原子番号	36
単体の性質	無色無臭気体
単体の価格（chemicool）	33 $/100 g
価電子配置	$[Ar]3d^{10}4s^24p^6$
原子量（IUPAC 2009）	83.798(2)
原子半径（pm）	189
イオン半径（pm）	—
共有結合半径（pm）	—
電気陰性度	
Pauling	—
Mulliken	—
Allred	—
Sanderson	3.17
Pearson（eV）	6.80
密度（g/L）	3.733（気体0℃）
融点（℃）	−156.6
沸点（℃）	−152.3
存在比（ppm）	
地殻	1.0×10^{-5}
海水	8.0×10^{-5}

天然に存在する同位体と存在比	Kr-78 (0.355), Kr-80 (2.286), Kr-82 (11.593), Kr-83 (11.500), Kr-84 (56.987), Kr-86 (17.279)
宇宙の相対原子数（$Si = 10^6$）	5
宇宙での質量比（ppb）	40
太陽の相対原子数（$Si = 10^6$）	55.15
土壌	—
大気中含量	1 ppm
体内存在量（成人 70 kg）	ごく微量
空気中での安定性	不活性
水との反応性	不活性
他の気体との反応性	F_2 との反応では放電によってフッ化物（KrF_2）を生成
酸，アルカリ水溶液などとの反応性	不活性
酸化物	—
塩化物	—
硫化物	—
酸化数	0（他）

英 krypton　独 Krypton　佛 krypton　伊 cripto　西 kriptono　葡 cryotonio　希 κρυπτο　(krutito)　羅 krypton　エスペ kriptono　露 криптон (kripton)　アラビ كريبتون (kribtun)　ペルシ كريپتون (kripton)　ウルド — (kripton)　ヘブラ קריפטון (kripton)　スワヒ kriptoni　チェコ krypton　スロヴ kryptón　デンマ krypton　オラン krypton　クロア kripton　ハンガ krypton　ノルウ krypton　ポーラ krypton　フィン krypton　スウェ krypton　トルコ kripton　華 氪　韓・朝 크립톤　インドネ krypton　マレイ kripton　タイ คริปทอน　ヒンデ क्रिप्टॉन (kripton)　サンス —

2種類のランプ

クリプトンランプと呼ばれているものには，実は2種類のものがある．一つは，白熱電球の封入ガスとして，アルゴンの代わりにクリプトンを用いたものである．発光効率が大きく，かつアルゴン封入のものに比べて2倍以上の寿命がある．電気器具店などで販売されているのはこちらである．

もう一つは，キセノンランプと同様にクリプトンを放電気体に用いたもので，高速度撮影用のストロボやフラッシュ，およびレーザー励起用に使われる．クリプトンの放電電流に対しての応答が，いちじるしく早いことを利用しているのである．

以前の長さの単位（メートル）の基準がクリプトンの輝線スペクトルであったことはまだ知る人も多いであろう．これは，「Kr-86の放出する準位 $2p^{10}$ と $5d^5$ の間の遷移に対応する光（オレンジ色の輝線）の真空中の波長の1,650,763.73倍を1メートルとする」という規定が1960〜1983年に用いられていたからである．その後，1983年になって真空中の光速度を基準とした新しい定義に変更された．

放射性クリプトン

核分裂生成物のうちで，比較的長寿命のものの一つにKr-85がある．半減期は約11年である．これは，ウランやプルトニウムのどちらからも生成する．もちろん，原子炉や核燃料再処理施設から大気中に放出されるのであるが，核実験が行われると大気中濃度は一時的にかなり上昇する．Sr-90やCs-137などと同様に，人体にも影響しそうな半減期をもつ核種であるが，幸いなことに化学的に不活性な希ガス元素であるから，特別な事情がない限り，環境への脅威としては考えられていない．もっとも核燃料再処理の際には，吸着や凝縮などの方法で大部分を回収しているし，トレーサーに利用することも試みられてはいる．

1950年代以降，西側世界においては，このKr-85の量をモニターすることが続けられている．もともとは，冷戦時代のソ連ブロックで実際にどのくらいの規模で核実験が行われたかを検知するためであった．西側諸国の原子炉や再処理施設から発生するKr-85の量はかなり正確に判明しているので，実測量からこの寄与を差し引けば，世界のどこかで核実験が行われたことがすぐわかるし，その規模も推算可能となる．得てしてこのような情報は軍事機密のヴェールをかぶっているし，こっそりと危ないことをやってのける rogue country（ならず者国家）も存在するから，大気のクリプトン中のKr-85の濃度測定の重要性は，いっこうに減少しないのである．

スーパーマンとクリプトン

映画やテレビ，マンガなどでおなじみの「スーパーマン」は，故郷のクリプトン星が破壊されたために地球で育てられたという設定になっている．無敵のヒーローとして設定されているものの，「クリプトナイト」という鉱物に直面するとあらゆるパワーを失ってしまうというのが唯一の弱点ということになっている．

これは映画の「スーパーマンリターンズ」の中で，メトロポリス市の博物館から悪役のレックス・ルーサーによって盗み出されるのであるが，映画の画面では緑色の美しい結晶で，陳列ケースの表示には「成分：ナトリウム・リチウム・ホウ素・珪酸塩・水酸化物・フッ化物（sodium lithium boron silicate hydroxide-fluoride）」と記

してあった．

　ところで，2007年にセルビアのジャダール鉱山（首都のベオグラードから南西方向およそ150 km，隣国のサラエボとのほぼ中間地点）から発見された新鉱物らしいものが，ロンドンの自然史博物館（Natural History Museum）で分析されたところ，この組成はほぼ $LiNaSiB_3O_7(OH)$ であることがわかった．実際に分析を行ったC. スタンレー博士が，ひょっとして既知の鉱物に該当するものがないのかどうかをインターネットで検索したところ，何とこれはまさに「スーパーマン」のクリプトナイトに合致することがわかってたいへん驚いたという．残念なことに，この新鉱物は美しい緑色ではないのであるが．

鉱物においては，水酸化物イオンとフッ化物イオンは容易に交替するので，これがもし $LiNaSiB_3O_7(OH, F)$ であったならドンピシャリだったのであるが，残念なことにこの試料にはフッ素は含まれていなかったようである．しかし，自然史博物館のホームページには，

"Superman beware, kryptonite is real!"

という文字が踊っている．やはり，クリプトンが含まれていない鉱物にクリプトナイトはまずいということで，この新鉱物には産出地にちなんだ，「ジャダル石（jadarite）」という名称が与えられることになった．しかしセルビアでは，スーパーマンの胸に輝く大文字の"S"は，セルビアの頭文字だといわれるようになったという．

ルビジウム Rb

発見年代：1861 年　　　発見者（単離者）：R. W. Bunsen and G. R. Kirchhoff

原子番号	37
単体の性質	銀白色金属，体心立方
単体の価格（chemicool）	1,200 $/100 g
価電子配置	$[Kr]5s^1$
原子量（IUPAC 2009）	85.4678(3)
原子半径（pm）	247.5
イオン半径（pm）	149
共有結合半径（pm）	211
電気陰性度	
Pauling	0.82
Mulliken	1.0
Allred	0.89
Sanderson	0.70
Pearson（eV）	2.34
密度（g/L）	1.532（固体）
融点（℃）	39.5
沸点（℃）	687
存在比（ppm）	
地殻	90
海水	0.12

天然に存在する同位体と存在比	Rb-85（72.17），Rb-87（27.83）
宇宙の相対原子数（$Si = 10^6$）	6.5
宇宙での質量比（ppb）	10
太陽の相対原子数（$Si = 10^6$）	6.57
土壌	20〜250 ppm
大気中含量	痕跡量
体内存在量（成人 70 kg）	680 mg
空気中での安定性	燃焼してRbO_2を生成
水との反応性	激しく反応してH_2を放出し，RbOHを生成
他の気体との反応性	ハロゲンとの反応ではRbXを生成
酸，アルカリ水溶液などとの反応性	酸とは激しく反応．メタノールやエタノールとはアルコキシドをつくって溶解．液体アンモニアには$RbNH_2$となって溶解
酸化物	Rb_2O，Rb_2O_2，RbO_2
塩化物	RbCl
硫化物	Rb_2S
酸化数	+1（他）

英 rubidium　独 Rubidium　佛 rubidium　伊 rubidio　西 rubidio　葡 rubidio　希 ρουβίδιο (rouvitio)　羅 rubidium　エスペ rubidio　露 рубидий (rubidij)　アラビ روبيديوم (rūbīdiyūm)　ペルシ روبیدیوم (rubidiyam)　ウルド ― (rubidiyam)　ヘブラ רובידיום (rubidium)　スワヒ rubidi　チェコ rubidium　スロヴ rubidium　デンマ rubidium　オラン rubidium　クロア rubidij　ハンガ rubidium　ノルウ rubidium　ポーラ rubid　フィン rubidium　スウェ rubidium　トルコ rubidyum　華 鉫，铷　韓・朝 루비듐　インドネ rubidium　マレイ rubidium　タイ รูบิเดียม　ヒンデ रुबिडियम (rubidiyam)　サンス ―

昔の用途

セシウムやリチウムとともに「希アルカリ金属元素」と呼ばれることもあるが，10年ほど前まではほとんど実用上の用途のない元素としてテキスト類にもほとんど触れられていなかった．わずかにブンゼンとキルヒホッフが，炎光スペクトルを利用して新元素を発見した例として触れてあるくらいであった．セシウムの方はそれでもまだ光電効果を利用して，光信号を電気信号に変換するためのトランスデューサー（光電管）としての用途があったのであるが，ルビジウムは感光特性を特定の向きに合わせるために，セシウムとアンチモンなどと合わせた三元合金の感光材料くらいしか用途がなかったのは本当である．

原子時計への利用

ところがいまから 20 年ほど前に，ルビジウムの価格は急騰しはじめた．これは当時の米国がはじめた GPS（global positioning system）のためである．いくつもの精密なパルスを発生するような測地衛星を軌道に上げ，これらからの信号を地上機で受信・解析することで，地表面における現在位置を正確に定めることを可能とするものである．このパルス発振器には，古くから用いられてきたセシウム時計のほかに，ルビジウム時計が組み込まれていて，この両方からの信号を利用して，ときには cm 単位での位置確定ができるようになった．これは早速，湾岸戦争の折りに利用されたのであるが，当時の米国の軍部は，民間の受信機（地上機）ではわざわざ精度が落ちるように工夫して，軍の機密用の利用に限るようにしたのである．

ところが当時の米国のエレクトロニクス業界では，この裏をかいて，衛星からの信号をたくみに解析することで，軍用のものに匹敵する高精度が得られるような地上機をつくり出して市販にこぎつけた．皮肉なことに，湾岸戦争当時の兵士たちにはまだ十分な数の GPS 地上機が渡らなかったので，大部分の兵士はこの高精度の民生品を（砂漠で迷子にならないための自衛策でもあったが）自前で購入して持参したという．もちろん衛星信号の精度も，じきに精密なものに戻ったことはいうまでもない．

化学製品は，あまり需要のない限りは比較的高価でも誰も文句をいわないのであるが，ひとたび需要が生じると，生産規模が

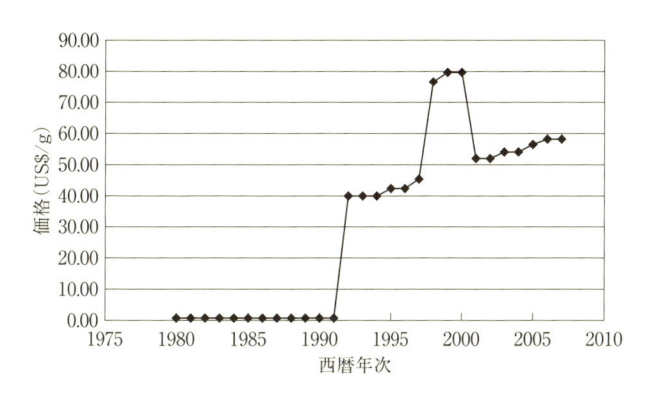

図 1　金属ルビジウム（純度 99.8％）の価格変動（USGS レポートより）

大きくなって，スケールメリットがあるために桁違いに安価となるのが普通である．希土類元素の化合物などはこの典型である．ただ，高純度品が要求されるようになると，これらはたとえ以前より高価となっても，購入して引き合う程度の価格がつく．いまのルビジウムの場合の価格変動の様子（USGSのレポートより）を図1に示しておこう．1992年に著しく価格が上昇しているのは，ようやく高純度品が市販されるようになったことに対応している．その後，1999〜2001年のさらなる高騰は，需給事情の逼迫によるらしい．

ストロンチウム Sr

発見年代：1790 年　　　発見者（単離者）：A. Crowford

原子番号	38
単体の性質	銀白色金属，立方晶系
単体の価格（chemicool）	100 \$/100 g
価電子配置	$[Kr]5s^2$
原子量（IUPAC 2009）	87.62(1)
原子半径（pm）	215.1
イオン半径（pm）	127
共有結合半径（pm）	192
電気陰性度	
Pauling	0.95
Mulliken	—
Allred	0.99
Sanderson	0.96
Pearson（eV）	2.00
密度（g/L）	2,630（固体）
融点（℃）	769
沸点（℃）	1,384
存在比（ppm）	
地殻	370
海水	7.7

天然に存在する同位体と存在比	Sr-84（0.56），Sr-86（9.86），Sr-87（7.00），Sr-88（82.58）
宇宙の相対原子数（Si = 10^6）	19
宇宙での質量比（ppb）	40
太陽の相対原子数（Si = 10^6）	23.64
土壌	200（18〜3,500）ppm
大気中含量	痕跡量
体内存在量（成人 70 kg）	320 mg
空気中での安定性	常温では表面に酸化被膜を形成．高温では SrO と Sr_3N_2 を生成
水との反応性	激しく反応して H_2 を放出し，$Sr(OH)_2$ を生成
他の気体との反応性	H_2 との反応では SrH_2 を生成．ハロゲンとは SrX_2 を生成
酸，アルカリ水溶液などとの反応性	希酸とは激しく反応．液体アンモニアにも可溶．濃硝酸や濃硫酸には徐々に溶解
酸化物	SrO
塩化物	$SrCl_2$
硫化物	SrS
酸化数	+2（他）

英 strontium　独 Strontium　佛 strontium　伊 stronzio　西 estronzio　葡 estroncio　希 στροντιο (strontio)　羅 strontium　エスペ stroncio　露 стронций (strontij)　アラビ ستر‍انشيوم (istiruntiyum)　ペルシ سترنسیوم (stronsiyam)　ウルド — (stronsiyam)　ヘブラ סטרונציום (strontsium)　スワヒ stronti　チェコ stroncium　スロヴ stroncium　デンマ strontium　オラン strontium　クロア stroncij　ハンガ stroncium　ノルウ strontium　ポーラ stront　フィン strontium　スウェ strontium　トルコ stronsiyum　華 鍶，锶　韓・朝 스트론튬　インドネ stronsium　マレイ strontium　タイ สทรอนเขียม　ヒンデ स्ट्रोंसियम (strontiyam)　サンス —

花火と死の灰

花火や信号弾，警戒信号燈などの炎を鮮紅色に着色するのは，ストロンチウムの特徴的な炎色反応である．この用途にはちょっと代替となるものがない．

死の灰の成分として Cs-137 とともに恐れられたのは，放射性のストロンチウム (Sr-90) である．ストロンチウムイオンはカルシウムイオンと類似した挙動を示すので，この Sr-90 も，もし体内に入ってくると骨に濃縮して，長期間（半減期が 29 年もある）にわたって造血機能に損傷を与えるからである．

もっとも，体内に入りさえしなければいろいろと重要な用途があるため，核分裂生成物から分離して利用されている．Sr-90 は β 壊変（β 線のエネルギーは 0.545 eV）して，もっと強い β 線（2.26 eV）を出すイットリウムの核種（Y-90）になるのであるが，この強いエネルギーの β 粒子は放射能利用電池に好適で，リモート気象観測装置や航海用のブイ，さては宇宙探査機などに利用されている．こちらの用向きのためには，この 29 年という半減期はむしろ好適なのである．

医薬としての用途

最近になって，骨癌の治療や鎮痛のために，もっと半減期の短いストロンチウムの同位体（Sr-89）を含む薬剤（META-STRON というらしい．塩化ストロンチウムの形の注射液である）が提供されるようになった．同じように骨に濃縮するが，こちらはもっと半減期が短く（50.5 日），β 粒子を放出して癌細胞を破壊した後には，非放射性のイットリウム（Y-89）に壊変してしまう．前立腺癌の放射線治療にも応用されているらしい．

放射性のないストロンチウムは別に有害でもなく，人体にもかなりの量が含まれているが，特別な役割を果しているとは考えられていない．おそらくは，代謝系がカルシウムイオンと誤認して取り込んでしまった結果であろう．ただ，骨粗鬆症になった患者の造骨細胞に対しては，ストロンチウムイオンが刺激を与えて活性化させるらしい．最近になって，骨粗鬆症の治療薬としてラネル酸ストロンチウムが登場した．この「ラネル酸（ranelic acid）」は，シアノチオフェン誘導体のアミノテトラカルボン酸（つまりコンプレクサン誘導体）で，いままで用いられていたメチレンジホスホン酸カルシウム製剤よりも有効性が高いという．能書きによると，「造骨細胞を活性化して，骨形成速度を格段に大きくできる」という．ストロンチウムイオンによる造骨細胞の活性化はたしかに起きるのであるが，やはり体内（*in vivo*）で，塩化物やクエン酸塩などよりも選択的に必要とされる箇所に到達できるよう考えられた配位子のようである．

模造ダイヤなど

ペロブスカイト構造のチタン酸ストロンチウム（$SrTiO_3$）は，屈折率が大きいのでダイヤモンドに匹敵するほどの輝きがみられる．チタニアやキュービックジルコニアなどに比べると，屈折光はあまりギラギラしない（そのために一見してにせものとはわからない）ので，ブリリアントカットされたものはイミテーションダイヤモンドとしても利用されるのであるが，残念なことに硬度の点では及ぶべくもなく，傷がつきやすいのが欠点である．ただ，この高屈折率を利用して，さまざまな光学機器などには広く利用されている．

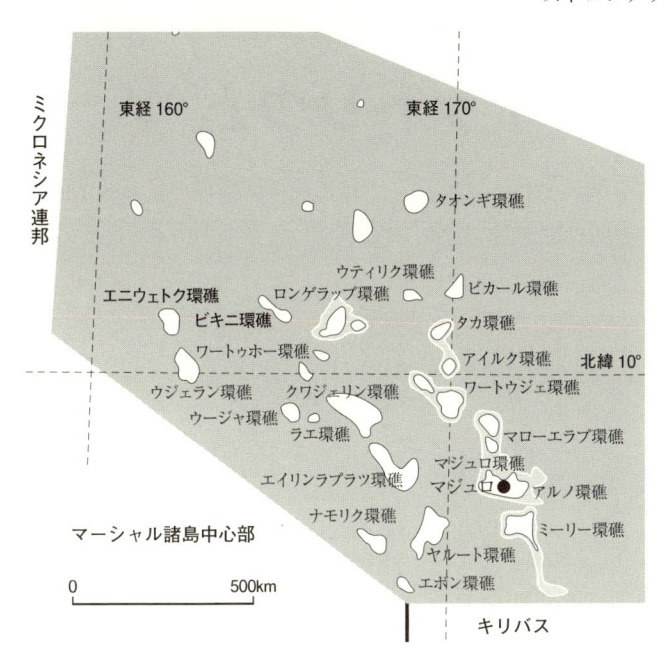

図1 ビキニとエニウェトクの地図
国際機関太平洋諸島センターのホームページより.

イットリウム Y

発見年代：1794 年　　　発見者（単離者）：J. Gadolin

原子番号	39	天然に存在する同位体と存在比	Y-89（100）
単体の性質	灰白色金属，(a)六方晶系，(b)体心立方	宇宙の相対原子数 ($Si = 10^6$)	9
単体の価格（chemicool）	220 $/100 g	宇宙での質量比（ppb）	7
価電子配置	$[Kr]4d^15s^2$	太陽の相対原子数 ($Si = 10^6$)	4.608
原子量（IUPAC 2009）	88.90585(2)		
原子半径（pm）	181	土壌	23（10〜150）ppm
イオン半径（pm）	106	大気中含量	事実上皆無
共有結合半径（pm）	162	体内存在量（成人 70 kg）	0.5 mg
電気陰性度　Pauling	1.22	空気中での安定性	常温では表面酸化．高温では Y_2O_3 を生成
Mulliken	1.4		
Allred	1.11	水との反応性	徐々に溶解して H_2 を放出
Sanderson	0.98		
Pearson（eV）	3.19	他の気体との反応性	ハロゲンとの反応では YX_3 を生成．高温では分解
密度（g/L）	4,470（固体）		
融点（℃）	1,522	酸，アルカリ水溶液などとの反応性	無機酸には可溶．アルカリ水溶液には不溶
沸点（℃）	3,340		
存在比（ppm）		酸化物	Y_2O_3
地殻	30	塩化物	YCl_3
海水	9.0×10^{-6}	硫化物	—
		酸化数	+3（他）

英 yttrium　独 Yttrium　佛 yttrium　伊 ittrio　西 ytrio　葡 Itrio　希 υτριο（υττριο）（itrio（ittrio））　羅 yttrium　エスペ itrio　露 иттрий（ittrij）　アラビ شريم（ītriyūm）　ペルシ ايتريوم（aytriyam）　ウルド —（aytriyam）　ヘブラ איטריום（itrium）　スワヒ yitri　チェコ yttrium　スロヴ yttrium　デンマ yttrium　オラン yttrium　クロア itrij　ハンガ ittrium　ノルウ yttrium　ポーラ itr　フィン yttrium　スウェ yttrium　トルコ itriyum　華 釔，钇　韓・朝 이트륨　インドネ Itrium　マレイ yttrium　タイ อิตเทรียม　ヒンデ यित्रयम（itriyam）　サンス —

レーザー材料と蛍光体

周期表での3族（以前の分類ならIIIA族）の2番目に位置する元素であるが，通常は希土類元素として，スカンジウムやランタニド元素と一括して扱うことの方が多い．Y^{3+}のイオン半径は，Er^{3+}とほぼ同程度であるから，いわゆる重希土類に富むゼノタイムなどには，ほとんどの場合かなりのイットリウムが含まれる．軽希土に富むモナズ石でも，3%程度のイットリウムを含むものが普通である．イオン交換分離法などで高純度のものが比較的安価，大量に得られるようになったので，以前ならばあまり考えられなかった用途がいくつも出現したのは他の希土類元素と同様である．その中でも比較的長い歴史のあるものとしては，レーザー用結晶のYAGや磁性材料のYIGがある．前者はイットリウム-アルミニウム-ガーネット（$Y_3Al_5O_{12}$），後者はイットリウム-鉄-ガーネット（$Y_3Fe_5O_{12}$）である．YAGにはランタニド元素のいろいろなイオン（Nd^{3+}, Eu^{3+}, Tb^{3+}, Dy^{3+}, Er^{3+}, Yb^{3+}など）をドープしてレーザー素子に用いるが，歯科治療などに用いるネオジムレーザーや，美容整形に使われているエルビウムレーザーなどは，みなこのYAGを使ったものである．YIGの方は大きな結晶をつくることも，また薄膜状に析出させることもできるので，磁気記憶媒体のほか，マイクロ波のフィルターや，音波/電圧変換素子などいろいろな電子回路方面の用途がある．

カラーテレビの以前の標準的な三色の蛍光を出すブラウン管の赤色蛍光体には，Y_2O_2SにEu^{3+}をドープしたものが用いられている．

酸化物超伝導体

もっと最近になって話題となったのは，イットリウムを含む酸化物系の高温超伝導体である．ペロブスカイト（灰チタン石）に近い構造の$YBa_2Cu_3O_{7-9}$はよく「1-2-3化合物」とか"BYCO"などの別名で呼ばれるが，液体窒素温度よりも高い温度（-183℃（$=90$ K））でも超伝導現象を最初に示したものとして有名である．

純度が向上して，99.5%以上のものが容易，かつ安価に得られるようになったために，特殊な用途向けのルツボ材料としての用途も開けた．Sm-Co系などの合金の調製や，ウランの酸化物の還元，チタン系の合金の融解などにもっぱら用いられている．酸化イットリウムは，無酸素雰囲気中でもかなりの高温まで炭素と反応することがないという長所がある（通常の酸化物系のルツボでは，無酸素状態で加熱すると，ルツボ体から酸素が奪われてしまうので，高温使用ができないのである）．酸化イットリウムの薄膜は透明で強靭なために，以前ならばカメラ用などのレンズの表面を覆うのにもっぱら用いられたが，最近ではもっと広いガラスの表面の被覆（特に自動車のフロントガラス）などにも利用されるようになった．

しばらく前から話題となった「白い包丁」などの材料として登場した，ニューセラミックスの一つであるキュービックジルコニアは，「ジルコニウム」の項でも示してあるように高温での安定形であり，常温では不安定な形でしかない．これに酸化イットリウムを添加して結晶にすると，立方晶系（キュービック）のままで，常温でも安定な形が得られることがわかって，ニューセラミックス分野における応用範囲が大きく広がったのである．

ジルコニウム Zr

発見年代：1789 年　　発見者（単離者）：M. H. Klaproth

原子番号	40		天然に存在する同位体と存在比	Zr-90 (51.45), Zr-91 (11.22), Zr-92 (17.15), Zr-94 (17.38), Zr-96 (2.80)
単体の性質	銀白色金属，六方晶系			
単体の価格（chemicool）	16 $/100 g		宇宙の相対原子数 ($Si = 10^6$)	55
価電子配置	$[Kr]4d^25s^2$		宇宙での質量比（ppb）	50
原子量（IUPAC 2009）	91.224(2)		太陽の相対原子数 ($Si = 10^6$)	11.33
原子半径（pm）	160			
イオン半径（pm）	87			
共有結合半径（pm）	143		土壌	35〜500 ppm
電気陰性度			大気中含量	痕跡量
Pauling	1.33		体内存在量（成人 70 kg）	1 mg
Mulliken	—		空気中での安定性	常温では表面に酸化被膜を形成．粉末状態では発火．高温では ZrO_2 を生成
Allred	1.22			
Sanderson	—			
Pearson（eV）	3.64			
密度（g/L）	6,506（固体）		水との反応性	反応しない
融点（℃）	1,852		他の気体との反応性	ハロゲンとの反応では ZrX_4 を生成
沸点（℃）	4,380			
存在比（ppm）			酸，アルカリ水溶液などとの反応性	無機酸やアルカリ水溶液とはほとんど反応しない．王水，フッ化水素酸には可溶
地殻	190			
海水	9.0×10^{-6}			
			酸化物	ZrO_2
			塩化物	$ZrCl_4$
			硫化物	—
			酸化数	+4（他）

英 zirconium　独 Zirkonium　佛 zirconium　伊 zirconio　西 circonio　葡 zirconio　希 ζιρκονιο (zirkonio)　羅 zirconium　エスペ zirkonio　露 циркoний (cyrkonij)　アラビ زركونيوم (zarkūniyūm)　ペルシ زیرکونیوم (zirkoniyam)　ウルド ― (zirkoniyam)　ヘブラ זירקוניום (zirkonium)　スワヒ zirikoni　チェコ zirkonium　スロヴ zirkonium　デンマ zirconium　オラン zirconium　クロア cirkonij　ハンガ cirkónium　ノルウ zirkonium　ポーラ cyrkon　フィン zirkonium　スウェ zirkonium　トルコ zirkonyum　華 鋯，锆　韓・朝 지르코늄　インドネ zirkonium　マレイ zirkonium　タイ เซอร์โคเนียม　ヒンデ जर्कोनियम (jikoniyam)　サンス ―

原子炉材料

ジルコニウムは，中性子吸収断面積が小さいという特徴があるのであるが，これと同族で一つ下の周期のハフニウムは，逆に中性子の大食らい核種がたくさんある．そのために，ジルカロイ（微量の鉄やスズ，ニッケルクロムなどを含む合金）の形での原子炉材料（主に核燃料を充填して一次冷却材（沸騰水や加圧水など）の中に浸すための被覆材に用いる）としては，ハフニウムをできるだけ除去した純粋なジルコニウムが必要となる．これは「試薬用」よりもはるかに高価で，ハフニウム含量が5,000 ppm 以下というきちんとした規格があり，もちろんこれが低いほど価格も高くなる．ハフニウム含量が 500 ppm 以下であることが，通常の場合には要求される．

ジルコニウムとハフニウムとの相互分離は，以前はたいへん難しいテーマであった．ジルコニウムの原鉱石中には必ずといってよいほどハフニウムが含まれていて，その量はときには数％から数十％にも及ぶ．これはハフニウムの発見者のコスターとヘヴェシーが，各地産のジルコン（$ZrSiO_4$）を精査していて発見したことでもある．現在ではフッ化物系の錯形成を利用し，イオン交換法や向流分配法を活用して分離精製を行っている．現在の金属ジルコニウムの用途のほとんどは，原子炉材料である．

ニューセラミックス

一方，「白い包丁」などとしてニューセラミックスブームの筆頭を占めた「キュービックジルコニア」は，単結晶にするとダイヤモンドのような輝きをもつ透明な美しい結晶で，イミテーションダイヤモンドとしても使われる．しかし，この立方晶系型のジルコニアは実は常温では不安定形であり，1,400℃ 以上ではじめて安定となる．ジルコニア（二酸化ジルコニウム）は天然にはバッデレイ石として産出するが，これは単斜晶系のものでしかない．マグネシウムやイットリウムを不純物として含むものは，立方晶系型の安定領域が広くなる．現在のイミテーションダイヤモンドや白い包丁などに用いられるキュービックジルコニアは，酸化イットリウムを添加して製造されている．なお，燃料電池用の固体電解質として用いられるのも，このイットリウム添加のジルコニアである．

ジルコニウムの塩類（主としてオキシ塩化ジルコニウム（別名を塩化ジルコニルともいう，$ZrOCl_2$）は，以前からウルシやツタウルシ（poison ivy）の樹液にかぶれた場合の対症薬として塗布剤に用いられた．おそらくはウルシオールなどのテルペンアルコールと結合して，丈夫な錯体をつくることで，かぶれをとめることになるのであろう．つまり，ウルシの成分となじみがよいのである．そのためかどうかはわからないが，酸化ジルコニウムを顔料として混合することで，昔であればとうてい無理とされてきた白色の漆を調製することも可能となった．漆器に使える顔料は，ウルシオールと反応して色調が変化するようなものは使えないので，油絵具や岩絵具などよりも制限は厳しい．赤は硫化水銀（銀朱），黄色は硫化ヒ素（石黄）などの堅牢なものが用いられたが，白色顔料の鉛白（塩基性炭酸鉛）や胡粉（炭酸カルシウム），亜鉛華などはみな反応して変色し，白色が消えてしまうので使えなかったのである（そのために，どうしても白色の彩色が必要となった場合には，卵の殻を接着する手法を

用いるしかなかった).

フラッシュライト

　金属ジルコニウムの箔は，酸素と急速に反応して明るい光を放って燃える．これは，たとえば「プリントゴッコ」などの原版を作成するための感光用の光源として用いられていた．その昔であれば，フラッシュライトと同じく金属マグネシウムを燃焼させていたのであるが，金属ジルコニウムの方が感光させるには好適な波長分布をもっているらしい．

ニオブ Nb

発見年代：1801 年　　発見者（単離者）：C. Hatchett

原子番号	41	天然に存在する同位体と存在比	Nb-93（100）
単体の性質	灰白色金属，体心立方	宇宙の相対原子数（Si =10⁶）	1
単体の価格（chemicool）	18 $/100 g	宇宙での質量比（ppb）	—
価電子配置	[Kr]4d⁴5s¹		
原子量（IUPAC 2009）	92.90638(2)	太陽の相対原子数（Si =10⁶）	0.7554
原子半径（pm）	142.9		
イオン半径（pm）	74（Nb⁴⁺），69（Nb⁵⁺）	土壌	24（0.1～200）ppm
		大気中含量	事実上皆無
共有結合半径（pm）	134	体内存在量（成人 70 kg）	1.5 mg
電気陰性度		空気中での安定性	常温では表面に酸化被膜を形成．高温では酸化される
Pauling	1.60		
Mulliken	—	水との反応性	反応しない
Allred	1.23	他の気体との反応性	Cl₂ とは 200℃ 以上で反応し NbCl₅ を生成．N₂ とは 1,000℃ 以上で窒化物を生成
Sanderson	—		
Pearson（eV）	4.00		
密度（g/L）	8,570（固体）	酸，アルカリ水溶液などとの反応性	フッ化水素酸には可溶（[NbF₇]²⁻ をつくる）
融点（℃）	2,468		
沸点（℃）	4,930	酸化物	Nb₂O₅
存在比（ppm）		塩化物	NbCl₃，NbCl₅
地殻	20	硫化物	—
海水	9.0×10⁻⁷	酸化数	+5，+4，+3（他）

英 niobium (columbium)　独 Niob　佛 niobium　伊 niobio　西 niobio　葡 niobio　希 νιοβιο (niovio)　羅 niobium　エスペ niobo　露 ниобий (niobij)　アラビ نيوبيوم (niyūbiyūm)　ペルシ نیوبیوم (niobiyam)　ウルド — (niobiyam)　ヘブラ ניאוביום (niobium)　スワヒ niobi　チェコ niob　スロヴ niób　デンマ niobium　オラン niobium　クロア niobij　ハンガ nióbium　ノルウ niob　ポーラ niob　フィン niobium　スウェ niob　トルコ niobyum　華 鈮，鈮　韓・朝 나이오븀　インドネ niobium　マレイ niobium　タイ ไนโอเบียม　ヒンデ नायोबियम (naayaubiyam)　サンス —

低溶解度の化合物

　この元素名は，ギリシャ神話のタンタロス王の王女のニオベーに由来する．ニオベーはテーバイの王子アムピーオーンの妃で多数の子供（12人とも30人ともいわれるが，神話の世界だから数は単に「多い」ことを意味するだけであろう）に恵まれていた．あるときレートーと子供の自慢話をしていて，うっかり子の数を誇った（レートーにはアポローンとアルテミスの2人しかいない）ばかりに，男の子はアポローンに，女の子はアルテミスにすべて射殺され，悲嘆のあまり泣き続けて石になったといわれる．タンタル（こちらは渇しても水が飲めないという罰を科されたタンタロス王に由来する）と同様に，ほとんどの化合物は水に溶けないという特徴をよく表している．

超伝導体材料

　レアメタル元素の一つでもあるニオブが身近となったのは，やはり実用となる超伝導合金の材料になることからである．ニオブとスズ，あるいはニオブとゲルマニウムの超伝導合金は，それぞれNb_3Sn，Nb_3Geに対応する組成のものであるが，加工の容易さと臨界温度の高さなどを考慮すると，前者の方が広く使用されている．最近普及した医療診断用のMRI（磁気共鳴映像法）などに用いる高磁場発生用のコイルには欠かせない．現在は，Nb-Al系やNb-Ti系などの他の組成の合金もいろいろと試みられているが，最大電流密度と装置の製造や線材の加工上の諸問題などのために，実用化されている超伝導マグネットの大部分はNb_3Snを使っている（そのとばっちりで，冷媒用のヘリウム資源が枯渇に瀕しているというレポートもあった．一時期は軍事機密物資（飛行船用）であったために，米国は密かに大量に貯蔵していたのであるが，最近になって保管コストが上がりすぎたために，市場に比較的廉価に放出して販売を行うようになったのである）．

　Nb_3Snで高磁場用のコイルをつくるための線材の製作によく用いられる「ブロンズ法」は，銅-スズ合金であるブロンズ（青銅）を母材として，その中に棒状のニオブ金属を埋め込み，熱処理（650℃，200時間）をして棒の長手方向に延伸する．これはまさに「金太郎飴」をつくる方法とそっくりである．境界面で原子の拡散が起きることを利用して，Nb_3Snをつくることになる．こうしてつくった超伝導合金のコイルのまわりは金属銅で囲まれることになるが，最初に常温でコイルに電流を流すと，電気抵抗が小さい銅の方に流れる．これを液体ヘリウムで冷却すると，超伝導状態になったNb_3Snの線材の方に電流が移動して，極低温である限りはいつまでも流れることになる．

強誘電体

　ニオブを含むもう一つの重要な化合物としては，誘電体のニオブ酸リチウム（$LiNbO_3$）があげられる．工業界ではよく"LN"と略して呼ばれることもある．

　優れた強誘電体性（1,140℃まで，それ以上高温になると常誘電体となる）を示すので，まずコンデンサー用の誘電物質として利用されたが，最近では巨大な単結晶の作成が可能となったので，テレビの周波数フィルターや光通信用の変調器（モジュレーター），Qスイッチや光アクチュエーターなどはすでに実用化されているが，将来における用途はもっと広がることが期待できる．

メンデレーエフの子孫が日本に？

　メンデレーエフは二度結婚している．姉さん女房（六歳年上）の先妻フェオードヴァとの間に一男二女，後妻は逆にずいぶん年若の（結婚時はまだ女子大生であった）女性アンナ・イヴァノーヴナで，こちらとの間に二男二女を儲けた．

　当時のロシアのキリスト教会（ギリシャ正教）は，離婚後も七年間は男性に再婚を許可しなかった．そのためにメンデレーエフは先妻と離婚後，新しいフィアンセとローマに駆け落ちし，その地で司祭を買収して結婚式を挙げ，後に皇帝のアレクサンドル二世に（事後承諾の形で）特別許可を賜って正式の夫婦となったという．（シルヴィア・タッシャー「クイズ・化学の世界」（拙訳，裳華房））

　長男であったウラディーミルは1865年の生まれで，海軍兵学校を卒業後海軍士官となり，ロマノフ王朝の最後の皇帝のニコライ二世がまだ皇太子であったころ，1891年（明治24年）に当時の浦塩（ヴラディ＝ヴォストーク（Vladivostok，いまでも気象通報などでは「ウラジオ」といっている））で行われるシベリア鉄道の起工式に出席するための黒海艦隊の旗艦（戦艦のアゾフ記念号．これが皇太子のお召艦であった）の乗員として日本にやってきた．ニコライ皇太子は大津で巡査の津田三蔵に襲われ（いわゆる「大津事件」である）顔面などに大怪我をされたが，その後神戸から浦塩に向かい，起工式に臨席の後，陸路でモスクワへ戻られた．

　東京工業大学の科学史専攻の梶　雅範教授は，メンデレーエフの伝記や業績などを以前から研究されているが，わざわざロシアまでお出でになって，この件についてもかなり詳しく調査された．東洋書店から刊行の「メンデレーエフ—元素の周期律の発見者」という御著書の中に，ほかのメンデレーエフの伝記や業績などとともに，このウラディーミルについての記事も一章としてまとめられている．以下の記載もおおむねこの書物に依っている．

　ウラディーミルは写真を得意とし，大津事件直後の現場などの記録写真を撮影した記録もある．ただし実物は残っていないようである．この戦艦アゾフ記念号は，以後も長崎を滞泊港として一年有余もの間，西太平洋地域を巡航していた．その間にウラディーミルは長崎で日本人女性（秀島タカといった）との間に一女を儲けたという記録があり，写真も残されている．この娘は明治26年（1893）に生まれたらしく「おフジ」という名であった．ウラディーミルはその後ロシアに戻ったが，まもなく重いインフルエンザにかかって1898年の暮れに若くして世を去ってしまった．

　メンデレーエフは以後も1906年に没するまで孫娘の養育料を送り続けたらしいのだが，この母子の消息はやがて途絶えてしまった．ウラディーミルのすぐ下の妹オリガの回想録では，おそらくは大正の末の大震災に遭遇して二人とも亡くなったのだろうと記されているようだが，これは長崎と東京の距離を考えるとちょっと信じがたい．それに大震災のあった大正12年（1933）には，この「おフジ」も三十歳である．明治生まれの日本女性が三十にもなって未婚という可能性は極めて低いから，彼女も

健在だったならそれより以前にだれかと結婚して子供を産んだと思われる．日本のどこかにその子孫が生き残っていてもふしぎはないだろう．長寿国家の日本のことだから，ひょっとしたら，この「おフジ」を母親とする方々（つまりメンデレーエフの曾孫に当たる）がまだどこかにご存命かも知れない．

　この梶教授の御著書は，東洋書店の「ユーラシアブックレット」という膨大なシリーズの一つなので，大書店に行っても化学や科学史分野の書棚にはならんでいないが，いろいろと貴重な情報を含んでいる．なお「成文社」のホームページ（下記）の「リレーエッセイ」で，このメンデレーエフの子孫に関するほぼ同じ内容の記事を参照することも可能である．秀島タカとおフジ母子の写真も掲載されている．
www.seibunsha.net/essay/essay18.htm/

モリブデン Mo

発見年代：1781 年　　発見者（単離者）：P. J. Hjelm

原子番号	42
単体の性質	銀白色金属，体心立方
単体の価格（chemicool）	11 $/100 g
価電子配置	$[Kr]4d^5 5s^1$
原子量（IUPAC 2009）	95.96(2)
原子半径（pm）	136.2
イオン半径（pm）	92（Mo^{2+}），62（Mo^{6+}）
共有結合半径（pm）	129
電気陰性度	
Pauling	2.16
Mulliken	—
Allred	1.50
Sanderson	—
Pearson（eV）	3.90
密度（g/L）	10,220（固体）
融点（℃）	2,620
沸点（℃）	4,610
存在比（ppm）	
地殻	1.5
海水	0.01

天然に存在する同位体と存在比	Mo-92 (14.77), Mo-94 (9.23), Mo-95 (15.90), Mo-96 (16.68), Mo-97 (9.56), Mo-98 (24.19), Mo-100 (9.67)
宇宙の相対原子数（$Si = 10^6$）	2.4
宇宙での質量比（ppb）	5
太陽の相対原子数（$Si = 10^6$）	2.601
土壌	2（0.1〜18）ppm
大気中含量	痕跡量
体内存在量（成人 70 kg）	5 mg
空気中での安定性	常温で反応せず．高温で MoO_3 を生成
水との反応性	反応しない
他の気体との反応性	F_2 との反応では MoF_6 を生成．Cl_2 とは 300℃ 以上で $MoCl_5$ を生成．Br_2 とは 600℃ 以上で $MoBr_4$ を生成
酸，アルカリ水溶液などとの反応性	塩酸，希硫酸，フッ化水素酸とは反応せず．濃硝酸には不働態
酸化物	MoO_3
塩化物	$MoCl_5$
硫化物	MoS_2
酸化数	+6, +5, +4, +3, +2（他）

英 molybdenum　独 Molybdaen　佛 molybdène　伊 molibdeno　西 molibdeno　葡 mobibdenio　希 μολυβδαινιο (molivdenio)　羅 molybdenum　エスペ molibdeno　露 молибден (molibden)　アラビ موليبدنم (mūlībdīnūm)　ペルシ مولیبدن (molibden)　ウルド — (molibden)　ヘブラ מוליבדן　スワヒ molibdeni　チェコ molybden　スロヴ molybdén　デンマ molybdæn　オラン molybdeeni　クロア molibden　ハンガ molibdén　ノルウ molybden　ポーラ molibden　フィン molybdeeni　スウェ molybden　トルコ molibden　華 鉬，钼　韓・朝 몰리브데넘　インデネ molybdenum　マレイ molibdenum　タイ ไมลิบดีนัม　ヒンデ मोलिब्डेनम (molibdenam)　サンス —

合金材料

鉄鋼（モリブデン鋼）など合金材料に広く用いられていることはよく知られているが，もう一つの重要な用途としては潤滑剤（摩擦調節剤）がある．高温条件下では，以前から二硫化モリブデン（MoS_2）が多用されてきた．二硫化モリブデンは天然には輝水鉛鉱として産するが，層状の結晶構造をもっていて，グラファイトなどと同じようにへき開するので滑りやすく，高温においても比較的安定なのである．エンジンオイルなどに添加して用いるのであるが，これ自体は油溶性がないので，微粒子化して油中に分散させることが必要となる．なお，「水鉛」というのはモリブデンの古名である．

潤滑剤

現在よく「有機モリブデン」潤滑剤という名で呼ばれて広く使用されているものは，実は化学の方でいう有機モリブデン化合物（モリブデンカルボニルなどのようにMo-C結合を含むもの）ではなくて，モリブデンの有機酸錯体である．比較的古くから用いられたものは，ジエチルジチオリン酸とモリブデンの化合物（Mo-DTP）であるが，これはどうも純粋な化合物ではなくて，三酸化モリブデンを水硫化ナトリウム（NaHS）で処理した後，ジエチルジチオリン酸ナトリウムと反応させて得られる，いくつかの錯体の混合物をさしていたようである．これはエンジンオイルには可溶なので，分散処理は不必要である．高温では一部が分解して二硫化モリブデンを生成し，これが優れた潤滑作用の本体となる．ところが，このMo-DTP化合物中に含まれるリン分は，高温条件下ではシリンダーなどの金属部分と反応したり，排気ガス処理用の触媒に阻害作用を示したりする場合が少なくないので，別の化合物が探索された結果，Mo-DTCなどと呼ばれるジアルキルジチオカルバミン酸のモリブデン錯体が注目されるようになった．

これは複核の$(MoO)_2S_2(R_2NCS_2)_2$のような組成であり，アルキル基Rの炭素数によって溶解性を変えることができる．通常はブチルからオクチル基を含むものが使用されているようである．二硫化モリブデンを分散させて使用する場合には，ユーザーがとかく量を使いすぎる傾向があり，そのために固体粒子を放出して環境汚染を起こす可能性もあるのであるが，これらの油溶性の「有機モリブデン潤滑剤」であれば，分解の結果，少量だけ生じる二硫化モリブデンがすれ合う表面上に薄い被膜を形成し，きわめて有効にはたらくので，環境負荷も格段に小さくなるという長所が期待されている．

日本刀と剃刀

なお，あちこちに引用されているのであるが，鎌倉時代の名刀工相模入道正宗の鍛えた刀の中に，モリブデンを含むものがあるという．これは今世紀のはじめ頃にドイツ人が日本で買い集めた刀剣類について，その切れ味の良さの秘密を探ろうとして分析を行った結果，ある刀だけにモリブデンが含まれていたという報告がなされたのがもとらしい．当時の刀剣の原料は，砂鉄を精錬してできた玉鋼であったから，もとは河川の堆積物（重砂）で，この中に同じように比重の大きな黒い鉱物として，輝水鉛鉱がたまたま含まれていたのであろう．なお，この研究結果を生かしてつくられたのがジレット社の剃刀であるという記事もあったが，このあたりはどうも信憑性があ

るとはいえそうにない.

　宮澤賢治の名作『風の又三郎』の中にモリブデン鉱山の話が出てくる．モリブデンの資源鉱石はほとんどが輝水鉛鉱（MoS_2）であるが，このほかに黄鉛鉱（$PbMoO_4$）がある．このどちらも国内各所に産するが，埋蔵量は多くはなく，採算が合いそうなところは以前でも珍しかった．したがって，この中でも「開発は延期」ということで終わっている．

テクネチウム Tc

発見年代：1937 年　　発見者（単離者）：E. Segré and C. Perrier

原子番号	43	天然に存在する同位体と存在比	—
単体の性質	銀灰色金属，六方晶系	宇宙の相対原子数（$Si = 10^6$）	—
単体の価格（chemicool）	—	宇宙での質量比（ppb）	—
価電子配置	$[Kr]4d^55s^2$	太陽の相対原子数（$Si = 10^6$）	—
原子量（IUPAC 2009）	—		
原子半径（pm）	135.8		
イオン半径（pm）	95（Tc^{2+}），72（Tc^{4+}），56（Tc^{7+}）	土壌	天然には存在しない
		大気中含量	天然には存在しない
共有結合半径（pm）	147	体内存在量（成人 70 kg）	天然には存在しない
電気陰性度		空気中での安定性	乾燥空気中では安定．湿った空気中では徐々に表面に酸化被膜を形成
Pauling	1.90		
Mulliken	—	水との反応性	反応しない
Allred	1.36		
Sanderson	—	他の気体との反応性	F_2 との反応では TcF_6 を，Cl_2 とは $TcCl_4$ を生成
Pearson（eV）	3.91		
密度（g/L）	11,500（固体）	酸，アルカリ水溶液などとの反応性	HF，HCl には不溶
融点（℃）	2,172		
沸点（℃）	4,880	酸化物	Tc_2O_7
存在比（ppm）		塩化物	$TcCl_4$
地殻	ウラン鉱物中に痕跡量	硫化物	Tc_2S_7
海水	痕跡量（＜検出限界）	酸化数	+7，+5，+4，+2（他）

英 technetium　独 Technetium　佛 technétium　伊 tecnezio（tecneto）　西 tecnecio　葡 tecnecio　希 τεχνητιο（technetio）　羅 technetium　エスペ teknecio　露 технеций（tehnecij）　アラビ تكنيتيوم（tiknītiyūm）　ペルシ تکنسیوم（teknesiyam）　ウルド ― （teknesiyam）　ヘブラ טכנציום（technetium）　スワヒ tekineti　チェコ technecium　スロヴ technécium　デンマ technetium　オラン technetium　クロア tehnecij　ハンガ technécium　ノルウ technetium　ポーラ technet　フィン teknetium　スウェ teknetium　トルコ teknetyum　華 鎝，锝　韓・朝 테크네튬　インドネ teknesium　マレイ teknetium　タイ เทคนีเชียม　ヒンデ टेक्नीशियम（tekinisiyam）　サンス ―

原子力時代以前の研究

　原子番号 43 の元素，つまりエカマンガンは，1937 年にドイツのノダック夫妻が発見したとして，「マズリウム」という名称を与えて報告している．これは彼らが発見した二つの新元素（43 番元素と 75 番元素）に，当時のドイツ東端のマズリア（現在ではポーランド領でマズールという．舞曲の「マズルカ」はこの地方の郷土舞踊である）と，西端のライン川に基づいた命名をしたからである．つまり，「マズリウム」と「レニウム」にほかならない．ところが，その後このマズリウムの発見はどうも誤りであったということになって，「マズリウム」という元素名はほとんどの文献からは消えてしまった．43 番元素には安定核種が存在しないので，「検出した」という報告は誤認であったのだろうということである．

　ところが最近になって，ノダック夫妻が行った実験の追試が行われた．ロスアラモス国立研究所のデヴィッド・カーティスが，カナダ産のウラン鉱を試料として，U-235 の自発核分裂によって生じる生成物の精査を行ったのである．その結果として，1 kg のウラン（天然ウラン）の中で自然に生成するテクネチウムは，1 ng 程度であると推定した．ノダック夫妻はコルンブ石を試料としたのであるが，この中には十数 % のウランが含まれる．当時用いられた X 線による分析法は，この程度のものの検出が十分に可能であったはずであるから，おそらくは彼らの検出は正しかったのであろうという結論になる．

　一方，わが国では小川正孝博士（後に東北帝国大学総長となった）が，1908 年にセイロン産の方トリウム石（ThO_2）から，それまでは未知の新しい発光スペクトル線を見出し，いろいろな傍証からこれが 43 番元素であると考えて，「ニッポニウム」と命名した．小川博士はラムゼイのもとに留学したこともあって，恩師にこの結果の確認を求め，たしかに新元素であるという支持をも得たのである．

　ところが，この新元素はなかなか単離できなかった．その後の事情は「レニウム」の項（p.218）に記してあるが，当時の化学的研究手段の限界をはるかに超えた難問題であったことと，現代では大きな顔をしている原子物理学が，化学には全く援助の手をさしのべられなかったことの証明（モーズレイの法則が知られるよりも以前であったから）でもある．ただ，方トリウム石はコルンブ石よりもずっと大量のウランを含むことがままあるので（発光スペクトルは X 線スペクトルに比べると感度は悪いが），小川博士の観測したスペクトルには，本当に 43 番元素のものが含まれていた可能性はある．

　現在では原子炉燃料の再処理で，全世界では年間数トンほどのテクネチウムが得られているが，これといった用途がないので，市場に供給されることもなく蓄積されるばかりである．

宇宙における存在

　もっとも長い半減期のテクネチウム同位体は，質量数 98 のものであるが，半減期は 400 万年で，宇宙の年齢（137 億年）に比べるとはるかに短寿命である．それでもいくつかの赤色巨星のスペクトルに，テクネチウムの存在が認められている．赤色巨星は星の進化の最終段階に近い過程のものであるから，恒星内部での重元素生成（鉄より原子番号の大きな元素がつくられてい

る) を証明しているものだといえる.

現在では診断用 (γ線シンチグラフィー) の試薬として, 準安定状態の Tc-99m (^{99m}Tc, 半減期 6 時間) が用いられている. これは核分裂生成物中にもあるが, 診断用試薬としてはモリブデンに中性子を照射して, Mo-98 から β 放射体の Mo-99 をつくらせる. これは半減期 67 時間で壊変して Tc-99m となるので, こちらを利用する. この準安定核種は γ 線を放出して Tc-99 (半減期 21.2 万年) になるが, テクネチウム自体は急速に体内から排泄されてしまうので, 以後に問題を残すことはない. といっても, 低濃度ではあるが Tc-99 は環境中に放出されるので, 地球全体に対する放射能負荷の増大には一役買っていることになる.

ルテニウム Ru

発見年代：1807/1825 年　発見者（単離者）：Sniadezki/G. W. Osann and K. K. Klaus

原子番号	44
単体の性質	銀白色金属，六方晶系
単体の価格（chemicool）	1,400 $/100 g
価電子配置	$[Kr]4d^7 5s^1$
原子量（IUPAC 2009）	101.07(2)
原子半径（pm）	134
イオン半径（pm）	77（Ru^{3+}），65（Ru^{4+}），54（Ru^{8+}）
共有結合半径（pm）	124
電気陰性度	
Pauling	2.20
Mulliken	—
Allred	1.42
Sanderson	—
Pearson（eV）	4.50
密度（g/L）	12,410（固体）
融点（℃）	2,310
沸点（℃）	3,900
存在比（ppm）	
地殻	0.001
海水	痕跡量（＜検出限界）
天然に存在する同位体と存在比	Ru-96（5.54），Ru-98（1.87），Ru-99（12.76），Ru-100（12.60），Ru-101（17.06），Ru-102（31.55），Ru-104（18.62）
宇宙の相対原子数（Si = 10^6）	1.5
宇宙での質量比（ppb）	5
太陽の相対原子数（Si = 10^6）	1.9
土壌	0.5〜30 ppb
大気中含量	事実上皆無
体内存在量（成人 70 kg）	報告なし．ごく微量
空気中での安定性	常温では安定．700℃ 以上で酸化され RuO_2 を生成
水との反応性	反応しない
他の気体との反応性	F_2 とは 300℃ 以上で反応し RuF_5 を生成．Cl_2，Br_2 とも高温で反応し RuX_3 を生成
酸，アルカリ水溶液などとの反応性	王水には徐々に溶解
酸化物	RuO，Ru_2O_3，RuO_4
塩化物	$RuCl_2$，$RuCl_3$
硫化物	RuS
酸化数	+8，+7，+5，+4，+3，+2（他）

英 ruthenium　独 Ruthenium　佛 ruthénium　伊 rutenio　西 rutenio　葡 rutenio　希 ρουθηνιο (routhenio)　羅 ruthenium　エスペ rutenio　露 рутений (rutenij)　アラビ روذنيوم (rūthīniyūm)　ペルシ روتنیم (ruteniyam)　ウルド — (ruteniyam)　ヘブラ רותניום (ruthenium)　スワヒ rutheni　チェコ ruthenium　スロヴ ruténium　デンマ ruthenium　オラン ruthenium　クロア rutenij　ハンガ ruténium　ノルウ ruthenium　ポーラ rutenium　フィン rutenium　スウェ rutenium　トルコ rutenyum　華 釕，钌　韓・朝 루테늄　インドネ rutenium　マレイ rutenium　タイ รูทีเนียม　ヒンデ रुथेनियम (rutheniyam)　サンス —

触媒としての用途

ルテニウム錯体は野依良治先生が不斉合成用触媒として使われた結果、内外ともに一躍有名になったけれども、白金属元素の単体や化合物（錯体）には、著しい触媒活性をもつものが少なくない。また鮮やかな蛍光を発するものもあり、光化学触媒反応への応用もいろいろと試みられている。白金属元素の中では、比較的産出量が多い部類に属する。

自然ルテニウム

わが国でも北海道でその昔、砂金や砂白金鉱が採取され、特に自然白金は、一時期は輸出できるほどの産出量があったことはご存じの方も多いであろう。白金属元素は相互に随伴して（合金の形で）産出することが多いのであるが、その中で珍しいものとして、世界最初に報告された自然ルテニウムがある。これは空知支庁の幌加内町に産出したもので、かなり前に廃線となってしまった深名線（深川と名寄とを結び、全長100 km以上もあり、以前は重要な国鉄線であった）の沿線にある、雨竜川の河床から採取されたものである。1977年に、鹿児島大学理学部地学科の浦島幸世博士によって報告された。この深名線の沿線は、冬季には積雪も多く、また北海道随一の酷寒地（-41.2℃の観測記録がある。これは日本の最低気温の記録でもある）でもあり、北海道大学の低温研究所の分室や演習林もある。

この自然ルテニウムは小さな板状結晶（35×7 μm）として産出したもので、EPMA（電子線プローブマイクロアナライザー）によって求められた組成は、重量百分率で表すと

Ru：61.77、Rh：6.75、Pd：0.47

Os：5.14、Ir：14.19、Pt：8.71、Fe：0.20

であった。原子数にすると、80％ほどがルテニウムである計算となる。同じような自然ルテニウムは、後に米国のカリフォルニアでも産出が報告されているが、こちらはもっと大きなサイズではあるものの、ルテニウム含量は半分以下の42.64％であっ

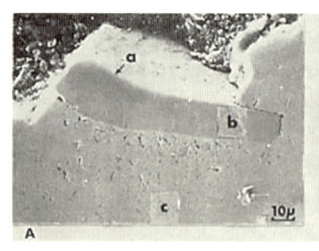

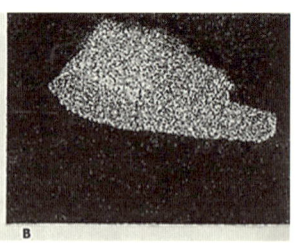

図1　自然ルテニウム Ru（産地：北海道空知支庁幌加内町、砂金地）
A：(a) 自然ルテニウム、(b) ルテノイリドスミン、(c) 白金。
B：特性X線（RuLα）によるイメージ。
1977年、鹿児島大学浦島幸世博士らにより幌加内産の白金粒中より発見さた元素鉱物である。35×7 μmの板状結晶として産出したと記されているが、浦島博士らの論文から引用した写真のX線イメージでは、正方形に写っている。EPMA による化学組成は Ru＝61.77 wt%、Ir＝14.19、Pt＝8.71、Rh＝6.75、Os＝5.14、Pd＝0.47、Fe＝0.20、組成式は $Ru_{1.48}Ir_{0.18}Pt_{0.11}RhOs_{0.06}Pd_{0.01}Fe_{0.01}$、全金属分＝2。

たという.

　浦島博士は，世界的な鉱物標本を所有する櫻井欽一博士（「インジウム」の項 (p. 151) を参照されたい）から，北海道幌加内産の砂白金5粒を研究用試料として提供を受けた．その研磨片を作成し EPMA で分析を試みたところ，そのうちの1試料からオスミウム-イリジウム-ルテニウムの3成分系で，その中にルテニウムが80原子％を超える，ルテニウムに非常に富む部分があることを発見し，自然ルテニウムとして国際鉱物学連合の新鉱物・鉱物名委員会に申請し認可された．論文は日本鉱物学会の *Mineralogical Journal* に 1974年に掲載されたのである．いろいろな元素の鉱物は数多く知られているが，珍しい元素を主成分として含むユニークな鉱物というのは例が少ない．まして元素鉱物となると，報告例はもっと珍しくなる．この自然ルテニウムは，国立科学博物館の松原 聰博士によって2000年にパラ輝砒鉱 (paraarsenolamprite) が発見されるまでの長い間，日本から発見された唯一の元素鉱物に属する新鉱物であった．

[参考文献]
Y. Urashima, *et al.*, Ruthenium, a new mineral from Horokanai, Hokkaido, Japan. *Mineralogical Journal*, 7, 438-444 (1974).

ロジウム Rh

発見年代：1803 年　　発見者（単離者）：W. H. Wollaston

原子番号	45	天然に存在する同位体と存在比	Rh-103（100）
単体の性質	銀白色金属，六方晶系	宇宙の相対原子数（Si＝10^6）	0.2
単体の価格（chemicool）	13,000 \$/100 g	宇宙での質量比（ppb）	0.6
価電子配置	［Kr］$4d^8 5s^1$	太陽の相対原子数（Si＝10^6）	0.3708
原子量（IUPAC 2009）	102.90550(2)	土壌	報告なし．ごく微量
原子半径（pm） イオン半径（pm）	134.5 86（Rh^{2+}）， 75（Rh^{3+}）， 67（Rh^{4+}）	大気中含量	事実上皆無
		体内存在量（成人 70 kg）	報告なし．ごく微量
共有結合半径（pm）	125	空気中での安定性	常温の乾燥空気中では安定．高温では徐々に酸化されて Rh_2O_3 を生成するが，さらに高温では分解して金属 Rh に戻る
電気陰性度 　Pauling 　Mulliken 　Allred 　Sanderson 　Pearson（eV）	 2.28 — 1.45 — 4.30	水との反応性	反応しない
		他の気体との反応性	Cl_2，Br_2 との反応では RhX_3 を生成
密度（g/L）	12.410（固体）	酸，アルカリ水溶液などとの反応性	王水や熱濃硫酸には溶解
融点（℃）	1,963		
沸点（℃）	3,700	酸化物 塩化物 硫化物	Rh_2O_3 RhCl，$RhCl_3$ —
存在比（ppm） 　地殻 　海水	 $2.0×10^{-4}$ 痕跡量（＜検出限界）	酸化数	＋4，＋3，＋2，＋1（他）

英 rhodium　独 Rhodium　佛 rhodium　伊 rodio　西 rodio　葡 rodio　希 ροδιο（rodio）　羅 rhodium　エスペ rodio　露 родий（rodij）　アラビ روديوم（rūdiyūm）　ペルシ روديوم（rodiyam）　ウルド — (rodiyam)　ヘブラ רודיום（rodium）　スワヒ rodi　チェコ rhodium　スロヴ ródium　デンマ rhodium　オラン rhodium　クロア rodij　ハンガ ródium　ノルウ rhodium　ポーラ rodium　フィン rodium　スウェ rodium　トルコ rodyum　華 銠，铑　韓・朝 로듐　インドネ rodium　マレイ rodium　タイ โรเดียม　ヒンデ रोडियम（rodiyam）　サンス —

身近な用途

ギリシャ語のバラ色 "ρηοδος (rhodos)" に基づいた元素名である。Rh(III) の化合物は Co(III) の化合物と等電子的であるから、長いこと古典的な錯体化学者の研究対象でもあった。$[RhCl_6]^{3-}$ などは、本当にきれいなバラ色の塩をつくる。

現在におけるロジウムの最大の用途は、自動車の排気ガスの触媒コンバーター用である。これは、排気中の窒素酸化物（いわゆる「ノックス」、NOX）を大幅に減少させる、きわめて優れた性能をもっている。貴重な金属であるので、廃車となった車からは回収されるが、その量は全世界合わせてもまだ2トン/年ほどである。

以前からよく用いられてきたのは電気接点や熱電対などであるが、こちらに使われる量は、いまの触媒コンバーターに比べるとずっと少ない。それでも 1,400～1,500℃ まで使える熱電対としては、白金-白金ロジウムの熱電対がいまのところもっとも普遍的に用いられている。通常は、白金に 13% のロジウムを含む合金と白金の対 [Pt/13% Rh)/Pt] が 1,400℃ まで使用可能なのでよく用いられるが、ほかには [(Pt/10% Rh)/Pt] の対や、[(Pt/30% Rh)/(Pt/6% Rh)] の対が用いられることもある。3番目のものは、最高 1,500℃ まで使用可能とされている。

表面処理

このほかに案外身近であるのに気づかれない用途としては、銀製食器の表面処理がある。ご承知のとおり、銀器は空気中の硫化水素と反応して黒色の硫化銀を生成するため、長年月使用した銀製の食器や銀メッキ食器の表面は例外なく黒ずんだ色調となって、いわゆる「いぶし銀」状態になる。この表面にきわめて薄いロジウムの膜をメッキでつけておくと、もう硫化水素とは反応しなくなるので、黒ずみはみられなくなる。比較的最近の銀製品や銀メッキ食器が、以前つくられたものほどには黒ずまないのはこのためである。ニッケルメッキした表面をさらにロジウムでメッキして、光沢や耐食性を増加させることも行われていて、ピアスなどのアクセサリーに多用されている。ロジウムはアレルギー源となることがほとんどないので、医療用（外科手術用）の機器の表面をロジウム薄膜でコートしたものもつくられていて、よく「サージカルグレード」機器などと呼ばれている。ピアスなどもこれでつくられていれば、ニッケルアレルギーの心配は大幅に減るはずであるが、やはり相応の値さの高級品になってしまうらしい。

ロジウムでつくった鏡面はきわめて薄い膜でも優れた反射能を示すので、サーチライト用の鏡や光ファイバーの外壁など、あまり予想もしない場所に使われていることが多い。

ロジウムはコバルトとは違い Rh(I) の状態も比較的安定であり、多数の化合物が知られている。その中でも「ウィルキンソン触媒」などと呼ばれる $[RhCl(P(C_6H_5)_3)_3]$ は、化学工業界でも広く使われるようになっている。これは、ノーベル賞受賞者のジョフリー・ウィルキンソン（1921-1996）が発明した、不飽和炭化水素（オレフィン系炭化水素）に対する水素添加反応の優秀な触媒であるが、典型的な Rh(I) の化合物である。Rh(I) の錯体は Pd(II) や Pt(II) と等電子的（nd^8）であり、平面正方形タイプのものがほとんどである。

パラジウム Pd

発見年代：1803 年　　発見者（単離者）：W. H. Wollaston

原子番号	46	
単体の性質	銀白色金属，立方晶系	
単体の価格（chemicool）	15 \$/100 g	
価電子配置	$[Kr]4d^{10}$	
原子量（IUPAC 2009）	106.42(1)	
原子半径（pm）	137.6	
イオン半径（pm）	86（Pd^{2+}），64（Pd^{4+}）	
共有結合半径（pm）	128	
電気陰性度		
Pauling	2.20	
Mulliken	—	
Allred	1.35	
Sanderson	—	
Pearson（eV）	4.45	
密度（g/L）	12,020（固体）	
融点（℃）	1,554	
沸点（℃）	2,970	
存在比（ppm）		
地殻	6.0×10^{-4}	
海水	$(1.9 \sim 6.8) \times 10^{-8}$	

天然に存在する同位体と存在比	Pd-102（1.02），Pd-104（11.14），Pd-105（22.33），Pd-106（27.33），Pd-108（26.46），Pd-110（11.72）
宇宙の相対原子数（$Si = 10^6$）	0.7
宇宙での質量比（ppb）	2
太陽の相対原子数（$Si = 10^6$）	1.435
土壌	0.5～30 ppb
大気中含量	事実上皆無
体内存在量（成人 70 kg）	報告なし．ごく微量
空気中での安定性	常温では反応しない
水との反応性	反応しない
他の気体との反応性	H_2 との反応では吸蔵合金をつくる
酸，アルカリ水溶液などとの反応性	濃塩酸には微溶．硝酸，熱濃硫酸，王水には可溶
酸化物	PdO
塩化物	$PdCl_2$
硫化物	PdS
酸化数	+4，+2（他）

英 palladium　独 Palladium　佛 palladium　伊 palladio　西 Paladio　葡 Paladio　希 παλλαδιο（palladio）　羅 palladium　エスペ paladio　露 палладий（palladij）　アラビ بالاديوم（ballādiyūm）　ペルシ پالاديوم（paladiyam）　ウルド — （paladiyam）　ヘブラ פלדיום（palalium）　スワヒ paladi　チェコ palladium　スロヴ paládium　デンマ palladium　オラン palladium　クロア paladij　ハンガ palládium　ノルウ palladium　ポーラ palladium　フィン palladium　スウェ palladium　トルコ palladyum　華 鈀，钯　韓・朝 팔라듐　インドネ paladium　マレイ paladium　タイ แพลเลเดียม　ヒンデ पेलेडियम（paladiyam）　サンス — （rajata）

資源の偏在

　白金族元素の中では比較的多量に産出する元素であるが，いろいろな用途が開発されたために需要が増加し，そのために「先物相場」の対象となるまでになった．最近では，自動車の排気ガス浄化用（触媒転換器）としての用途が拡大し，全世界の需要のおよそ60％がこれで占められている．

　中国では甘粛省に大きなパラジウムの鉱床があったので，2003年頃まではかなりの量を輸出していた．ところがその後，パラジウムの用途が急激に増大したため，一転して輸入国になり，現在では以前に輸出していた量をはるかに上回るほどの量を輸入するようになった．この原因は，宝飾品としての白金の代替としての用途が大部分であるらしく，自動車の排ガス処理用の触媒や化学工業用触媒に向けられる割合は，想定されたほどには多くはないようである．

歯科用合金

　パラジウムのもう一つの重要な用途としては，歯科用の「金パラ」や「銀パラ」と呼ばれる合金類がある．これは以前にもっぱら用いられた，アマルガム系の補綴材料の代わりとして活用されるようになったもので，「金パラ」はAu-Ag-Pd合金で金12％，パラジウム20％，残りが銀の合金である．これを発明したのは，日本のさる歯科の開業医であるということであるが，筆者が調べた限りでは，これ以上詳しいことはわからなかった．

水素吸蔵と触媒作用

　金属パラジウムは，かなり大量の水素を吸蔵する性質がある．この水素は，原子状態となってパラジウム原子の格子の間に入り込む．この性質を利用して，純粋な水素を調製することもある．有機化学合成での水素添加触媒としては，古くから用いられてきた．最近の自動車などでの水素エネルギー利用に際しての水素吸蔵合金として用いるには高価にすぎるし，吸蔵・脱離条件のコントロールが難しいため，チタンやランタンなどの他の金属を用いるシステムが探索されている．

　パラジウム錯体が重要な触媒として関与している，工業化学上重要な反応の一つに，ワッカー合成法がある．これは，エチレンやプロピレンに水付加を行って，アセトアルデヒドやアセトンを製造する方法である．塩化パラジウム（$PdCl_2$）が塩酸溶液中でC＝C二重結合のπ電子と配位結合を生じる性質があることを利用するが，配位した分子が水付加をされると同時に，パラジウムはPd(0)に還元される．これ自体が再びPd(II)に酸化される速度は遅いので，Cu(II)の塩を添加しておき，

$$2Cu(II) + Pd(0) \longrightarrow 2Cu(I) + Pd(II)$$

の反応によって，パラジウムをもとの状態に戻す．Cu(I)の塩酸溶液は，空気中の酸素によって容易に酸化され簡単にCu(II)の状態に戻るので，このサイクルを繰り返して，連続的に不飽和結合への水分子の付加反応が継続されることになる．

常温核融合

　一時期世界的な話題となった「常温核融合」の騒動は，金属パラジウムを電極として，重水（D_2O）を電気分解したときに異常な熱エネルギーの放出が認められたということを，ユタ大学のフライシュマン，ポンズ両教授がプレスリリースを行って公表したことにはじまる．ただ，その後の追試ではどうしても否定的な結果しか得られていない．何か奇妙な現象が起きたことは事

実であろうが，それが「核融合」に起因するという結論を導いたのは，地道な研究者としてはあまりにも性急であったといわざるを得ないであろう．現在では「フライシュマン-ポンズ現象」と呼ばれるようになり，熱心な研究者が世界各地でいろいろと条件を変えながら再検討を行っているらしい．

銀 Ag

発見年代：紀元前50世紀頃　　発見者（単離者）：―

原子番号	47	天然に存在する同位体と存在比	Ag-107（51.839），Ag-109（48.161）
単体の性質	銀白色金属，立方晶系	宇宙の相対原子数（Si = 10^6）	0.3
単体の価格（chemicool）	120 \$/100 g	宇宙での質量比（ppb）	0.6
価電子配置	[Kr]$4d^{10}5s^1$	太陽の相対原子数（Si = 10^6）	0.4913
原子量（IUPAC 2009）	107.8682(2)	土壌	約 0.5 ppm
原子半径（pm）	144.4	大気中含量	痕跡量
イオン半径（pm）	113（Ag^+），89（Ag^{2+}）	体内存在量（成人 70 kg）	2 mg 程度
共有結合半径（pm）	134	空気中での安定性	反応しない
電気陰性度　Pauling	1.93	水との反応性	反応しない
Mulliken	―	他の気体との反応性	H_2, N_2 とは反応しない．高温で O_2 と反応すると Ag_2O_2 を生成
Allred	1.42		
Sanderson	―	酸，アルカリ水溶液などとの反応性	硝酸や熱濃硫酸には可溶
Pearson（eV）	4.44		
密度（g/L）	10,500（固体）	酸化物	Ag_2O, AgO
融点（℃）	961.93	塩化物	$AgCl$
沸点（℃）	2,210	硫化物	Ag_2S
存在比（ppm）　地殻	0.07	酸化数	+3, +2, +1（他）
海水	$(1.0\sim24)\times10^{-7}$		

英 silver　独 Silber　佛 argent　伊 argento　西 plata　葡 prata　希 αργυροσ（argyros）　羅 argentum　エスペ argento　露 серебро（serebro）　アラビ فضة（fiddah）　ペルシ نقره（noghere（silver））　ウルド چاندی（chaandi）　ヘブラ ףסכ（kesef）　スワヒ agenti　チェコ stříbro　スロヴ striebro　デンマ Sølv　オラン zilver　クロア srebro　ハンガ ezüst　ノルウ sølv　ポーラ srebro　フィン hopea　スウェ silver　トルコ gümüş　華 銀　韓・朝 은　インドネ perak　マレイ logam, perak　タイ เงิน　ヒンデ रूप्यम्（chamdi）　サンス रजत

古代における価値

東洋各地では，金よりも銀の方が通貨として流通していた地域が広かった．もっとも明・清時代では，きちんとしたコイン（銀貨）の形ではなく，「馬蹄銀」などと呼ばれるU字形をした銀地金を用いていた．一定重量の貨幣ではないので，商取引に際してはいちいち計量して銅銭と交換するのが常であった．

奈良時代には，有名な秩父の銅（自然銅）の産出よりも前に，対馬で銀が採掘された記録がある．平安時代の11世紀はじめ頃，「刀伊の賊」が対馬や博多あたりに来寇し，暴虐をふるったのもこの銀山の占領が目的であったといわれるし，さらに後の時代の文永・弘安の役（元寇）の折りにも，蒙古や高麗の軍勢が最初に対馬に侵入したのも，やはりこの銀山の確保が主目的であったという．もっとも，この対馬の銀山は，平安時代の末にはすでに採鉱可能な鉱脈を掘りつくしてしまっていて，事実上は廃山同様になっていたのであるが，古くからの豊かな銀山として海外での知名度の高かったことがわかる．佐渡の金山も同時にかなりの量の銀を産出していたのであるが，こちらの採掘がはじまったのはもっと新しい．

18世紀には，オーストリア帝国のハプスブルク王家の，マリア・テレジア女帝の制定になる銀貨のターレル貨幣が貿易決済などに使われるようになり，これが「テレジアン・ターレル」と呼ばれるようになった．米国の「ドル」の語源もここにある．この銀は主にメキシコからきたと思われる．

清代の貿易の決済には，メキシコの銀貨（8レアル貨）がもっぱら用いられたが，当時の茶の輸出の決済に際して用いられた海関両（ハイクワンテール）は，およそ90%ほどの銀を含む貨幣であった．やがて英国が茶の輸入決済資金の調達に苦しみ，インドで産出する阿片（アヘン）を代わりに供給するようになったのが「阿片戦争」の原因でもある．

アフリカ各地では，このテレジアン・ターレルが20世紀中葉（第二次世界大戦以前）においてすら一部において流通していた．ただ，銀の相場は著しく変動するので，銀地金が高価となると鋳つぶされてしまう．米国の1ドル貨幣は，以前は銀貨であったが，いまはマンガン黄銅製に変わっている．もっとも，これは黄金色なので，大半は死蔵されているらしくめったにみかけることはない．

機密利用

第二次世界大戦における原子爆弾の製造プロジェクト（マンハッタンプロジェクト）では，諸設備の電気配線に著しい量の銅線が必要となることがわかり，これほどの量の銅地金を政府が購入すると相場に響いて，軍事機密が漏えいする可能性があるということで，米国造幣局の保管している銀地金を貸し出して，銀の針金として使ったという．

鏡をつくる

化学実験でおなじみの「銀鏡反応」は，ドイツの大化学者リービッヒ（J. v. Liebig, 1803-1873）がアルコールの酸化でアルデヒド（これも彼の命名になる）をつくり，この還元性を利用して，アンモニア性の硝酸銀水溶液から金属銀を析出させることを可能にしてから広まった．それ以前は，ガラス板に銀のアマルガムを塗布して，加熱により水銀を揮発させる方法で調製してい

たので，大きなものを製作するのは困難であった．現在では，アルミニウムやチタンなどを蒸着させた鏡もつくられている．

昨今では「抗菌グッズ」として，プラスチック材料などに銀のコロイド粒子を練り込んだものが用いられている．たしかにごく低濃度の銀イオンは，銅イオンなどと同じように微生物の増殖を抑えるはたらきがある．その昔（江戸時代），日本各地に盲人がずいぶん多くみられたことは，シーボルトやツンベルクなどの記載にもあるが，これは民俗学者の故宮本常一氏の指摘にもあるように，「風眼」などと呼ばれた淋菌性の結膜炎のために，明を失った結果である．西洋医学の伝来とともに，この予防のために，新生児に対して硝酸銀の希薄水溶液の点眼を行う処置が採用されて，失明者は大幅に減少した．

微生物の増殖を抑えるためには，以前からオキシン錯体やチオ硫酸イオンとの錯体などが用いられてきたのであるが，これらは比較的安定な錯体から解離して生じる，きわめて低濃度の銀イオンが微生物の発育を阻害することを利用したものである．もちろん金属銀の表面でも，環境中においてわずかながらイオンが生成する．もっとも，通常は溶解性のはるかに小さい硫化銀の生成の方が主であり，食器（スプーンやフォークなど）やアクセサリーなどの銀製品の表面の黒ずみ（いわゆる「いぶし銀」の色）などはこのためである．したがって，これでは微生物の繁殖を抑えるには有効性は低いであろう．

病院などのメディカルスタッフが愛用している「抗菌ボールペン」なども，銀を利用したものであるが，以前は前記の銀錯体が利用されていたが，現在は微粒子状の銀が主となってきたらしい．やはりそろったサイズの微粒子（ナノサイズ粒子）が以前に比べてはるかに安価，かつ容易に得られるようになったことが，利用の広まった原因であろう．もっとも本当に宣伝ほどの「抗菌」効果があるかどうかは，お医者様の中にも疑念をもたれる方が少なくない．

銀塩の多くは，高エネルギーの電磁波によって銀原子を遊離する．写真にハロゲン化銀が用いられるようになったのは，フランスのダゲールや英国のトールボットにはじまるが，最初は湿板写真であった．磨いた銀の板の上にヨウ素蒸気をあててヨウ化銀の薄膜をつくり，この表面に像を結ばせて感光させる方法であった．後に，感光乳剤を硝子板に塗布した乾板がつくられた．チオ硫酸ナトリウムによる定着手法を開発したのは，天文学者のジョン・ハーシェル（天王星の発見者のウィリアム・ハーシェルの子息，1792-1871）である．陰画（negative, ネガ）や陽画（positive, ポジ）という用語も，ハーシェルが導入したものである．

カドミウム Cd

発見年代：1817 年　　　発見者（単離者）：F. Strohmeyer

原子番号		48
単体の性質		銀白色金属，立方晶系
単体の価格（chemicool）		6 $/100 g
価電子配置		$[Kr]4d^{10}5s^2$
原子量（IUPAC 2009）		112.411(8)
原子半径（pm）		148.9
イオン半径（pm）		103
共有結合半径（pm）		141
電気陰性度	Pauling	1.69
	Mulliken	—
	Allred	1.46
	Sanderson	1.73
	Pearson（eV）	4.33
密度（g/L）		8,650（固体）
融点（℃）		320.9
沸点（℃）		765
存在比（ppm）	地殻	0.11
	海水	$(1.1〜100)×10^{-6}$

天然に存在する同位体と存在比	Cd-106 (1.25), Cd-108 (0.89), Cd-110 (12.49), Cd-111 (12.80), Cd-112 (24.13), Cd-113 (12.22), Cd-114 (28.73), Cd-116 (7.49)
宇宙の相対原子数（Si = 10^6）	0.9
宇宙での質量比（ppb）	2
太陽の相対原子数（Si = 10^6）	1.584
土壌	1（0.01〜1,000）ppm
大気中含量	1〜50 ng/m^3
体内存在量（成人 70 kg）	最大でも 20 mg ほど
空気中での安定性	常温では表面酸化，高温では赤色炎を上げて燃焼し CdO を生成
水との反応性	反応しない
他の気体との反応性	H_2，N_2 とは反応しない．ハロゲンとの反応では CdX_2 を生成
酸，アルカリ水溶液などとの反応性	無機酸には可溶．アルカリ水溶液には不溶．海水にも侵されないのでメッキに用いられる
酸化物	CdO
塩化物	$CdCl_2$
硫化物	CdS
酸化数	+2（他）

英 cadmium　独 Cadmium（Kadmium）　佛 cadmium　伊 cadmio　西 cadmio　葡 cadmio　希 καδμιο（kadmio）　羅 cadmium　エスペ kadmio　露 кадмий（kadmij）　アラビ كادميوم（kādmiyūm）　ペルシ كادميوم（kadmiyam）　ウルド ― （kadmiyam）　ヘブラ קדמיום（kadmium）　スワヒ kadimi　チェコ kadmium　スロヴ kadmium　デンマ cadmium　オラン cadmium　クロア kadmij　ハンガ kadmium　ノルウ cadmium　ポーラ kadmium　フィン kadmium　スウェ kadmium　トルコ kadmiyum　華 鎘　韓・朝 카드뮴　インドネ kadmium　マレイ kadmium　タイ แคดเมียม　ヒンデ कैडमियम（kadmiyam）　サンス ―

目立たない用途

富山県の神通川流域の「イタイイタイ病」のおかげで，マスコミには悪名ばかり高くなった元素であるが，われわれ人間の生活にとっては，あまりあからさまではないけれども，実際のところはずいぶん役に立っている．その中でも比較的古くから利用されてきたものは，鉄鋼などの金属材料の表面処理であり，これによって，水中ではすぐに腐食されてしまうような構造物の寿命が，著しく向上することとなった．現在でも，海水中に浸漬したままにする必要がある鉄鋼などの金属構造材料の表面処理には，カドミウムメッキが欠かせない．他の金属ではどうしても代替できないのである．

電池材料

そのほかに重要性の高いものとしては，コンパクトな二次電池としてのニッカド電池が有名である．わが国は世界におけるカドミウム消費量のほほ3分の2ほどを占めているが，この大部分は電池用だといわれる．これについては成書（たとえば平井竹次，高橋祥夫，『電池の話』（ポピュラーサイエンス，裳華房）など）を参照されるのがよかろう．もっとも，カドミウムを利用した電池としては，もっと古くからのウェストン電池があり，現在でも精密電位差測定用の標準電池として用いられている．これは電位差測定の一次標準となる標準電池で，密封されたH字形のガラス管中にカドミウムアマルガム，飽和硫酸カドミウム水溶液（液底体は$CdSO_4 \cdot (3/8)H_2O$），硫酸第一水銀/水銀が封じ込まれたものである．経年変化が著しく小さく（数μV以下），長年月にわたって標準電位差を示すものとして重宝されている．

優れた顔料

このほかに顔料や光電池（感光素子）などにもずいぶん使用されているが，絶対量としてはまだ電池には及ばない．現在の手軽な携帯利用のカメラよりもずっと以前に，マスコミが「バカチョンカメラ」などとして宣伝したおかげでハンディなカメラが普及し出したのは，高性能の感光素子として，硫化カドミウムやセレン化カドミウムが用いられるようになったからである．実はこのどちらも，もともとは油絵具などに使用される優れた顔料として長い歴史があり，前者は「カドミウムイエロー」，後者は「カドミウムレッド」と呼ばれる．この両者は連続的な組成をとりうるので，S/Se比を変化させると色調も鮮黄色から鮮赤色に至る広い範囲のものが得られる．天然に産出する硫化カドミウムは産地にちなんで「グリーノック石」と呼ばれるが，最初はスコットランドのグラスゴー近くで，トンネルを掘削する途中で美しい蜂蜜色の結晶が発見され，この地域の領主であったグリーノック卿にちなんで命名されたのだという．この採掘も，最初は顔料にあてるのが主目的であった．もっとも，現在では他の硫化鉱物（主に閃亜鉛鉱，ほかに銅や鉛などの鉱物からも）の精錬時の副産物として採取する方が主となっている．カドミウムの供給に関しては，わが国が世界屈指の量を誇っているのであるが，これはやはり精錬時の回収効率が優れていることと，もともとの硫化鉱物（もちろんほとんどは海外からの輸入品である）の処理量が著しく大きいことの両方が貢献している．

多くの亜鉛鉱物には，ほとんどの場合かなりの量のカドミウムが共存しているので

あるが，昔からの亜鉛の精錬法でもカドミウムの存在がなかなかわからなかったのは，金属カドミウムが亜鉛よりも揮発しやすく，精錬時に蒸気として逸散してしまうからである．

人工衛星などに搭載されるX線計測器には，テルル化カドミウム（CdTe）製の素子が広く使われている．

インジウム In

発見年代：1863 年　　発見者（単離者）：F. Reich and H. T. Richter

原子番号	49		天然に存在する同位体と存在比	In-113（4.29），In-115（95.71）
単体の性質	銀白色金属，立方晶系		宇宙の相対原子数（$Si = 10^6$）	0.1
単体の価格（chemicool）	120 \$/100 g		宇宙での質量比（ppb）	0.3
価電子配置	$[Kr]4d^{10}5s^25p^1$		太陽の相対原子数（$Si = 10^6$）	0.181
原子量（IUPAC 2009）	114.818(3)		土壌	0.01 ppm
原子半径（pm） イオン半径（pm）	162.6 132（In^+），92（In^{3+}）		大気中含量	事実上皆無
共有結合半径（pm）	150		体内存在量（成人 70 kg）	0.4 mg
電気陰性度 　Pauling 　Mulliken 　Allred 　Sanderson 　Pearson（eV）	 1.78 1.3 1.49 1.88 3.10		空気中での安定性	常温では反応せず，高温では酸化されて In_2O_3 を生成
			水との反応性	反応しない
			他の気体との反応性	Cl_2 との反応では $InCl_3$ を生成
			酸，アルカリ水溶液などとの反応性	無機酸に溶解して H_2 を放出
密度（g/L）	7,310（固体）		酸化物 塩化物 硫化物	In_2O_3 $InCl$，$InCl_3$ In_2S_3
融点（℃）	156.61			
沸点（℃）	2,080		酸化数	+3，+1（他）
存在比（ppm） 　地殻 　海水	 0.049 1.0×10^{-7}			

英 indium　独 Indium　佛 indium　伊 indio　西 indio　葡 indio　希 ινδιο (indio)　羅 indium　エスペ indio　露 индий (indij)　アラビ اینديوم (indiyūm)　ペルシ اینديوم (ayndiyam)　ウルド ― (indiyam)　ヘブラ אינדיום (indium)　スワヒ indi　チェコ indium　スロヴ indium　デンマ indium　オラン indium　クロア indij　ハンガ indium　ノルウ indium　ポーラ indium　フィン indium　スウェ indium　トルコ indiyum　華 銦，铟　韓・朝 인듐　インドネ indium　マレイ indium　タイ อินเดียม　ヒンデ इण्डियम (indiyam)　サンス ― (trapu)

発見時のエピソード

　この元素名は，発光スペクトルに鮮やかな藍色（インディゴ色）の輝線が認められることで名づけられたのであるが，長いこと二価の金属元素だと思われていた（メンデレーエフの最初の周期表では原子量が83になっていて，いまのインジウムの位置にはウランが入っていた）．発見者はドイツのフライベルク鉱山大学の教授であったライヒ（1799-1882）で，ハイデルベルク大学でブンゼンに学び，ドイツ有数のスペクトル分析の大家でもあったのであるが，1863年に，同僚から提供された新鉱物の中から，みたこともない色調の酸化物を分離して，発光スペクトルを測定したところ，既知のものとは一致しないということで新元素であることを確認した．

　ところが，「色」の記載がどうしてもできない．ライヒは全色盲だったのである．そこで助手であったリヒター（1824-1898）に発光スペクトルを再測定させ，ようやく色の記載が可能となり，元素名も決まった．そのために，インジウムの発見者はライヒとリヒターの二人になっている．

　現在では，液晶パネル，その他に不可欠な透明電極の材料があり，よくITOと略称されている．これはindium-tin-oxide，つまり酸化インジウムと酸化スズの混合物である．薄型ディスプレイや携帯電話の画面など，以前には予想もつかなかった用途が増えたため，いろいろあるレアメタルの中で値上がりの著しいことは新聞紙上でも話題となったが，現在では世界の供給量の大部分を中国に仰いでいる．しかし，数年前まではわが国にインジウムを豊かに産出する鉱山があったことは，いまでは知る人も少なくなってしまった．

わが国での資源

　札幌の奥座敷として有名な定山渓温泉からさらに山奥に20kmほど分け入ったところに，豊羽鉱山があった．銅や鉛，亜鉛，銀などを含む鉱脈（硫化物鉱）があり，一時期は定山渓鉄道から鉱山のすぐ下の選鉱場まで専用線が引かれ，定山渓鉄道も温泉客のほかに貨物営業でかなり潤っていたという．最盛期には5,000人以上の住民が暮らしていて，数年前までは鹿児島の菱刈金山とともに，国内で稼働している数少ない鉱山の一つであった．しかし採算が合わなくなって，2006年についに閉山の運命となり，鉱山付近は完全に無人の境となり「産業遺跡」の一つとなってしまった．ここの鉱石中のインジウム含量は，粗鉱中の平均で150～250ppmもあり，世界各地の代表的なインジウムを産出する鉱山の精鉱の品位とほぼ同程度である．将来，インジウムの価格がもっと桁違いに上昇すれば，豊羽鉱山が再び息を吹き返すかもしれない．

珍しい鉱物

　インジウムを含む珍しい鉱物として，「櫻井鉱」と呼ばれるものがある．これは，神田にある老舗の「ぼたん」という料亭のご主人であった，著名な鉱物学者の櫻井欽一博士（1912-1993）（1964年に51歳で紫綬褒章を受けられた．これは最近まで紫綬褒章受章の最年少記録であった）の名を記念して命名されたものである．この紫綬褒章受賞のとき，たまたま兵庫県の生野鉱山から発見された硫化鉱物が，上野の国立科学博物館の加藤　昭博士（世界的な鉱物学の大権威である）のもとに届けられ，分析してみるときわめて珍しいインジウムを主成分とする鉱物で，組成が$(Cu, Fe, Zn)_3$

$(In, Sn)S_4$ にあたるものであることが判明した．

当時すでに「桜石」という名称の鉱物（ケイ酸塩鉱物）は登録されていたので，硫化鉱物や酸化鉱物ならば「○○鉱」と命名できるから混同のおそれもないということで，「櫻井鉱（sakuraiite）」という名称に定められたという．

櫻井博士は1993年に逝去されたが，小学生の頃から熱心に鉱物を収集され，莫大な量の鉱物標本の持ち主となられた．この中から「自然ルテニウム」が発見されたことは，「ルテニウム」の項（p.137）に詳しい．これは日本最大の個人鉱物コレクションで，日本産鉱物種約1,000種のうち90%以上を網羅しており，また世界全体の鉱物種4,000種の約60%を含んでいる．御遺族から国立科学博物館に寄贈されて「櫻井コレクション」となった．なお，櫻井博士の名の方をとった「欽一石」も，伊豆の河津鉱山から発見された亜テルル酸塩新鉱物の名称となっている．

詳しくは，国立科学博物館のホームページ（http://www.kahaku.go.jp）で「櫻井コレクション」の項を参照されるとよいであろう．ここには櫻井博士の肖像も掲載されている．

スズ Sn

発見年代：紀元前21世紀頃　　発見者（単離者）：—

原子番号	50	天然に存在する同位体と存在比	Sn-112 (0.97), Sn-114 (0.66), Sn-115 (0.34), Sn-116 (14.54), Sn-117 (7.68), Sn-118 (24.22), Sn-119 (8.59), Sn-120 (32.58), Sn-122 (4.63), Sn-124 (5.79)	
単体の性質	白色金属，正方晶系			
単体の価格（chemicool）	8 \$/100 g			
価電子配置	$[Kr]4d^{10}5s^25p^2$	宇宙の相対原子数 $(Si=10^6)$	1.3	
原子量（IUPAC 2009）	118.710(7)			
原子半径（pm） イオン半径（pm）	140.5 93（Sn^{2+}）, 74（Sn^{4+}）, 294（Sn^{4-}）	宇宙での質量比（ppb）	4	
		太陽の相対原子数 $(Si=10^6)$	3.733	
共有結合半径（pm）	140	土壌	約1 ppm	
電気陰性度		大気中含量	事実上皆無	
Pauling	1.96	体内存在量（成人70 kg）	30 mg	
Mulliken	1.8	空気中での安定性	常温では反応せず，高温ではSnO_2を生成	
Allred	1.72			
Sanderson	2.02	水との反応性	反応しない	
Pearson（eV）	4.30	他の気体との反応性	ハロゲンとは激しく反応してSnX_4を生成	
密度（g/L）	5,770 (a), 7,270 (b)（固体）			
融点（℃）	231.9681	酸，アルカリ水溶液などとの反応性	無機酸には可溶．アルカリに溶解するとスズ酸イオンとなる	
沸点（℃）	2,270			
存在比（ppm） 　地殻 　海水	2.2 $(2.3〜5.8)\times10^{-6}$	酸化物 塩化物 硫化物	SnO, SnO_2 $SnCl_2$, $SnCl_4$ SnS, SnS_2	
		酸化数	+4, +2, -4（他）	

英 tin　独 Zinn　佛 étan　伊 stagno　西 estano　葡 satanho　希 κασσιτεροσ (kassiteros)　羅 stannum　エスペ stano　露 олово (olovo)　アラビ قصدير (qaSdīr)　ペルシ قلع (qala (tin))　ウルド قلعی (qalay)　ヘブライ בדיל (bdil)　スワヒ stani　チェコ cin　スロヴ cin　デンマ tin　オラン tin　クロア kositar　ハンガ ón　ノルウ tinn　ポーラ cyna　フィン tina　スウェ tenn　トルコ kalay　華 錫, 锡　韓・朝 주석　インドネ timah　マレイ timah　タイ ดีบุก　ヒンデ टिन (tina)　サンス त्रपु (nijanlana)

古代の産地

　鉛とともに，大和言葉の元素名が存在する数少ない例である．漢字では「錫」と記す．もっとも，平安時代の初期の文献では，スズを「しろなまり」，鉛を「くろなまり」と呼んでいたようで，スズと鉛の間の区別は一般人にはかなり曖昧であったのかもしれない．古代中国の青銅製品の分析値などをみると，鉛とスズをあまり区別せずに用いたような形跡もみられる．

　世界的にみると，スズの産出地域は著しく偏在していて，「スズベルト」地帯と呼ばれている．東は華南からマレーシア，タイ，インドネシア，西の端は英国のコーンウォールである．ヨーロッパではこのほかドイツのザクセンやボヘミアあたりに限られるし，新大陸ではブラジルとボリビアだけがスズ鉱山をもっている．ペルシャやメソポタミア，小アジア地域にもスズを産する鉱山はいくつかあったようであるが，有史時代のはじめ頃にほとんど掘りつくされてしまったらしい．つまり，何千年も昔から資源枯渇が問題となっていたのである．ギリシャ神話には"cassiterides"すなわち「錫の島」という記載があるが，これはブリテン島のコーンウォール半島をさすものとされている．黄金の時代，白銀の時代の後の青銅の時代にはすでに，フェニキア人やギリシャ人はジブラルタル海峡を通過し，さらにビスケー湾の荒波を越えて，はるばるコーンウォールまでブロンズの材料として貴重なスズの入手のための航路を設定していたのである．

　スズの鉱石は「スズ石（錫石）」が主であるが，これは二酸化スズ（SnO_2）を主成分としている．風化に著しく抵抗するので，岩石，土壌中のスズの濃度は著しく低いのに，母岩が風化した後，河川の重砂として堆積する．こうして濃縮されたものが，現在のスズ鉱床となっている．マレーシア一国だけで，全世界の生産量の40％ほどを産出している．

　スズの採掘可能資源量はおよそ400万トンと推定されているが，年間採掘量が約15万トンなので，単純計算しても資源の寿命は30年に満たない．下手をすると，石油資源よりも先に枯渇するのではないかとすらいわれている．

スズペスト

　金属スズには2種類の同素体が知られていて，高温側での安定相が「白色スズ」，低温側での安定相が「灰色スズ」と呼ばれている．白色スズは「金属スズ」，灰色スズは「非金属スズ」と呼ばれることもある．この転移温度は13℃であるが，普通には相転移の速度がゆっくりしているので，あまり問題とはならない．ところが温度が−30℃ほどになると，この速度は格段に大きくなる．1850年にロシアを襲った大寒波では，何日間にもわたって水銀が固化するほどの低温が続いたのであるが，この際に各地の教会にあるオルガンのパイプの白く輝いた表面上に，痘痕（あばた）のような斑点が生じ，やがて急速に成長して軽く触れただけで大音響とともに崩壊してしまうという怪現象がみられた．この白色のスズの表面上に生じた斑点は，低温での安定相の非金属型スズが生成したためである．この現象はもっと古くから知られていて，「スズペスト」などと呼ばれるが，中世ヨーロッパで猛威をふるった黒死病（ペスト）と同じように，伝染性が強いことを表現している．

アンチモン Sb

発見年代:紀元前16世紀頃　発見者(単離者):—

原子番号	51	天然に存在する同位体と存在比	Sb-121 (57.21), Sb-123 (42.79)
単体の性質	銀白色金属,立方晶系,不安定系として黄色(Sb_4)	宇宙の相対原子数 ($Si = 10^6$)	0.25
単体の価格 (chemicool)	4.5 \$/100 g	宇宙での質量比 (ppb)	0.5
価電子配置	$[Kr]4d^{10}5s^25p^3$	太陽の相対原子数 ($Si = 10^6$)	0.3292
原子量 (IUPAC 2009)	121.760(1)	土壌	約 1 ppm
原子半径 (pm)	182	大気中含量	—
イオン半径 (pm)	89 (Sb^{3+}), 62 (Sb^{5+})	体内存在量(成人 70 kg)	2 mg
共有結合半径 (pm)	141	空気中での安定性	乾燥空気中では安定(表面に薄い酸化被膜を形成).高温では燃焼してSb_2O_3を生成
電気陰性度 Pauling Mulliken Allred Sanderson Pearson (eV)	2.05 2.0 1.82 2.19 4.85	水との反応性	反応しない
		他の気体との反応性	ハロゲンとの反応ではSbX_3を生成
密度 (g/L)	6,691 (固体)	酸,アルカリ水溶液などとの反応性	塩酸,希硫酸,アルカリ水溶液とは反応しない.濃硝酸や王水,熱濃硫酸には酸化されて溶解
融点 (℃)	630.7		
沸点 (℃)	1,750		
存在比 (ppm) 地殻 海水	0.2 0.3×10^{-3}	酸化物	Sb_2O_3, Sb_2O_5
		塩化物	$SbCl_3$, $SbCl_5$
		硫化物	Sb_2S_3, Sb_2O_5
		酸化数	+5, +3 (他)

英 antimony　独 Antimon　佛 antiomoine　伊 antimonio　西 antimonio　葡 antimonio　希 αντιμονιο (antimonio)　羅 stibium　エスペ antimono　露 сурьма (sur'ma)　アラビ انتيمون (ithmīd)　ペルシ انتیموان (antiman)　ウルド کحل (antiman)　ヘブラ אנטימון (antimon)　スワヒ stibi　チェコ antimon　スロヴ antimón　デンマ antimon　オラン antimonium　クロア antimon　ハンガ antimon　ノルウ antimon　ポーラ antymon　フィン antimoni　スウェ antimon　トルコ antimon　華 銻, 锑　韓·朝 안티모니　インドネ antimon　マレイ antimoni　タイ พลวง　ヒンデ एन्टिमोनी (entimoni)　サンス —

輝安鉱の結晶

　世界各地の科学博物館の鉱物部門のほとんどに展示されている輝安鉱（Sb_2S_3）の美しい標本は，ほとんどがわが国のもので，愛媛県の市ノ川鉱山から産出したものである．明治の中頃に，パリの万国博覧会に藤田組（同和鉱業の前身）によって展示されたが，その結果として海外の鉱物商の注目するところとなって，短期間のうちに，国内にあった美しくて大きな結晶標本のほとんどは海外に流出してしまった．市ノ川鉱山は長い歴史（奈良時代にはじまるという）があるが，伊予西条の南，四国を東西に走る中央構造線近くにある．江戸時代には地元の曽我部家によって採掘が行われ，各地の珍石愛蔵家の求める対象となった．有名な『雲根志』を著した木内石亭（1724-1808）の蒐集品にも含まれていて，これは後に和田維四郎教授（地質調査所の初代所長，1856-1920）の手に移り，現在では兵庫県の生野鉱物館の所蔵となって公開されている．石亭はこれを「錫悋（リン）脂」として記載していて，「其産所いまだ詳ならず．元来松前の人，蝦夷の人に換得たる所なり」とあるが，実際の産地は上記のように伊予（愛媛県）であった．北前船で松前や江差に送られて，当時細々ながら続けられていた北方のロシアとの貿易用の交易商品の一つとなっていたらしい．スズと合金にして，キセルの材料に使われたのではないかといわれている．

江戸時代の記載

　小野蘭山（1729-1810）の『本草綱目啓蒙』は，明の李時珍（1518-1593）の著した『本草綱目』に詳しい注釈を施し，かつ自身の観察・研究結果を加えた力作であるが，この中の「錫悋脂」の綱目の中に，この石亭の「錫悋脂」について「これは別物にして名を假るなり．錫の狀石英の如くとがりて多く亂れ生ずる者なり．豫州方言マテガラ」と記してあり，伊予ではこの鉱物を「まてがら」と呼ぶという記載がある．「まて」はおそらく馬刀貝（マテガイ，形が似ている）であろう．この頃はまだアンチモンとスズの区別が明確ではなかったこともわかるし，「石英」も現在の水晶をさしていることもわかる．ところで，『本草綱目』にある本来の「錫悋脂」は，どうも天然産の塩化銀鉱物（角銀鉱）をさすのが本当らしく，正倉院の薬物の研究などで有名な，京都の益富壽之助博士（1901-1993）が長年かけてこの混乱を解明された報告がある（地学研究, 25, 1974）．しかし現在もなお内外を問わず，石亭の記載どおりに「錫悋脂」，すなわち輝安鉱とした記述も少なくないので，注意が必要であろう．

顔料としての用途

　アンチモンの用途は，合金や薬剤などいろいろあるが，あまり気づかれていないものの一つに「朱肉」がある．日本画家や書家の使う上質の朱肉は，岩絵具の「銀朱」，すなわち赤色硫化水銀であるが，通常の用向きにはそんなに高価なものは使えない．ほとんどは，硫化アンチモン系の材料を用いている．上記の輝安鉱は銀色の金属光沢をしているが，加熱処理して粉砕すると黒色の粉末になる．これは古代エジプトの時代から，乾燥地帯でのハエ除け（これは水分のあるところに産卵する習性があるので，眼に近づかないようにする）のために瞼の上下に塗る化粧品として用いられた．今日の「アイシャドウ」の源である．アラビア語では「コホル」と呼んだようで，岩波文庫版の『千一夜物語』の中にも「瞼墨

（コホル）」としてたびたび登場する．

　同じ硫化アンチモンでも，定性分析などで酸性水溶液に硫化水素を通じて沈殿させたものは，不安定形の赤褐色系統の色をもつものである．これは以前にゴムの加硫促進剤としても使用されたので，昔のゴム管が例外なく赤褐色であったのはこのためである．

　もっと鮮やかな赤色を呈するものは，酸化アンチモンと硫化アンチモンの中間的な組成のもので，天然にも紅安鉱（組成 Sb_2S_2O）やサラバウ鉱（組成 $CaSb_{10}O_{10}S_6$）などの形で産出することが知られている．サラバウ鉱の方がいわゆる朱肉の色に近い濃い赤色を呈しているが，これはボルネオ島のサラワクにあるサラバウ鉱山から得られ，国立科学博物館の松原 聡博士によって新鉱物と確認されたものである．

アンチモンと貨幣

　我が国の貨幣のうちで，和同開珎よりも以前につくられた，つまり最古のものとされる「富本銭」は，奈良の飛鳥池遺跡で鋳造所のあとが発見されたことで確実となったのだが，この材料は銅とアンチモンの合金だったことが奈良国立文化財研究所の調査で判明した．富本銭は藤原京跡や平城宮跡の他，大阪や長野などでも発見されているが，アンチモンが平均 15% ほど含まれている銅合金で，新しい表面は黄金色に輝いていたものと思われる．このような組成の合金は他には例もなく，また鋳造の手本とされたと見られる唐時代の「開元通宝（開通元宝と読むべきだという説もある）」とも大きく異なったものである．

テルル Te

発見年代：1783 年　　発見者（単離者）：E. J. Müller von Reichenstein

原子番号	52	天然に存在する同位体と存在比	Te-120 (0.09), Te-122 (2.55), Te-123 (0.89), Te-124 (4.74), Te-125 (7.07), Te-126 (18.84), Te-128 (31.74), Te-130 (34.08)
単体の性質	銀灰色，六方晶系		
単体の価格（chemicool）	24 \$/100 g		
価電子配置	$[Kr]4d^{10}5s^25p^4$	宇宙の相対原子数 $(Si = 10^6)$	4.7
原子量（IUPAC 2009）	127.60(3)		
原子半径（pm）	143.2	宇宙での質量比（ppb）	9
イオン半径（pm）	97 (Te^{4+}), 56 (Te^{6+}), 211 (Te^{2-})	太陽の相対原子数 $(Si = 10^6)$	4.815
共有結合半径（pm）	137	土壌	0.05～30 ppm
電気陰性度		大気中含量	—
Pauling	2.10	体内存在量（成人 70 kg）	0.7 mg
Mulliken	2.2	空気中での安定性	常温では安定．高温では青色の炎を上げて燃焼し TeO_2 を生成
Allred	2.01		
Sanderson	2.34	水との反応性	常温では不溶．熱水には溶解して H_2 を放出
Pearson（eV）	5.49		
密度（g/L）	6,236（固体）	他の気体との反応性	H_2 とは反応しない．ハロゲンとの反応ではハロゲン化物を生成
融点（℃）	449.5		
沸点（℃）	989.8	酸，アルカリ水溶液などとの反応性	塩酸とは反応しない．硫酸，硝酸，王水には反応して溶解
存在比（ppm）			
地殻	0.005	酸化物	TeO_2, TeO_3
海水	$(0.7～1.9) \times 10^{-7}$	塩化物	$TeCl_4$, $TeCl_6$
		硫化物	TeS_2
		酸化数	+6, +4, +2, -2（他）

英 tellurium　独 Tellur　佛 tellure　伊 tellurio　西 teluro　葡 telurio　希 τελλουριο (tellourio) 羅 tellurium　エスペ teluro　露 теллур (tellur)　アラビ تلوريوم (tallūriyūm)　ペルシ توليوم (teluriyam)　ウルド — (telluriyam)　ヘブラ טלורום (tellurium)　スワヒ teluri　チェコ tellur　スロヴ telúr　デンマ tellur　オラン telluur　クロア telurij　ハンガ tellur　ノルウ tellur　ポーラ tellur　フィン telluuri　スウェ tellur　トルコ tellür　華 碲　韓・朝 텔루름　インドネ telurium　マレイ telurium　タイ เทลลูเรียม　ヒンデ टेलुरियम (teluriyam)　サンス —

産出状況

ペルチエ素子などに用いられるようになって，以前よりは新聞紙上などで目にする頻度も増えてきた元素であるが，どちらかというと平常はあまり目にしないものに属する．自然テルルの産出も報告されているが，鉱物の多くはテルル化物や亜テルル酸塩の形である．もっとも，このテルルを含む鉱物はいわゆる「希元素鉱物」に属し，産出箇所も限られていて採掘対象となることはまずない．資源となるものは銅や亜鉛，鉛などの硫化鉱物中の微量成分で，精錬時の副産物（陽極泥など）から採取される．これは世界的にみても同様である．

テルルの鉱物と金とは，近くに産出することが多い．最初にトランシルヴァニアのライヒェンシュタイン男爵が発見したテルルの鉱物は，カラベラス鉱（$AuTe_2$）であった．わが国で最初に発見されたものに，手稲石と呼ばれる，珍しい亜テルル酸銅を主成分とする美しい青色の鉱物が知られている．名称のとおり，札幌の西側の標高 1,000 m ほどもある手稲山で最初に発見された．組成は $CuTeO_3\cdot 3H_2O$ である．手稲山もその昔，金を産出することで有名であった．もう一つ珍しい亜テルル酸塩鉱物として「欽一石」がある．これは伊豆の河津鉱山から発見されたもので，組成は $Mg_{0.5}[Mn^{2+}Fe^{3+}(TeO_3)_3]\cdot 4.5H_2O$ のような複雑なものである．テレビでもおなじみの堀 秀道氏が 1981 年に記載した新鉱物で，櫻井欽一博士（「インジウム」の項 (p.151) を参照）に献名された．河津鉱山（蓮台寺鉱山）も，一時期は金や銀を産出したことで有名であった．

電子材料としての用途

テルルの用途は，ほとんどが合金鋼の添加剤である．きわめて微量（0.04% ほど）の添加で加工性，特に延性が著しく向上するためである．

最近流行の DVD には，テルル化合物（合金）が活躍している．使用量はまだそれほど多くはないらしいが，どんどん増加の傾向にある．DVD±RW と DVD-RAM はいずれも記録層に含まれているテルルの熱による相変化を利用しているのであるが，DVD±RW の場合には Ag-In-Sb-Te 系の合金，DVD-RAM では Ge-Sb-Te 系の合金である．このような使い分けは，細かくてシャープなピットを刻める特徴が要求される DVD±RW に Ag-In-Sb-Te 系の合金，ピットが細かくなくとも，多数回（10 万回以上）の繰り返し使用に耐える必要がある DVD-RAM では Ge-Sb-Te 系の合金が用いられている．さらに，Bi-Te 系の合金も検討中であるらしい．

比較的最近になって，金星のレーダー観測結果が解析され，急峻な高地においてきわめて反射能の高い，いわば地球上の高い山にみられる雪のような沈積物の存在が示された．ちょうど地球の山に雪線があるように，ある連続した等高線の上方にのみ，銀白色の物質が付着しているのがみられるという．この銀白色物質の候補としては，金属テルルが第一にあげられるらしい．これならば，高温の二酸化炭素リッチな金星の大気圏のもと，比較的温度が低い高地の地表に昇華析出（凝華）する物質として，説明に無理のない物質であるというのである．このほかの候補としては，方鉛鉱（硫化鉛）の雪があげられているが，こちらは通常は黒色なので，ちょっと考えられにくくはある．

ヨウ素 I

発見年代：1811 年　　発見者（単離者）：B. Courtois

原子番号	53	天然に存在する同位体と存在比	I-127（100）
単体の性質	黒紫色金属光沢, 斜方晶系	宇宙の相対原子数（$Si = 10^6$）	0.5
単体の価格（chemicool）	8.3 \$/100 g	宇宙での質量比（ppb）	1
価電子配置	$[Kr]\ 4d^{10}5s^25p^5$	太陽の相対原子数（$Si = 10^6$）	0.9975
原子量（IUPAC 2009）	126.90447(3)	土壌	3（0.1〜30）ppm
原子半径（pm）	215	大気中含量	0.2〜60 ppb
イオン半径（pm）	220（I^+）, 109（I^{5+}）, 67（I^{7+}）	体内存在量（成人 70 kg）	10〜20 mg
共有結合半径（pm）	133.3	空気中での安定性	反応しない
電気陰性度 Pauling	2.66	水との反応性	微溶. 一部は不均化して HI と HIO を生成
Mulliken	2.7	他の気体との反応性	H_2 とは高温で反応し HI を生成. ハロゲンとは IX（ハロゲン化ヨウ素）を生成
Allred	2.21		
Sanderson	2.50		
Pearson（eV）	6.76		
密度（g/L）	4,930（固体）	酸, アルカリ水溶液などとの反応性	アルカリ性水溶液ヨウ化物イオンを含む水溶液には I_3^- を生成して可溶
融点（℃）	113.6		
沸点（℃）	184.4	酸化物 塩化物 硫化物	$I_2O,\ I_2O_5,\ I_2O_7$ $ICl,\ ICl_3$
存在比（ppm） 地殻	0.14	酸化数	+7, +5, +3, +1, 0, −1（他）
海水	0.043〜0.058		

英 iodine　独 Jod　佛 iode　伊 iodio　西 yodo　葡 iodo　希 ιωδιο (iodio)　羅 iodium　エスペ jodo　露 йод (jod)　アラビ يود (yūd)　ペルシ ايندیوم (ayodiyam)　ウルド — (ayodiyam)　ヘブラ יוד (iod)　スワヒ iodini　チェコ jod　スロヴ jód　デンマ iodin　オラン jodium　クロア jod　ハン ガ jód　ノルウ jod　ポーラ jod　フィン jodi　スウェ jod　トルコ iyot　華 碘　韓・朝 아이오딘　インドネ iodin　マレイ iodin　タイ ไอโอดีน　ヒンデ आयोडिन (aiyodin)　サンス —

資源大国日本！

わが国は「資源小国」であるとマスコミは盛んに書き立てるのが常であるが、いくつかの重要な化学商品については、世界を左右できるほどの「資源大国」である。その中の最右翼は「ヨウ素」であることはもっと知られてもよい。

千葉県の茂原付近は豊富な天然ガスの産地であるが、これはもっと広がった「南関東ガス田」の一部である。いつぞや東京の渋谷で起きた「健康施設スパ」の爆発事故も、地下深くからくみ上げた温泉水に溶け込んでいたメタンガスが建物に充満したのが原因であったし、天然ガスのくみ上げには、かならずブライン（鹹水(かんすい)）が伴ってくる。茂原付近のガス田の鹹水には、かなりの量のヨウ化物イオン（海水の2,000倍）が含まれている。これを原料としてヨウ素を生産しているのであるが、その生産量は年間およそ数千トンに及んでいる。現在の世界での年間貿易量はおよそ8,000トンで、そのほとんどはチリと日本からのものである。なお、チリでのヨウ素の生産は、チリ硝石と共存して産出するヨウ素酸ナトリウム（$NaIO_3$）を原料として採取している。

欠乏症

わが国は四面を海に囲まれているし、神代の頃から海藻類を食膳に供してきた。伊勢神宮、その他の歴史のある神社の神饌(しんせん)にも、海藻類が必ずといってよいほど含まれている。単に「め」というのが海藻類一般を示す言葉として古くは広く通用し、「ひろめ（昆布）」「わかめ（若布）」「かじめ」「えびすめ」など現在まで継続して使われている海藻名も多い。したがってヨウ素分の欠乏などめったにないのであるが、洋の東西を問わず海から遠い場所では、ヨウ素の欠乏による甲状腺肥大症などがよくみられた。甲骨文字で「嬰」を表す文字は、首の両脇に大きな甲状腺種がある女性を示しているとすらいわれる。その昔の華北地域には、このような症状に悩む人間が多かったのであろう。スイスなどでも、甲状腺腫の多発する地域があり、政府は毎朝飲むコーヒーにヨードチンキを1滴垂らすようにという指示を出して、ようやくこの風土病の根絶に成功したという。現在では、食塩にヨウ化カリウムやヨウ素酸カリウムを添加したり、パンの製造時にヨウ素酸カリウムを添加するなどの方法で、ヨウ素欠乏症を防いでいる。

ヨウ素の用途は、医薬品（ヨードチンキやルゴール液など）や写真（ヨウ化銀）などが以前から大口のものである。チェルノブイリ事故の後の被爆者対策にヨウ素剤（ヨウ化カリウム製剤）が用いられたのは、死の灰起源の放射性ヨウ素（I-131が主である）が甲状腺に濃集すると、やがて放射線障害のために癌を誘起しやすいので、早めに放射性をもたない普通のヨウ素で置換して排出させることで、少しでも悪影響を減らすことを意図したものであった。もっとも、ヨーロッパの人たちの間には、海産物（海藻類）を食する習慣が一部の地域以外にはほとんどないので、「ヨウ素中毒にならないか」と心配する向きもあったということである。

光学材料

比較的最近になってかなり大量の消費先となったものに、液晶画面の偏光フィルターがある。PVA（ポリビニルアルコール）膜中に三ヨウ化物イオン（I_3^-）を含ませると、ヨウ素デンプン反応と同じように黒色に着色するが、これを特定方向に延

伸することで，I_3^-イオンの向きが長軸方向にそろい，偏光素子となる．これはもともと偏光サングラスなどに用いられていたのであるが，昨今のディスプレイや携帯電話に液晶画面が広く活用されることになったために，この方面の需要が激増する結果となった．

キセノン Xe

発見年代：1898 年　　発見者（単離者）：W. Ramsay and M. W. Travers

原子番号	54
単体の性質	無色無臭気体
単体の価格（chemicool）	120 $/100 g
価電子配置	$[Kr]4d^{10}5s^25p^6$
原子量（IUPAC 2009）	131.293(6)
原子半径（pm）	218
イオン半径（pm）	54（Xe^{6+}）
共有結合半径（pm）	209
電気陰性度	
Pauling	2.60
Mulliken	—
Allred	—
Sanderson	2.63
Pearson（eV）	5.85
密度（g/L）	5.887（気体0℃）
融点（℃）	−111.9
沸点（℃）	−108.1
存在比（ppm）	
地殻	2.0×10^{-6}
海水	1.0×10^{-6}

天然に存在する同位体と存在比	Xe-124 (0.0952)，Xe-126 (0.0890)，Xe-128 (1.9102)，Xe-129 (26.4006)，Xe-130 (4.0710)，Xe-131 (21.2334)，Xe-132 (26.9086)，Xe-134 (10.4357)，Xe-136 (8.8573)
宇宙の相対原子数（$Si = 10^6$）	4
宇宙での質量比（ppb）	10
太陽の相対原子数（$Si = 10^6$）	5.391
土壌	事実上皆無
大気中含量	86 ppb
体内存在量（成人 70 kg）	痕跡量
空気中での安定性	不活性
水との反応性	不活性
他の気体との反応性	F_2 とは高温，または光の作用によってフッ化物を生成
酸，アルカリ水溶液などとの反応性	反応しない
酸化物	XeO_3，XeO_4
塩化物	—
硫化物	—
酸化数	+8，+6，+4，+2，0（他）

英 xenon　独 Xenon　佛 xénon　伊 xeno　西 xenon　葡 xenon　希 ξενο (xenon)　羅 xenon　エスペ ksenono　露 ксенон (ksenon)　アラビ زينون (zīnūn)　ペルシ گزنون (zhenon)　ウルド — (zhenon)　ヘブラ קסנון (ksenon)　スワヒ zenoni　チェコ xenon　スロヴ xenon　デンマ xenon　オラン xenon　クロア ksenon　ハンガ xenon　ノルウ xenon　ポーラ ksenon　フィン ksenon　スウェ xenon　トルコ ksenon　華 氙　韓・朝 제논　インドネ xenon　マレイ xenon　タイ ซีนอน　ヒンデ जेनन (jinan)　サンス —

単体自体の用途

　希ガス元素の中で放射性のラドンを除けばいちばん重い気体であるが，前のページに示したように空気中には 86 ppb しか含まれていない．液体空気の分留によって製造され，いろいろな用途があるが，ストロボやレーザー光源の励起などのキセノンランプは，そのうちでも身近な方であろう．質量分析において，試料分子をイオン化するための気体としてよく利用されている．さらに，人工衛星の姿勢制御用のイオンエンジンにも使われている．低温の宇宙空間では，キセノンは固体として扱えるので，地表において貯蔵するのとは違って大きなタンクやボンベは不要であるし，セシウムなどのように容器を腐食する危険性もない．将来の宇宙探査機用のイオンロケットは，キセノン利用となりそうである．

　キセノンは麻酔効果もあり，副作用がほとんどないので臨床応用も試みられたことがある．ただ，上記のように希産であるのでずいぶん高価につくのが難点である．超臨界状態にしたキセノンは，赤外線吸収スペクトル測定用の溶媒（単原子分子なので振動回転領域に全く吸収をもたない）に用いられることもある．

　希ガス元素は，化学結合をつくらないものと長年考えられていた．ラムゼイがアルゴンを発見して以来，多種多様の試薬とさまざまな条件下で反応させることはたびたび繰り返されたが，常にネガティヴな結果しか得られなかったのである．

最初の希ガス化合物

　1972 年にバートレット（N. Bartlett）が，強力な酸化剤としての六フッ化白金（PtF_6）の反応を研究していて，これを酸素ガスと反応させると酸素分子が陽イオンとなった，$[O_2^+][PtF_6^-]$ という塩が生成することを発見した．酸素分子から電子を奪うためのイオン化ポテンシャルはずいぶん大きく 12.20 eV もあるが，これから電子を奪えるということは，六フッ化白金はなみはずれて強力な酸化剤であるということとなる．

　希ガスのイオン化ポテンシャルは，原子番号が大きくなるほど低くなる．原子が大きくなると，原子核による外殻電子の束縛がしだいに緩くなっていくことがわかる．キセノンのイオン化ポテンシャルは 12.13 eV で，ほぼ酸素分子なみであるから，キセノンがイオン化して $[Xe^+][PtF_6^-]$ が得られてもおかしくはないということで，実際にキセノンガスと六フッ化白金の反応を試みたところ，まさに $XePtF_6$ に相当する組成の固体が生じた．これがはじめてつくられた希ガスの化合物ということになっている．

　しかし，その後のもっと詳しい検討の結果からすると，ここで得られたものはどうも単一のきちんとしたキセノンの塩ではなかったらしいと考えられている．おそらくは，$[Xe_2F^+]$-$[Pt_2F_{11}^-]$ のようなもっと複雑な塩の混合物であった可能性が大きい．その後，六フッ化白金を用いなくとも，キセノンとフッ素の直接反応だけで XeF_4 がつくられ，しだいに数も増えて，現在知られているキセノンの化合物はすでに 100 種類を越えている．最初はとうていつくれそうもなかった Xe-C 結合を含む化合物すらつくられた．

セシウム Cs

発見年代：1861 年　　発見者（単離者）：R. W. Bunsen and G. R. Kirchhoff

原子番号	55
単体の性質	銀白色金属，立方晶系
単体の価格（chemicool）	1,100 $/100 g
価電子配置	$[Xe]6s^1$
原子量（IUPAC 2009）	132.9054519(2)
原子半径（pm）	265.4
イオン半径（pm）	165
共有結合半径（pm）	235
電気陰性度　Pauling	0.79
Mulliken	1.0
Allred	0.86
Sanderson	0.69
Pearson（eV）	2.18
密度（g/L）	1,873（固体）
融点（℃）	28.45
沸点（℃）	668.4
存在比（ppm）　地殻	3.0
海水	3.0×10^{-4}
天然に存在する同位体と存在比	Cs-133（100）
宇宙の相対原子数（$Si=10^6$）	0.5
宇宙での質量比（ppb）	0.8
太陽の相対原子数（$Si=10^6$）	0.3671
土壌	0.1〜5 ppb
大気中含量	事実上皆無
体内存在量（成人 70 kg）	6 mg
空気中での安定性	発火して CsO_2 を生成
水との反応性	激しく反応して H_2 を放出し，$CsOH$ を生成
他の気体との反応性	H_2 との反応では CsH を生成．ハロゲンとは CsX を生成
酸，アルカリ水溶液などとの反応性	希酸とは激しく反応．液体アンモニアには溶解して H_2 を生成し $CsNH_2$ となる．メタノールやエタノールとはアルコキシドをつくって溶解
酸化物	Cs_2O，CsO_2
塩化物	$CsCl$
硫化物	Cs_2S
酸化数	+1（他）

英 caesium (cesium)　独 Caesium　佛 césium　伊 cesio　西 cesio　葡 cesio　希 καισιο (kaisio)　羅 caesium　エスペ cezio　露 цезий (cezij)　アラビ سيزيوم (sīziyūm)　ペルシ سزيوم (seziyam) ウルド ― (seziyam)　ヘブラ צסיום (cesium)　スワヒ sizi　チェコ cesium　スロヴ cézium　デンマ cæsium　オラン cesium　クロア cezij　ハンガ cézium　ノルウ cesium　ポーラ cez　フィン cesium　スウェ cesium　トルコ sezyum　華 銫，铯　韓・朝 세슘　インデネ sesium　マレイ sesium　タイ ซีเซียม　ヒンデ सीज़ियम (sesiyam)　サンス ―

光電効果

　アルカリ金属元素は，原子番号が大きくなるほどイオン化しやすくなる．フランシウムは天然に安定核種が存在しないので別格とすると，イオン化エネルギーがいちばん小さいのはセシウムということになる．そのために，以前の光電素子（光電管）にはもっぱらセシウムやその合金が用いられていた．単体セシウムでも紫外線から可視光線でイオン化するのであるから，適当な相手と合金をつくらせることでもっとイオン化ポテンシャルを低下させ，波長の長い電磁波（赤外線でも）にも感じるようにすることも可能である．

軍事利用

　第二次世界大戦中に，米軍の爆撃機 B-29 などの来襲を早期に検知するため，高感度の光電管の製造が急務となった．とはいっても，日本はその昔から多種多様な鉱物は産出するものの，資源となるほどの量で得られるものは石灰石や銅くらいしかなかった．ましてや当時の事情では，海外からの調達など及びもつかない．そこで考えられたのが，全国各地にある温泉水の中からセシウムを比較的高濃度に含むものをピックアップして，それから採取しようという試みである．

　もともとブンゼンとキルヒホッフがセシウムとルビジウムを発見したのは，ハイデルベルク近郊の塩類泉であるバート・デュルクハイムから採取した塩水であったので，このプロジェクトはかなり有望でもあった．わが国には兵庫県の有馬や新潟県の瀬波（村上市の西の日本海側にある）など，塩分濃度の高い温泉は結構各地に存在している．このときは瀬波の温泉水を原料として，微量ではあるが含まれるセシウム分を濃縮して精製することが行われた．当時はイオン交換法もまだ行われていなかったし，テトラフェニルホウ酸塩などの特殊な沈殿試薬もなかったので，古典的な分離・精製法（過塩素酸塩やクロロアンチモン酸塩として，分別結晶により精製する）だけに頼ってたいへんな量の温泉水を処理しなくてはならなかった．このためには，当時の各地の大学のスタッフや学生もかり出されてたいへんな苦労をしたようである．このときにまず必要となったのは，大量の温泉水を濃縮するための加熱容器（釜）であった．最初はこの調達が著しくたいへんであろうと思われたのであるが，海の近い瀬波温泉のこと，はるか昔の食塩が専売となるよりも以前に，浜で製塩に用いた大きな鉄製の鍋（現在でも宮城県の塩竃神社に保存されているようなもの）が残されていて，これを使うことができたのでかなり助かったという．

　それでもとにかく純度のかなり高いセシウム塩がまとまった量（おそらく 100 g ほど？）得られ，当時の光電管製作を引き受けていた東京芝浦電気へと持ち込まれたのは 1945（昭和 20）年の 8 月はじめであった．まもなく終戦となり，せっかくの苦労も無に帰してしまった．

バリウム Ba

発見年代：1808 年　　　発見者（単離者）：H. Davy

原子番号	56	天然に存在する同位体と存在比	Ba-130 (0.106), Ba-132 (0.101), Ba-134 (2.417), Ba-135 (6.592), Ba-136 (7.854), Ba-137 (11.232), Ba-138 (71.698)
単体の性質	銀白色金属，体心立方		
単体の価格（chemicool）	55 \$/100 g		
価電子配置	$[Xe]6s^2$	宇宙の相対原子数 ($Si = 10^6$)	3.7
原子量（IUPAC 2009）	132.327(7)		
原子半径（pm）	217.3	宇宙での質量比（ppb）	10
イオン半径（pm）	143		
共有結合半径（pm）	198	太陽の相対原子数 ($Si = 10^6$)	4.351
電気陰性度			
Pauling	0.89	土壌	500（20〜2,300）ppm
Mulliken	—	大気中含量	痕跡量
Allred	0.97	体内存在量（成人 70 kg）	22 mg
Sanderson	0.93	空気中での安定性	高温で BaO を生成
Pearson（eV）	2.40	水との反応性	溶解して H_2 を放出し $Ba(OH)_2$ を生成
密度（g/L）	3,620（固体）	他の気体との反応性	H_2, N_2 とは高温で反応し BaH_2, Ba_3N_2 を生成．ハロゲンとは BaX_2 を生成
融点（℃）	725		
沸点（℃）	1,640		
存在比（ppm）		酸，アルカリ水溶液などとの反応性	無機酸とは激しく反応．濃硫酸と濃硝酸には徐々に溶解．液体アンモニアにも可溶
地殻	500		
海水	$(4.7〜20) \times 10^{-3}$		
		酸化物	BaO，BaO_2
		塩化物	$BaCl_2$
		硫化物	BaS
		酸化数	+2（他）

英 barium　独 Barium　佛 baryum　伊 bario　西 bario　葡 bario　希 βαριο (vario)　羅 barium　エスペ bario　露 барий (barij)　アラビ باريوم (bāriyūm)　ペルシ باریم (bariyam)　ウルド — (bariyam)　ヘブラ בריום (barium)　スワヒ bari　チェコ baryum　スロヴ bárium　デンマ barium　オラン barium　クロア baij　ハンガ bárium　ノルウ barium　ポーラ bar　フィン barium　スウェ barium　トルコ baryum　華 鋇, 钡　韓・朝 바륨　インドネ barium　マレイ barium　タイ แบเรียม　ヒンデ बेरियम (bariyam)　サンス —

重い石

　アルカリ土類金属元素の中では比重が大きいために，酸化物（バライタ）は「重土」とも呼ばれたし，日本語での鉱物名も「重晶石（$BaSO_4$）」とか「毒重石（毒重土石と記すこともある，$BaCO_3$）」などがよく知られている．もっとも，金属バリウムは比重が 3.8 ほどなので「軽金属」に分類される．その昔，電子回路に真空管が多用されていた頃は，ゲッターとして内部に残存する微量の気体と反応させて，不揮発性のバリウム塩に変えるためによく用いられた．

　毒重石は殺鼠剤に用いられたこともあるが，名が示すように有毒である．英語名はwitherite という．この名称は英国の医師であるウィリアム・ウィザリング（W. Withering, 1741-1799）によるものであるが，ウィザリング医師は，ジギタリスの水腫や心臓疾患に対する薬効を報告したことの方でむしろ有名である．もともとはイングランドの田舎における，さる老婆が愛用していた民間薬であった．

夜光る石

　バリウムを含む物質として古くから知られていたものに，「ボローニャ石」という夜光性の奇妙な固体がある．これはイタリアの古い学都（ヨーロッパ最古の大学がある）として名高いボローニャの近郊で，1600 年頃に最初につくられたからなのであるが，もともとは近くに産する重晶石（硫酸バリウム）を粉砕した後，炭素（おそらく木炭末）と練り混ぜて，炉の中で高温に加熱処理して調製したものであった．この「夜光る石」の発光の本体は，硫酸バリウムが一部炭素で還元されて生じた硫化バリウムである．日中，太陽光に露出しておくと，夜暗くなったときに発光が認められる．つまり，蓄光性の大きなりん光性物質なのである．この製法なども長いこと秘密であった．長時間経過すると，硫化バリウムはしだいに炭酸バリウムに変化してしまうので発光性を失ってしまうのであるが，再び炭素とともに強熱すると，残っていた硫酸バリウムが新たに還元されて，硫化バリウムが生成するためにりん光性が復活する．銅などの別の金属イオンをドープした硫化バリウムは，現在でも蛍光物質として利用されることがあるが，この用途には硫化亜鉛の方が主に用いられるようになっている．

　なお，夜光性の絵具についてはどうも東洋の方が古かったようで，宋の太宗皇帝（在位 976～997）が，衝立に描かれた「昼はみえないが夜になると臥した姿で現れる牛の絵」について家臣に御下問になったという記録がある．この絵は「南倭の人が海の貝からとった特殊な絵具で書いたもの」と説明されている．ある種の貝には，海水からバリウムを濃縮する機能をもったものもあるので，これが「ボローニャ石」と同じものであったならばおもしろいのであるが，普通の貝殻を原料としたのであれば，やはり硫化カルシウムの方が可能性としては大きそうである．

　このあたりについては，蓄光性塗料のメーカーである根本特殊化学のホームページにある「夜光発達史（http://www.nemoto.co.jp/column/12_yako.html）」に詳しい．

深海の重晶石

　アルヴィン号の深海探査で発見された，ガラパゴス海嶺付近にある超臨界状態の熱水の湧出孔付近には，主に硫化物鉱からな

る煙突状の「ブラックスモーカー」のほかに，もっと淡色の「ホワイトスモーカー」も発見されている．こちらを構成している鉱物は重晶石，すなわち硫酸バリウムと石膏が主である．高温高圧状態の熱水に対するいろいろな塩類の溶解度や反応性は，いまでも完全に判明しているわけではないのであるが，ブラックスモーカーの方では硫黄は還元された状態の硫化物イオン（S^{2-}）なのに，ホワイトスモーカーの成分では酸化された硫酸イオン（SO_4^{2-}）となっているのであるから，この相互の関係なども興味のある研究対象でもある．このような高温条件下で生存している微生物（単細胞の藻類など）の中には，硫黄の酸化還元反応によって必要なエネルギーを得ているものもあるので，生物代謝の結果なのかもしれない．

北投石

硫酸バリウムと硫酸鉛は，どちらも水にほとんど不溶の結晶性の沈殿物である．しかし，この両方が混晶をつくるような例はきわめて少ない．それでも，台湾の北投温泉でこの両成分を含む混晶鉱物が発見され「北投石」と命名されたが，やがて秋田県の八幡平にある渋黒温泉において，同じように硫酸バリウムと硫酸鉛を含む鉱物が発見され「渋黒石」と命名された．実はこの両者は鉱物学的には同じものであることが判明し，先に発見された方の名称が用いられるようになった．

渋黒温泉は現在では玉川温泉と呼ばれているが，強酸性で高温の緑礬泉であり，ここの北投石はかなりの放射性を示す．そのために天然記念物となり，採取は厳重に禁止されているので，ときどき新聞広告などに「玉川温泉の北投石を利用した健康グッズ」などという商品が出るのはすべてイカサマである．

ランタン La

発見年代：1839 年　　発見者（単離者）：C. G. Mosander

原子番号		57	天然に存在する同位体と存在比		La-138 (0.090), La-139 (99.909)
単体の性質		銀白色金属，六方晶系	宇宙の相対原子数 ($Si = 10^6$)		2
単体の価格（chemicool）		64 $/100 g	宇宙での質量比（ppb）		2
価電子配置		$[Xe]5d^16s^2$	太陽の相対原子数 ($Si = 10^6$)		0.4405
原子量（IUPAC 2009）		138.90547(7)			
原子半径（pm）		187.7	土壌		26 (1〜120) ppm
イオン半径（pm）		122	大気中含量		事実上皆無
共有結合半径（pm）		169	体内存在量（成人 70 kg）		約 1 mg
電気陰性度			空気中での安定性		常温では表面酸化．高温では La_2O_3 を生成
	Pauling	1.10			
	Mulliken	—	水との反応性		常温では徐々に反応するが熱水には溶解して H_2 を放出
	Allred	1.08			
	Sanderson	0.92	他の気体との反応性		N_2 とは高温で反応し LaN を生成．ハロゲンとは LaX_3 を生成
	Pearson（eV）	3.10			
密度（g/L）		6,145（固体）	酸，アルカリ水溶液などとの反応性		酸には溶解して H_2 を放出
融点（℃）		921			
沸点（℃）		3,460	酸化物		La_2O_3
存在比（ppm）			塩化物		$LaCl_3$
	地殻	32	硫化物		La_2S_3
	海水	(1.8〜6.9) ×10^{-6}	酸化数		+3（他）

英 lanthanum　独 Lanthan　佛 lanthane　伊 lantanio　西 lantano　葡 lantanio　希 λανθανιο (lanthanio)　羅 lanthanum　エスペ lantano　露 лантан (lantan)　アラビ لنثانوم (lanthānūm)　ペルシ لانتانیوم (lantaniyam)　ウルド —　(lantaniyam)　ヘブラ לנתן (lanthan)　スワヒ lanthani　チェコ lanthan　スロヴ lanthán　デンマ lanthan　オラン lanthanium　クロア lantanum　ハンガ lantán　ノルウ lantan　ポーラ lantan　フィン lantaani　スウェ lantan　トルコ lantanum　華 鑭　韓・朝 란타넘　インドネ lantanum　マレイ lantanum　タイ แลนทานัม　ヒンデ लुटेटियम (lantatiyam)　サンス —

第3族（以前の分類ではIIIA族）の遷移元素の3番目にあたるのであるが，4f電子をもたないので，La^{3+}イオンは無色である．その昔は，高屈折率のレンズをつくる材料としての用途が主であった．しかし，やはり純度の高いものが比較的安価に市場に供給されるようになると，以前には考えられもしなかった新しい用途が開けてきている．

自動点火素子

その中でもいささか古顔に属するかもしれないが，いまから40年ほど以前に，強誘電体性セラミックスとしてPLZTがつくられた．これは，ガスレンジの自動点火などに利用されている圧電素子に広く用いられる．PZT（チタン酸ジルコン酸鉛，$Pb(Ti, Zr)O_3$）の鉛イオンの一部をランタンで置換したものであるが，いろいろと興味ある物性を示すものとして各方面から注目されている．(Pb/La)比や(Ti/Zr)比を変化させることで，かなり幅のある諸物性を示すようになる．光歪効果による光アクチュエーターの製作や，大きな光起電力効果を利用して光による高電圧パルスをつくらせ，静電型の光電動機を製作したりする試みが，わが国でも筑波の産業技術総合研究所などで行われている．将来のマイクロマシンやナノマシン用の，優れた材料となる可能性をもっている．

水素貯蔵合金

このほかに注目を浴びているのは，クリーンエネルギーとしての水素の利用に際して，水素の貯蔵を行うために，吸蔵・脱離が容易で繰り返し使用に耐える材料の一つとして，ランタンとニッケルを主成分とする合金が提案されている．$LaNi_5$などが有望であるとされていて，すでにニッケル水素電池の負極材料として実用化されているが，もっと優れた性質をもつ多成分系の合金も探索されている．アポロ宇宙船に搭載された燃料電池にも，La-Ni合金が利用されていた．ニッケル水素電池は充電が可能な二次電池で，充電スピードが早く，寿命が長い．ディジタルカメラや電動自転車のほか，ハイブリッドカー「プリウス」や二足歩行ロボット「アシモ」でも利用されていることはご存じの方も多かろう．このすべてがLa-Li合金であるわけではないが，将来においては，この方面への利用がかなり拡大しそうだという予測が出されている．

薬剤としての用途

高リン酸血症や腎臓結石などでは，消化管からのリン酸イオンの吸収が問題となる．これを妨げる目的で，炭酸ランタンの製剤が処方されることがある．FOSRENOLなどという薬剤名であるが，これは胃液に溶解すると直ちに食品中のリン酸イオンと結合し，胃酸にもほとんど不溶であるリン酸ランタンを生じることで，リン酸分の吸収を抑えてしまう．いわば，リン酸塩の体内への侵入に際しての関門を設けたようなことになる．もちろん，リン酸分は身体に必須の栄養素でもあるから，完全にブロックしてしまうと骨形成が阻害されてしまっていろいろと不都合が生じるので，医師の診断と平行して投与することとなる．

ランタニド元素

ランタノイドとランタニド

わが国のテキスト類は「ランタノイド元素」という表記をほとんどが採用している。しかし化学の世界では、"-oid"という語尾は本来「○○もどき」を意味する用法がほぼ定着している。アルカロイドやメタロイド（半金属元素）、コロイド、セルロイドなどの使われ方をみればわかるであろう。そのために、この「ランタノイド」は世界的にもきわめて不評であった。ましてずっと以前は「ランタンおよびランタノイド」という使われ方がされていたのであるから、「ランタンもどき」にランタンが含まれるのは変だというのは当然であろう（もっとも、人類学などの方面では "-oid" にはもとの用語の定義も含まれる使われ方が普通となっている。「コーカソイド」「モンゴロイド」などが好例である）。

この名称を制定したのは国際純正及び応用化学連合（IUPAC）なのであるが、1999 年から IUPAC はついに「ランタニド元素」の使用をも認めることとなった。このニュースが当時ベルギーのルーヴァンで開催中の国際希土類学会の会場に届いた折りに、参会者の中から期せずして大歓声が起きたという。専門家の間には、いかに評判が悪かったかがわかる（鈴木康雄、『希土類の話』（ポピュラーサイエンス、裳華房）参照）。しかし、文部科学省などお役所はこのような「許容」をなかなか認めたがらないので、おそらくは受験化学の分野では相変わらず「ランタノイド」（世界的にはもはや死語同然であるが）が使われていくであろう。本書でも世界的な視野を考えると、「ランタニド」を使う方がふさわしいと思われるので、こちらに従うこととする。「アクチノイド」と「アクチニド」も同様である（p.258）。

土類金属

ランタニド元素は、通常はスカンジウムやイットリウムとともに産出するので、これらを一括して「希土類元素（rare earths）」と呼ぶことが多い。欧文の新聞記事などでは "REE" のようなアクロニム（頭文字略語）をよく使っている。以前は「稀土類」と書いた。この「土」とは、水に不溶・難溶性の酸化物のことである。たとえば「苦土」は酸化マグネシウム、「重土」は酸化バリウム（バライタ）を意味する。このほかには「礬土」（酸化アルミニウム）や「甘土」（酸化ベリリウム）などの用例があったが、「礬土」はカタカナ表記（バンド）が普通になってしまったし、「甘土」はほとんど死語となってしまった。

以前はこの希土類元素の相互分離がたいへん困難であった（これについては「プラセオジム」(p.178) と「ネオジム」(p.181) の項を参照されたい）ため、混合物のまま（ミッシュメタルという）で、鉄鋼の脱酸素剤や発火合金として使うのが主な用途であった。

軽希土と重希土

希土類は通常「軽希土」と「重希土」の二つに大別する。軽希土は「セリウム族」、重希土は「イットリウム族」ということもある。この境目は、通常はガドリニウム（64 番元素）あたりであるが、あまり厳密ではない。

ランタニド元素は、原子番号が増加するにつれて原子半径やイオン半径が徐々に減少していく（これは「ランタニド収縮」と

呼ばれる）．そのために，モナズ石とゼノタイムはどちらもリン酸塩鉱物であるのだが結晶構造は異なる．4f殻に電子が充填していくにつれてイオン半径はどんどん小さくなるので，周期が一つ上のイットリウムも重希土類と同じくらいのイオン半径となり，産出するときも相伴うことが多い．周期が二つ上のスカンジウムのイオンはさすがにルテチウムイオンよりも小さいが，それでもイットリウム族と同じ鉱物に含まれることが多い．希土類の資源となるリン酸塩鉱物としては，モナズ石とゼノタイムがよく知られているが，前者は軽希土類のリン酸塩でよく$(\Sigma Ce)PO_4$，後者は重希土を主とするリン酸塩なので$(\Sigma Y)PO_4$のように書かれる．このほかにサマルスキー石，褐簾石（かつれんせき）などが有名であるが，軽希土類を主とする炭酸塩鉱物のバストネス石以外は，産出量はあまり多くないので，ランタニド元素の資源とはなりにくい．現在のところ，希土類元素の最大規模の採掘が行われているところは，中国内蒙古，包頭（パオトウ）市の北郊にある「白雲鄂博（バユンオボ）鉱山」であるらしいが，ここはバストネス石を主に産出している．

新しい資源

最近になって，雲南地域や旧仏印（フランス領インドネシア，現在のベトナムやラオス，カンボジアにほぼ相当する）あたりで注目されているものに，「イオン吸着鉱」がある．これは単一の鉱物ではなく，花崗岩の風化で生じた複雑な鉱物の表面に希土類元素がイオン交換的に吸着したもので，比較的重希土類に富む鉱床ではあるが，露天掘りが可能であるので，世界の重希土類元素（ジスプロシウムやテルビウムなど）の供給の大部分を担えるほどになった．しかし，採掘可能量がどのくらいあるかがわからない．ひょっとしたら数年で枯渇するのではという報告すらある．ただ世界の希土類供給は，1990年代以降，中国がコストを度外視した安値で膨大な量を輸出してきたため，欧米の希土類供給企業のほとんどが撤退に追い込まれてしまった．その結果として，鉱山から分離・製錬の分野まで中国の寡占状態を許してしまったことになる．ブラジルやインド，オーストラリアなども希土類資源を豊富に抱えてはいるのであるが，世界市場への供給となると，政治や外交，為替相場に大幅に左右される．ブラジルなどは一時期世界的にもかなりの希土類鉱石のシェアを誇っていたが，現在の輸出量は大きく減少している．

存在比と原子番号

ランタニド元素の鉱物中の含量は，奇数番元素が両隣の偶数番元素よりもずっと少ない．これを発見者の名にちなんで「オッドー-ハーキンスの法則」と呼んでいる（p.177, 180）．このため，縦軸に含量（通常は対数尺度でとる），横軸に原子番号をとってプロットすると，鋸歯状のパターンが得られる．このパターンは，セリウム族に富むモナズ石やバストネス石と，イットリウム族に富むゼノタイムや褐簾石などでは違ってくる．この原因は，原子核自体の安定性に起因するものであり，やがて宇宙全体や太陽系などの元素組成についても，ほぼ同じような奇数番号元素と偶数番号元素の存在比の大小関係が見出された．

セリウム Ce

発見年代：1803 年　　発見者（単離者）：J. J. Berzelius and W. Hisinger

原子番号	58	天然に存在する同位体と存在比	Ce-136 (0.185), Ce-138 (0.251), Ce-140 (88.450), Ce-142 (11.114)
単体の性質	灰白色金属，六方晶系		
単体の価格（chemicool）	57 $/100 g	宇宙の相対原子数 (Si=10^6)	2.3
価電子配置	[Xe]$4f^15d^16s^2$	宇宙での質量比（ppb）	10
原子量（IUPAC 2009）	140.116(1)	太陽の相対原子数 (Si=10^6)	1.169
原子半径（pm）	182.5		
イオン半径（pm）	107（Ce^{3+}），94（Ce^{4+}）	土壌	50 (2〜150) ppm
共有結合半径（pm）	165	大気中含量	事実上皆無
電気陰性度		体内存在量（成人70 kg）	40 mg
Pauling	1.12	空気中での安定性	常温では表面酸化，高温ではCeO_2を生成．粉末状態では容易に発火
Mulliken	―		
Allred	1.06		
Sanderson	―	水との反応性	常温では徐々に反応するが熱水には溶解してH_2を放出
Pearson（eV）	≤3.00		
密度（g/L）	6,657（固体）	他の気体との反応性	H_2との反応ではCeH_3を生成．F_2とはCeF_4を，他のハロゲンとはCeX_3を生成
融点（℃）	799		
沸点（℃）	3,430		
存在比（ppm）		酸，アルカリ水溶液などとの反応性	希酸に溶解してH_2を放出
地殻	68		
海水	(0.5〜9.0)×10^{-6}	酸化物	Ce_2O_3, CeO_2
		塩化物	$CeCl_3$
		硫化物	Ce_2S_3
		酸化数	+4, +3（他）

英 cerium　独 Cer　佛 cérium　伊 cerio　西 cerio　葡 cerio　希 δημετεριο (demetlrio)　羅 cerium　エスペ cerio　露 церий (cerij)　アラビ سيروم (sīriyūm)　ペルシ سريوم (seriyam)　ウルド ― (seriyam)　ヘブラ צריום (serium)　スワヒ seri　チェコ cer　スロヴ cér　デンマ cerium　オラン cerium　クロア cerij　ハンガ cérium　ノルウ cerium　ポーラ cer　フィン cerium　スウェ cerium　トルコ seryum　華 鈰，铈　韓・朝 세슘　インドネ serium　マレイ serium　タイ ไซเรียม　ヒンデ सेरियम (siriyam)　サンス ―

元素名にもお国柄

この元素名は，小惑星で最初に発見されたセレス（ローマ神話の穀物の女神）にちなんだものである．この小惑星は，イタリアはシチリアのパレルモ天文台のピアッツィが発見したのであるが，シチリア島はギリシャ・ローマ時代からの穀倉として豊かな農産物を誇っていた．したがって，郷土の守護神（現在でも各地に神殿が残されている）をたたえての命名であった．ただ近代ギリシャ語では，元素名にはやはり自分の国の神話の女神（こちらが本家本元であるという自負もあるのであろうが）である，デーメテール由来の"δεμετεριο（= demeterio)"を使っている．

ランタニド元素の中では，おそらくいちばんたくさん産出するものではあるのだが，他のランタニド元素とは違って酸化数 +4（第二セリウム）の状態が結構安定であるために，ときによっては別扱いにされることもある．たとえば，酸化セリウム（セリア）は通常 CeO_2 をさしていて，ランタニド元素の通常の性質から予測される Ce_2O_3 はむしろ珍しい．Ce(IV)は，水溶液中では強酸化剤として挙動する．Ce^{4+}/Ce^{3+} の系は水を酸化できるほどの酸化還元電位をもっているが，水を酸化する反応速度がきわめて遅いので，第二セリウム化合物の水溶液をつくることも可能となっている．硝酸第二セリウムアンモニウム $(NH_4)_2[Ce(NO_3)_6]$ は，エタノールなどのアルコールと反応して呈色するので，古くからアルコールの検出試薬として用いられているが，この呈色物質の構造などは，まだ完全には解明されていないようである．

つわりのクスリ

セリウムの化合物は，あまり目立たないところでわれわれに役立っているのであるが，以前はよく「つわり」に処方された．これは炭酸セリウム $(Ce_2(CO_3)_3)$ が無色無臭無味なので，妊婦にも服用させるのが容易だということで使われたというのであるが，もともとはスコットランドのエディンバラ大学の産婦人科の教授で，産科麻酔を創始した名医のシンプソン（J. Simpson, 1811-1870, クロロホルム麻酔を利用した無痛分娩を創始した）が導入した処方である．ただ，「プラセボ効果」の方が大きいともいわれ，現代ではあまり使用例をみないようである．だいたい，ランタニド元素のイオンはヒトの消化管からはほとんど吸収されることがないので，体内での薬理作用はまず無視できるはずで，むしろむかつきの原因となるような過剰分泌された胃液を中和する効果が買われたのであろう．炭酸ランタン製剤が過剰のリン酸分の吸収を妨げることを考えると，セリウム塩も同じような機能がありうるはずなので，胎児の骨格などの発育に必要となるリン酸塩が不足して，マイナスの効果が現れることだって考えられる．そのためか，昨今では産婦人科の医師各位もほとんど処方されなくなったようである．

レンジの汚れ対策

電子レンジはわが国では比較的短期間の間に広く普及したのであるが，この内壁に酸化セリウム（CeO_2）を塗装することで，調理時に食品から揮発して，高温の壁面上で分解・析出した炭素分を触媒酸化分解してくれるものがあり，「セルフクリーニングレンジ」などと呼ばれている．これはもともと自動車の排気ガス処理用の触媒担持

剤として開発されたもので，白金やロジウムなどの微粒子をハニカム構造のセラミック素材中に分散させてつくるので，このセラミック中のセリウム含量が大きいほど触媒活性が大きくなるという結果が得られ，セリウムは単なる支持材だけではなくて，酸化分解に触媒作用を示すことが判明したので，電子レンジに転用されたといわれている．

　光学材料や通常のガラスに，セリウムを酸化セリウムの形で添加することもよく行われているが，これはセリウムのイオン（Ce(IV)）が可視部から紫外線領域の光を効率よく吸収することと，電子線やX線による損傷を防ぐことも可能なためである．その昔，ガス燈用のマントルに使われたトリア（酸化トリウム）の発光のまぶしさを減らすのに酸化セリウムが添加されたのも，この効果を利用したものであろう．カラーテレビ用のブラウン管のガラスは，長時間にわたって電子線の影響を受けるので変色しやすく，セリウムを添加しないと色彩の劣化が起きるのであるが，セリウムの添加によって，いわゆる色中心（カラーセンター）の発生が大きく抑えられることを利用している．

オッドー-ハーキンスの法則

　ランタニド元素を含む鉱物において，それぞれの元素の含量（存在比）を原子番号順にプロットすると，奇数番号の元素は両隣の偶数番号の元素に比べると存在比が低い．これはモナズ石やゼノタイム，バストネス石などいろいろな希元素鉱物で共通に見られる現象で，最初は実験的に見出されたものであった．ただ，鉱物によってそのパターンにはかなりの違いがあり，軽希土類が比較的豊富なバストネス石やモナズ石のパターンと，重希土類が比較的豊富なゼノタイムでは，180ページの図に示したようにかなり異なった様子となる．

　これは原子核の安定性に起因するものであることが後になって判明し，やがてランタニド元素に限らず，宇宙全体，太陽，地殻などについてのデータが集積されてくると，全元素について同じような鋸歯状のグラフが描かれるようになった．逆にこのパターンから外れている場合には，何らかの特別な原因があることが推察される．当然ながら存在する資源量も偶数番元素の方が多いから，精錬のコストがあまり違わなければ，単体や化合物の価格もおおむねこれと平行したものとなる．もちろん精錬コストがかさむと，金と白金の場合のように逆になってしまうケースも少なくないのだが．

　たとえば，太陽の元素組成においては，58番元素（セリウム）の存在比が著しく低く，両隣のランタンやプラセオジムよりも少なくなっている．地殻の含有率（クラーク数）や希土類鉱物などとくらべると例外的なのである．これがほんとうに低存在比なのか，それとも観測手法（発光スペクトルによるしかないのだが）のためか，あるいは何らかの干渉現象のために強度が小さくなっているのかは現在でもまだ判然としていない．

プラセオジム Pr

発見年代：1885 年　　　発見者（単離者）：C. A. von Welsbach

原子番号	59
単体の性質	銀白色金属，六方晶系
単体の価格（chemicool）	170 $/100 g
価電子配置	$[Xe]4f^36s^2$
原子量（IUPAC 2009）	140.90765(2)
原子半径（pm）	182.8
イオン半径（pm）	106（Pr^{3+}），92（Pr^{4+}）
共有結合半径（pm）	165
電気陰性度	
Pauling	1.13
Mulliken	—
Allred	1.07
Sanderson	—
Pearson（eV）	≦3.00
密度（g/L）	6,773（固体）
融点（℃）	931
沸点（℃）	3,510
存在比（ppm）	
地殻	9.5
海水	$(4.0\sim10)\times10^{-7}$

天然に存在する同位体と存在比	Pr-141（100）
宇宙の相対原子数（$Si=10^6$）	0.4
宇宙での質量比（ppb）	2
太陽の相対原子数（$Si=10^6$）	0.1737
土壌	8（3〜15）ppm
大気中含量	事実上皆無
体内存在量（成人 70 kg）	報告なし．ごく微量
空気中での安定性	常温では表面酸化，高温では酸化物を生成．微粉末状態で発火
水との反応性	常温では徐々に反応するが熱水には溶解して H_2 を放出
他の気体との反応性	H_2, N_2 と高温で反応し PrH_3, PrN を，ハロゲンと PrX_3 を生成
酸，アルカリ水溶液などとの反応性	希酸に溶解して H_2 を放出
酸化物	Pr_6O_{11}
塩化物	$PrCl_3$
硫化物	Pr_2S_3
酸化数	+4，+3（他）

英 praseodymium　独 Praseodym　佛 praséodyme　伊 praseodimio　西 praseodimio　葡 praseodimio　希 πρασεοδυμιο (praseodymio)　羅 praseodymium　エスペ prazeodimio　露 празеодий (prazeodim)　アラビ براسوديميوم (brīziyūdīmiyūm)　ペルシ براسودیمیوم (praseodimiyam)　ウルド — (praseodimiyam)　ヘブラ פרסאודימיום (praseodimium)　スワヒ praseodimi　チェコ praseodym　スロヴ praseodým　デンマ praseodym　オラン praseodymium　クロア praseodimium　ハンガ praseodímium　ノルウ praseodym　ポーラ praseodym　フィン praseodyymi　スウェ praseodym　トルコ praseodim　華 鐠，镨　韓・朝 프라세오디뮴　インドネ praseodimium　マレイ prasiodimium　タイ เพรซีโอดีเมียม　ヒンデ प्रासियोडाइमियम (parisiodimiyam)　サンス —

名称の由来

もともと、「ジジミウム（ディディム）」を分けてはじめて確認された由来があるためにこの名がついているのであるが、プラセオジムのつもりで「プラセオジウム」という変な用語を尊ばれる向きも多い。この用語を使用するのは、電気工学や物理学をご専門にされる方々だけであるといわれた大権威もおられたが、別にこれらの分野での制定用語となっているわけでもなさそうである。やはりこの方面における大先生のどなたかがうっかり間違えられたのを、不肖の弟子たちが無批判に使っているだけなのであろう。

写真は真を写さない

通常の溶液内における安定な形はPr^{3+}(aq)で、美しい若草色をしている。まさに名称（πρασιο-（praesio-）はギリシャ語の萌葱色や若草色を意味する）どおりなのであるが、この水溶液をカラー写真にとると、驚いたことに緑色の色調が消えて真黄色の水溶液として写ってしまう。これは、カラー写真撮影時にフィルムの上層のフィルター部分で3色に色分解を行う際に、幅の広い連続的なスペクトルであればそれほどもとの色とはズレないのであるが、ランタニド元素の吸収スペクトルでは幅の狭いものが多いために、対象の色をきちんと再現できないのである。ディジタルカメラでは多少はましであるが、それでも程度の差こそあれ色調のズレは認められる。シュウ酸塩を加えて沈殿させても、やはり若草色の固体となるのであるが、多少とも黄色味が強くなった感じである。なお、プラセオジムの化合物は、磁器を美しい黄色に着色するための釉薬として用いられている。ただ、プラスチックなどの着色に用いるには、被覆力に欠けるため使うことができない。プラセオジムイエローという顔料は、ジルコニア（酸化ジルコニウム）にプラセオジムの酸化物を混ぜて焼成してつくったもので、色彩材料としては新顔である。

化合物の性質

プラセオジムのシュウ酸塩などを熱分解して酸化物にすると、真っ黒いPr_6O_{11}に変わってしまう。酸素が過剰な条件ではPrO_2、つまり完全な$Pr(IV)$ができるのであるが、通常の酸素が1/5気圧しかない条件下では、一部の酸素が放出された$Pr(III)/Pr(IV)$の混合酸化物の状態の方が安定なのである。

Pr^{3+}イオンは、励起によって赤色光（635 nm）と緑色光（522 nm）を放出する性質がある。そこで、青色の半導体レーザー光（例の中村修二教授の開発になるもの、波長440 nm）をこのPr^{3+}を含む光ファイバーに通すと、赤色、緑色、青色（RGB）の3色の成分を含むレーザー光（つまり混ぜ合わせるとほぼ白色光となる）が得られる。これは、住田光学ガラス社の開発結果であるが、なかなか興味ある現象である。詳しくは同社のホームページなどを参照されたい。将来において、予想もしなかった新しい応用分野が開けるかもしれない。

プラセオジム磁石は、サマリウム磁石とよく似た$PrCo_5$という組成をもつ合金磁石である。これは粉末工程を経ずに製造できる、異方性の高性能希土類磁石である。機械的強度が大きく、引張強度はネオジム系焼結磁石の3倍以上を誇り、割れ・欠けなどができにくいし、かつ錆びにくい。残念なことに、Nd-Fe-B系の強い磁石

(NIB) に比べるとかなり高価につくので，特殊な用途以外ではまずお目にかかることもない．10年ほど以前に「ジジミウム磁石」が話題となったことがある．これはプラセオジムとネオジムを分けずにコバルトなどと合金にしたもので，製造は簡単で性能もかなりよいのであるが，たいへん錆びやすく，そのため実用にならなかったという．

プラセオジムのイオンをドープしたルテチウム-アルミニウムガーネット（LuAG-Pr）は，酸化物のシンチレーター材料として用いられるので，医療用のPETの検出器材料として期待されている．シンチレーションの減衰時間が短くて，光度が大きいことが買われている．これについては「ルテチウム」の項（p.207）も参照されたい．

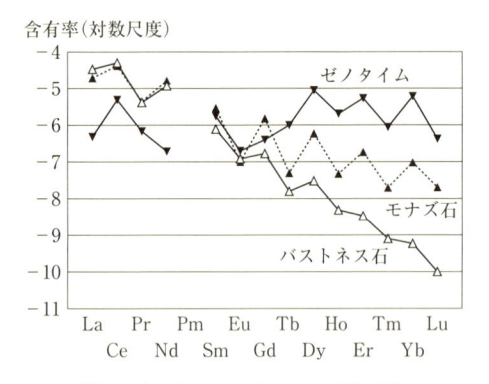

図1 オッドー-ハーキンスの法則 (1)

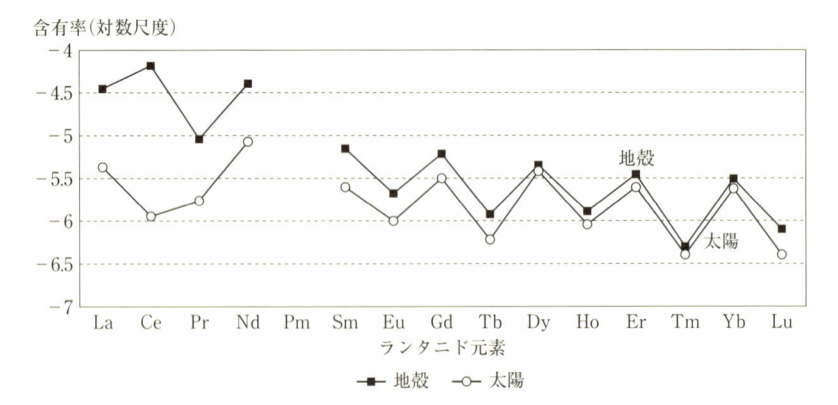

図2 オッドー-ハーキンスの法則 (2)

ネオジム Nd

発見年代：1885 年　　発見者（単離者）：C. A. von Welsbach

原子番号	60	天然に存在する同位体と存在比	Nd-142 (27.2), Nd-143 (12.2), Nd-144 (23.8), Nd-145 (8.3), Nd-146 (17.2), Nd-148 (5.7), Nd-150 (5.6)
単体の性質	銀白色金属，六方晶系		
単体の価格（chemicool）	110 \$/100 g	宇宙の相対原子数（Si = 10^6）	1.4
価電子配置	[Xe]$4f^46s^2$	宇宙での質量比（ppb）	10
原子量（IUPAC 2009）	144.242(3)	太陽の相対原子数（Si = 10^6）	0.8355
原子半径（pm）	182.1		
イオン半径（pm）	104		
共有結合半径（pm）	164	土壌	20（4〜120）ppm
電気陰性度		大気中含量	事実上皆無
Pauling	1.14	体内存在量（成人 70 kg）	報告なし．ごく微量
Mulliken	—	空気中での安定性	常温では表面酸化，高温では Nd_2O_3 を生成
Allred	1.07		
Sanderson	—	水との反応性	常温では徐々に反応するが熱水には溶解して H_2 を放出
Pearson（eV）	≦3.00		
密度（g/L）	6,800（固体）	他の気体との反応性	ハロゲンとの反応では NdX_3 を生成
融点（℃）	1,021		
沸点（℃）	3,070	酸，アルカリ水溶液などとの反応性	無機酸には溶解して H_2 を放出
存在比（ppm）			
地殻	38	酸化物	Nd_2O_3
海水	(1.8〜4.8)×10^{-6}	塩化物	$NdCl_3$
		硫化物	Nd_2S_3
		酸化数	+3（他）

英 neodymium　独 Neodym　佛 néodyme　伊 neodimio　西 neodimio　葡 neodimio　希 νεοδυμιο (neodymio)　羅 neodymium　エスペ neodimo　露 неодим (neodim)　アラビ نيوديميوم (niyūdīmiyūm)　ペルシ نئودیمیوم (neodimiyam)　ウルド ― (neodimiyam)　ヘブラ נאודימיום (neodimium)　スワヒ neodimio　チェコ neodym　スロヴ neodým　デンマ neodym　オラン neodymium　クロア neodimij　ハンガ neodímium　ノルウ neodym　ポーラ neodym　フィン neodyymi　スウェ neodym　トルコ neodim　華 釹　韓・朝 네오디뮴　インドネ neodimium　マレイ neodimium　タイ นีโอดิเมียม　ヒンデ नियोडाइमियम (niyodimiyam)　サンス ―

名称の由来

「新しい双子」という意味であるが、もともとのジジム（ディディミウム）は、発見者のムーサンデル（モザンダー）がモナズ石の中からランタンを発見した（1839年）際に、これと酷似した性質をもっているが、酸化物が黒く、水溶液は無色という奇妙な性質の元素を見出し、これにギリシャ語の「双子」の意味をもつδιδυμoς (didymos) と名づけたのがもとである。つまり、ランタンに対しての双子がもともとの意味であった。

ところがしばらくして、ボヘミアのB. ブラウナーによって、このジジムの水溶液の吸収スペクトルが、産地によってかなり異なることが指摘された。つまり、単一物質（元素）ではない可能性が示唆されたのである。

ジジミウムガラス

これにヒントを得たオーストリアのアウエルが、ジジムの塩を分別結晶法によってそれぞれの成分に分離しようと試みた。アウエルはハイデルベルク大学でブンゼンに学んだので、恩師直伝のスペクトル分析を応用して、この混合物の中から純成分として二つの元素を得たのであるが、気の遠くなるような再結晶（数万回に及んだともいう）を繰り返すことで、ようやくプラセオジムとネオジムの両元素を分離することができた。プラセオジムは溶液がみごとな緑色（ギリシャ語のπραεσιoς (= praesios, 萌葱色) による）であるからの名であるが、ネオジムは新しいジジムという意味である。この混合物をさす場合には、現在でも「ジジム」とか「ジジミウム」という名称が用いられることも少なくない。熔接工が用いる遮光ガラスなどは、いまでも「ジジミウムガラス」と呼ばれている。

黒色の酸化物を与える元素は、水溶液にすると何らかの着色が認められるのが常である。しかし、ほとんど無色の水溶液を与えるというのはたしかに不可思議であった。実はこの混合物の場合、酸化物はプラセオジムの酸化物 (Pr_6O_{11}) が濃い黒色、ネオジムの酸化物 (Nd_2O_3) が淡い青色なので、濃く着色した方の色が卓越していることと、水溶液では Pr(III) の黄緑色と、Nd(III) の薄紫色とがちょうど補色関係となるために、濃度が低ければ全体が灰色となるだけで、一見無色にみえることが原因である。ガラス状の固体にして吸収スペクトルを測定してみると、可視部のほぼ中央付近に幅の狭い透過率の大きな部分があるだけで、ほぼ全領域にわたって不透明である。

ジジミウムガラスが、熔接工の使うヘルメット用の遮光ガラスに利用されているのはこのためなのである。長波長側も短波長側も有効にシャットアウトしてくれるので、まぶしさが大きく減殺されるから、熔接箇所をきちんと目視することが可能となる。

ネオジムは、YAG などにドープすると近赤外部にレーザー発光を示すので、歯科治療用にかなり広く用いられている。歯周病の処置などに有効であるらしい。

強力磁石

最近になって、強力で小型のマグネット材料として金属ネオジムが脚光を浴びるようになってきた。希土類（ランタニド元素）の合金には、サマリウムやガドリニウムなどと鉄属の元素との合金のように強磁性を示すものが少なくないのであるが、ネオジムと鉄およびホウ素との合金（NIB）

は著しく強い残留磁化を示すので、よく「ネオジウム磁石」などとして教材用にも売られている。この「ネオジウム」というのは、わが国の物理学界や電気工業界においてのみ通用する言葉で、英語でもドイツ語でもない奇妙な俗語（ジャーゴン）である。

米国での話であるが、さるロックバンド歌手が奇妙なコスチュームをつけて舞台に上がる際に、頬に羽根飾りなどのついた奇妙なアクセサリーをつけ、内側（口腔側）からネオジム磁石で固定した。舞台狭しと動き回る大活躍でも落ちなかったので、公演は大成功のうちに終わったのであるが、楽屋に戻って磁石とアクセサリーをはずそうとしてもどうしてもとれない。とうとう救急車で病院に運ばれて、頬を切開して（血流が阻害されて壊疽になりかかっていたらしいが）ようやく除去に成功した。あとには記念として大きな傷跡が残る破目となったそうである。

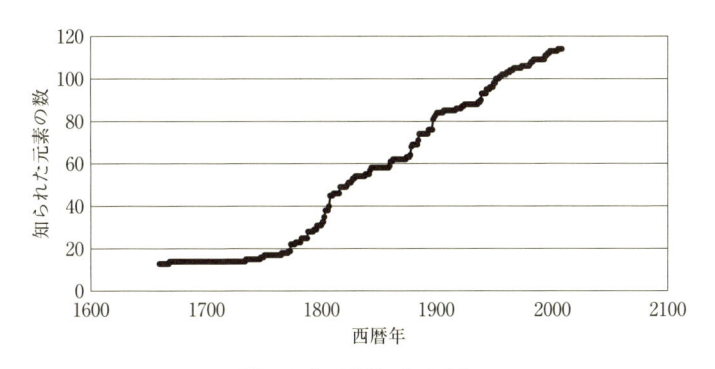

図1　既知元素数の年次変化

プロメチウム Pm

発見年代：1945 年　　発見者（単離者）：J. A. Marinsky, L. E. Glendenin and C. D. Coryell

原子番号		61	天然に存在する同位体と存在比	—
単体の性質		銀白色金属，六方晶系	宇宙の相対原子数 $(Si = 10^6)$	—
単体の価格（chemicool）		—	宇宙での質量比（ppb）	—
価電子配置		$[Xe]4f^56s^2$	太陽の相対原子数 $(Si = 10^6)$	—
原子量（IUPAC 2009）		—		
原子半径（pm）		181	土壌	天然には存在しない
イオン半径（pm）		106	大気中含量	天然には存在しない
共有結合半径（pm）		—	体内存在量（成人 70 kg）	天然には存在しない
電気陰性度			空気中での安定性	常温では表面酸化，高温では Pm_2O_3 を生成
	Pauling	1.13		
	Mulliken	—	水との反応性	常温では徐々に反応するが熱水には溶解して H_2 を放出
	Allred	1.07		
	Sanderson	—	他の気体との反応性	H_2, N_2 などとは反応しない
	Pearson（eV）	≤3.00	酸，アルカリ水溶液などとの反応性	無機酸には溶解して H_2 を放出
密度（g/L）		7,220（固体）		
融点（℃）		1,170	酸化物	Pm_2O_3
沸点（℃）		2,460	塩化物	$PmCl_3$
存在比（ppm）			硫化物	Pm_2S_3
	地殻	ウラン鉱物中に痕跡量	酸化数	+3（他）
	海水	痕跡量（＜検出限界）		

英 promethium　独 Promethium　佛 prométhium　伊 prometeo（prometo）　西 prometio　葡 promecio　希 προμηθειο（prometheio）　羅 promethium　エスペ prometio　露 прометий（prometij）　アラビ برومثيوم（brūmīthiyūm）　ペルシ پرومتيوم（prometiyam）　ウルド — （prometiyam）　ヘブラ פרומטיום（prometium）　スワヒ promethi　チェコ promethium　スロヴ promethium　デンマ promethium　オラン promethium　クロア prometij　ハンガ promécium　ノルウ prometium　ポーラ promet　フィン prometium　スウェ prometium　トルコ prometyum　華 鉕，钷　韓・朝 프로메듐　インドネ prometium　マレイ prometium　タイ โพรมีเทียม　ヒンデ प्रोमेथियम（poromesiyam）　サンス —

天然に存在？

プロメチウムの安定な核種は一つも存在しない．したがって現在の地球上に存在しているものは，原子爆弾由来か，原子炉中における核分裂生成物の中から核燃料再処理の過程で分離されたものだけである．天然のウラン鉱石の中にも，宇宙線由来の核分裂の結果として存在する可能性はあるのだが，計算してみると1トン当たりにして1 pg程度しか存在できないはずである．

微量での用途

プロメチウムには35種類の同位体が知られているが，すべて不安定で，かつ寿命も短い．いちばん長いものはPr-145で半減期17.7年，次いでPr-146が5.4年，Pr-147は2.6年しかない．核燃料の再処理によって，年間数mg程度は生産されていると考えられるが，一時期は薄い青色や黄緑色の蛍光体と配合して夜光時計用の文字盤などの塗料とし，軍用の機器などに広く使われた．これはPr-147の弱いβ放射能を利用したもので，トリチウムなどと同じように，暗いところでの文字表示用であった．しかし，放射性物質をこの種の蛍光性塗料に利用することは，わが国では1996年に禁止され，また優秀な蓄光性塗料（これについては「ジスプロシウム」の項（p.196）を参照されたい）の開発もあって，この方面への利用は大幅に減少した．それでも，いわゆる「軍事オタク」などと呼ばれる熱心なファンの中には，この種の払い下げの軍事物品のコレクターがかなりおいでらしく，たまに新聞などでコレクションの危険性が取り上げられることもある．あとは原子力電池のエネルギー源としての誘導ミサイルや，心臓のペースメーカーなどに利用されている．

これとは別で，身近なところではあるが案外目立たない利用例として，蛍光燈用のグロー放電管がある．電圧を印加した後，放電がすぐ起きるようにするために，電極にPm-147がほんの微量塗布してあり，これが気体を電離することで放電が迅速に起きるよう工夫されている．キャッシュレジスターの金額表示用の放電管（現在では発光ダイオードに押されてしだいに少なくなってきているが）にも，同じように微量のプロメチウムが使われている．以前はレスポンスの遅い人間を「蛍光燈みたい」なんていっていたのであるが，これを死語的表現とするために役立っているともいえる．

特殊な恒星での検出

核分裂反応によってしか得られないのであるから，もとより宇宙に存在するなんて考えられもしなかった．ところが，アンドロメダ座のHR-405番星のスペクトルには，はっきりしたプロメチウムのスペクトルが観測されている．このことは，プロメチウムが比較的最近，星の表面近くで生成したことを意味しているとしか考えられない．何しろ最長半減期のプロメチウム同位体（Pm-145）でも，上記のように17.7年しかないのである．

この HR-465 番星は別名をアンドロメダ座GYともいうが，分光連星で伴星の公転周期は273日と測定されている．主星は変光星で，ほとんどの希土類元素のスペクトルのほか，はっきりしたウランやトリウムのスペクトルを示していることでも有名である．この種の変光星はよくCP (chemical peculiar) star，つまり化学的に特異な恒星と呼ばれるが，猟犬座α（コール・カロリ）タイプに属する．他のこのタイプの

変光星においては，いまのところまだ観測されてはいないようであるが，将来月面に天文台ができたら，地球上にはもともとないプロメチウムやテクネチウムの発光スペクトルを示す，もっとたくさんの恒星がみつかるかもしれない．

サマリウム Sm

発見年代：1879 年　　発見者（単離者）：P. E. Locoq de Boisbaudran

原子番号	62	天然に存在する同位体と存在比	Sm-144（3.07），Sm-147（14.99），Sm-148（11.24），Sm-149（13.82），Sm-150（7.38），Sm-152（26.75），Sm-154（22.75）
単体の性質	灰白色金属，六方晶系		
単体の価格（chemicool）	130 \$/100 g		
価電子配置	$[Xe]4f^6 6s^2$	宇宙の相対原子数（$Si=10^6$）	0.7
原子量（IUPAC 2009）	150.36(2)	宇宙での質量比（ppb）	5
原子半径（pm）	180.2	太陽の相対原子数（$Si=10^6$）	0.2542
イオン半径（pm）	111（Sm^{2+}），100（Sm^{3+}）		
共有結合半径（pm）	166	土壌	5（2〜23）ppm
電気陰性度		大気中含量	事実上皆無
Pauling	1.17	体内存在量（成人 70 kg）	報告なし．ごく微量
Mulliken	—	空気中での安定性	常温では反応しない．150℃以上で酸化され Sm_2O_3 を生成
Allred	1.07		
Sanderson	—	水との反応性	O_2 不含の水に不溶，含む水に徐々に溶解．熱水に溶け，H_2 を放出
Pearson（eV）	≦3.00		
密度（g/L）	7,536（固体）	他の気体との反応性	ハロゲンとは高温で反応し SmX_2，SmX_3 を生成
融点（℃）	1,077		
沸点（℃）	1,791	酸，アルカリ水溶液などとの反応性	無機酸には溶解して H_2 を放出
存在比（ppm）		酸化物	Sm_2O_3
地殻	7.9	塩化物	$SmCl_3$
海水	（4.0〜10）$\times 10^{-7}$	硫化物	Sm_2S_3
		酸化数	+3，+2（他）

英 samarium　独 Samarium　佛 samarium　伊 samario　西 samario　葡 samario　希 σαμαριο（samario）　羅 samarium　エスペ samario　露 самарий（samarij）　アラビ ساماريوم（samaryūm）　ペルシ ساماريوم（samariyam）　ウルド ー（samariyam）　ヘブラ סמריום（samarium）　スワヒ samari　チェコ samarium　スロヴ samárium　デンマ samarium　オラン samarium　クロア samarij　ハンガ szamárium　ノルウ samarium　ポーラ samar　フィン samarium　スウェ samarium　トルコ samaryum　華 釤，钐　韓・朝 사마륨　インドネ samarium　マレイ samarium　タイ ซาแมเรียม　ヒンデ समारियम（samariyam）　サンス ー

希土類磁石

いわゆる「希土類磁石」の最初の例として，サマリウムとコバルトの合金が報告された．最初につくられたのが $SmCo_5$ 磁石で，しばらくしてから Sm_2Co_{17} 磁石が開発された．ただ金属サマリウムは高価なため，時計などのサイズの小さい製品で主に使用されている．錆びにくく，高温に強い磁石である．この点だけは，鉄を含んでいるネオジム磁石では代替が無理なのである．

サマリウムの用途には，このほかに有機化合物合成用の特殊な試薬としてのものがあるが，もっと興味あるものとして，サマリウムイオンには二価の状態も比較的安定である（もっともユウロピウムに比べると不安定ではあるが）ことを利用した，燃料電池用の酸化物系電解質材料や超高密度光メモリーへの応用などが試みられている．

固体電解質

燃料電池には固体電解質が不可欠なのであるが，この素材としては固体高分子やリン酸塩，熔融炭酸塩などの系が以前から研究対象となってきた．一部にはすでに実用化されたものもある．このサマリウムを利用した固体電解質は，よく SDC と略称されるが，酸化セリウム(IV)に酸化サマリウム(III)を混合したもので，硝酸セリウム(IV)と硝酸サマリウム(III)の等モル混合水溶液をシュウ酸水溶液中に滴下して沈殿をつくって，あとで熱分解（約 600°C で煆焼）することで混合酸化物とする．このほかに，酸化物の粉末どうしをボールミルなどですり混ぜてつくることもある．

実際には，混合比によって精製する酸化物の組成にもいろいろと違いが出てくるはずであるが，この場合，固相中で Sm(III) と Sm(II) のどちらも存在可能であるし，また Ce(IV) と Ce(III) のどちらも存在できる．つまり電子の移動で，セリウム，サマリウムのどちらのイオンも比較的安定に存在可能であることが，固体電解質としての性能にほかではみられない特徴をもたせることを可能とする原因となっているらしい．

平尾プロジェクト

超高密度光メモリーとして，サマリウムイオン（Sm(III)）をドープしたガラスを用いるというのは，京都大学の平尾一之教授の数ある研究プロジェクトの一つである．比較的最近になっていろいろな分野で利用されるようになったフェムト秒レーザー光を照射することで，ガラス中のサマリウムを Sm(III) から Sm(II) に還元することをスポット（直径数十 nm ほど）的に行わせることができる．集光点を三次元的に配列すると，いまの CD や DVD などの二次元の記録媒体とは違って，三次元的な高密度の記録媒体をつくることが可能となる．国会図書館の全蔵書を角砂糖大のメモリー媒体に収めることも，理論的にはできることになる．つまりその昔から，ハインラインやシルヴァーバーグなどの SF の世界でよく使われた「メモリーキューブ」が，実現可能となりそうである．

このあたりのもっと詳しいことは，平尾教授の研究プロジェクトの一つである「平尾有機構造プロジェクト」のホームページを参照されるとよいであろう．

ユウロピウム Eu

発見年代：1901 年　　　発見者（単離者）：E. A. Demarçay

原子番号	63		天然に存在する同位体と存在比	Eu-151 (47.81)，Eu-153 (52.19)
単体の性質	銀白色金属，体心立方		宇宙の相対原子数 ($Si = 10^6$)	0.2
単体の価格（chemicool）	3,600 $/100 g		宇宙での質量比（ppb）	1
価電子配置	$[Xe]4f^76s^2$		太陽の相対原子数 ($Si = 10^6$)	0.09513
原子量（IUPAC 2009）	151.964 (1)			
原子半径（pm）	204.2			
イオン半径（pm）	112（Eu^{2+}），98（Eu^{3+}）		土壌	1.2 ppm
共有結合半径（pm）	185		大気中含量	事実上皆無
			体内存在量（成人 70 kg）	報告なし．ごく微量
電気陰性度			空気中での安定性	常温では表面酸化，高温では Eu_2O_3 を生成
Pauling	1.20			
Mulliken	—		水との反応性	常温では徐々に反応するが熱水には溶解して H_2 を放出
Allred	1.01			
Sanderson	—		他の気体との反応性	H_2 との反応では EuH_2，ハロゲンとは EuX_3 を生成
Pearson（eV）	≦3.10			
密度（g/L）	5.243（固体）		酸，アルカリ水溶液などとの反応性	無機酸には溶解して H_2 を放出
融点（℃）	822			
沸点（℃）	1,597		酸化物	Eu_2O_3
存在比（ppm）			塩化物	$EuCl_2$，$EuCl_3$
地殻	2.1		硫化物	EuS，Eu_2S_3
海水	(0.9〜5.7) × 10^{-7}		酸化数	+3，+2（他）

英 europium　独 Europium　佛 europium　伊 europio　西 europio　葡 europio　希 ευρωπιο (europio)　羅 europium　エスペ europio　露 европий (evropij)　アラビ يوروبيوم (ūrūbiyūm)　ペルシ یوروپیام (yuropiyam)　ウルド — (yuropiyam)　ヘブラ אירופיום (eropium)　スワヒ europi　チェコ europium　スロヴ európium　デンマ europium　オラン europium　クロア europij　ハンガ európium　ノルウ europium　ポーラ europ　フィン europium　スウェ europium　トルコ evropiyum　華 銪　韓・朝 유로퓸　インドネ europium　マレイ europium　タイ ยูโรเพียม　ヒンデ युरोपियम (yuropiyam)　サンス —

郵便番号のからくり

ずいぶん前からわが国の郵便物は，7桁の郵便番号を書き込んで自動仕分け処理を行うようになっている．しかし，これがどのようなからくりに基づいているのかはどなたもあまりきちんと説明してくださらない．

実は，これには三価のユウロピウムのテノイルトリフルオロアセトンとのキレート錯体が利用されている．普通の照明（白熱電球でも蛍光燈でも）や太陽光線では何もみえないが，波長が310 nm 程度の紫外線で照射すると，みごとなバーコードの列が現れる．定形郵便物の場合，これを活用することで機械による迅速な仕分けが可能となっている．もちろん，その前に郵便番号の枠の中の数字をセンサーで読み取ってから，バーコードとして印刷することになるのであるが．カラオケルームなどでおなじみの，近紫外部の光源であるブラックライト（水銀ランプで，波長が364 nm の強い輝線スペクトルが卓越している）でも，このバーコードが鮮やかに現れる（最近「紫外線利用のシークレットインキ」などというのが100円ショップなどで売られているが，これは白色発光ダイオードを利用しているので，もっとも短波長の光源でも410 nm 付近であるから，これでは葉書のバーコードを検知するのは無理である．つまり励起光も本当の紫外線ではないのである）．

なお，この錯体は強い赤橙色（612 nm）の幅の狭いスペクトル線の蛍光を発するので，レーザー材料としても注目されてきた．蛍光の強さは溶媒によっても大きく異なるのであるが，いまの郵便物仕分け用には，この錯体のブチルアルコール溶液が利用されているらしい．つまり，マジックインキ（油性のフェルトペン）などと同じように使えるのである．このテノイルトリフルオロアセトン錯体は，ウランやトリウム，希土類元素などの相互分離にずいぶん以前から利用されてきた．いってみれば，原子力プロジェクトのスピルオーバーだといえなくもない．

低原子価化合物

希土類元素と一括して呼ぶときには，ランタニド元素にイットリウムとスカンジウムを含めたものをさす．ほとんどの場合，相伴って産出するのであるし，分離・生成もイオン交換や向流分配法などで一緒に処理して各フラクションを分け取ることになる．しかし，ユウロピウムは典型的な酸化数の Eu(III) 以外にも，一電子還元を受けた Eu(II) の状態が比較的安定である．このイオン半径は，アルカリ土類金属のバリウムのイオン（Ba^{2+}）とほとんど同じであり，化合物の性質もかなり似ている．たとえば，硫酸塩の水に対する溶解度も著しく小さい．したがって，硫酸ユウロピウムの酸性水溶液を電解還元すると，$EuSO_4$ が沈殿として分離してくる．

ランタニド元素の中で還元されやすい元素としては，このユウロピウムのほかにイッテルビウムがある．これらは，電子配置が $4f^7$，$4f^{14}$ となったときのイオンの安定性が著しく増加することに対応する．通常のランタニド元素はポーラログラフィーでも還元波を与えないのであるが，この両元素は水溶液中で還元を受けるのである．この性質がもっと早くわかっていたならば，ユウロピウムの発見は何十年も前に起きていたかもしれないともいわれる．

Eu(II) は，バリウムやストロンチウム

のイオンとイオン半径はほぼ同じであり，そのために重晶石中に不純物としてユウロピウムが含まれることもままある．なお，こちらは青色の蛍光を放つので，いわゆる「昼光色蛍光燈」では，赤色蛍光体としての Eu(III) を含むものと，青色蛍光体としての Eu(II) を含むものが用いられる．

ガドリニウム Gd

発見年代：1880 年　　発見者（単離者）：J. C. G. de Marignac

原子番号	64	天然に存在する同位体と存在比	Gd-152 (0.20), Gd-154 (2.18), Gd-155 (14.80), Gd-156 (20.47), Gd-157 (15.65), Gd-158 (24.84), Gd-160 (21.86)	
単体の性質	銀白色金属，六方晶系			
単体の価格（chemicool）	191 $/100 g	宇宙の相対原子数 ($Si = 10^6$)	0.7	
価電子配置	$[Xe]4f^75d^16s^2$	宇宙での質量比（ppb）	2	
原子量（IUPAC 2009）	157.25(3)	太陽の相対原子数 ($Si = 10^6$)	0.3321	
原子半径（pm）	180.2			
イオン半径（pm）	97	土壌	6（1〜15）ppm	
共有結合半径（pm）	161	大気中含量	事実上皆無	
電気陰性度		体内存在量（成人70 kg）	報告なし．ごく微量	
Pauling	1.20	空気中での安定性	常温では表面酸化．高温では Gd_2O_3 を生成．酸化被膜は剥落性がある	
Mulliken	—			
Allred	1.11			
Sanderson	—	水との反応性	徐々に溶解	
Pearson（eV）	≦3.30	他の気体との反応性	ハロゲンと反応するが，高温では分解	
密度（g/L）	7,900（固体）			
融点（℃）	1,313	酸，アルカリ水溶液などとの反応性	無機酸には溶解して H_2 を放出．アルカリ水溶液とは反応しない	
沸点（℃）	3,270			
存在比（ppm）		酸化物	Gd_2O_3	
地殻	7.7	塩化物	$GdCl_3$	
海水	$(5.2〜15) \times 10^{-7}$	硫化物	Gd_2S_3	
		酸化数	+3（他）	

英 gadolinium　独 Gadolinium　佛 gadolinium　伊 gadolinio　西 gadolinio　葡 gadolineo　希 γαδορινιο (gadorinio)　羅 gadolinium　エスペ gadolinio　露 гадолиний (gadolinij)　アラビ (ghādūlīniyūm) جدولينيوم　ペルシ گادولینیوم (gadoliniyam)　ウルド — (gadoliniyam)　ヘブラ גדוליניום (gadolinium)　スワヒ gadolini　チェコ gadolinium　スロヴ gadolinium　デンマ gadolinium　オラン gadolinium　クロア gadolinij　ハンガ gadolinium　ノルウ gadolinium　ポーラ gadolin　フィン gadolinium　スウェ gadolinium　トルコ gadolinyum　華 釓，钆　韓・朝 가돌리늄　インドネ gadolinium　マレイ gadolinium　タイ แกโดลิเนียม　ヒンデ ग्याडोलिनियम (gadoliniyam)　サンス —

強磁性の金属

よく「磁石に（強く）引かれる金属は何か」というのが，大学院あたりの口頭試問の問題に出されることがある．答えとしては，いわゆる強磁性を示す金属を示せばよいのであるから，鉄，コバルト，ニッケルがその好例である．合金ではもっといろいろな例があるのだが，案外見過ごされている例として，金属ガドリニウムがある．これはキュリー点（強磁性を失う温度）が約20℃で，冷蔵庫などで冷却しておくと，馬蹄形磁石などのあまり強くない磁石にもみごとにくっつくが，夏の室内に放置しておいたものは引かれないのである．

（もちろん，いわゆる常磁性物質も磁石に引かれるのであるが，その力はそれほど大きくはない．それでも容易に測定できるほどの顕著な相互作用を示すので，強い磁場を扱う装置の傍では，金属に限らず常磁性物質を移動させることは望ましくない．たとえば100円硬貨（きわめて弱いが常磁性の合金である）ですら，精密測定には妨害を与える危険性がある．）

$4f^7$ 構造による特異性

ガドリニウムのイオン（Gd^{3+}）は，前のページにあるように$[Xe]4f^7$の電子配置をとっている．そのために，他のランタニド元素とは磁性の面ではかなり特別な挙動を示す．通常の希土類元素の化合物のほとんどは常磁性であるが，電子の緩和時間が室温では短すぎるために，ESRスペクトルを観測するためには液体水素温度以下，多くは液体ヘリウムで冷却した条件でのみ鮮明なスペクトルが得られるだけである．しかし，Gd^{3+}イオンは常温でも何とか観測できるほどの長い緩和時間をもっている．これは逆に周辺にある原子核（プロトンなど）に影響を与えるから，これを利用したのが，MRIで用いられるコントラスト向上試薬（医者はX線撮影以来の「造影剤」という言葉をよく使うが，本当は全く違う原理に基づいたものである）にほかならない．

MRIへの利用

MRIでは，体内組織に豊富に含まれる水素の原子核（プロトン）が磁場の中で電磁波による共鳴を起こし，励起状態になるのであるが，このとき得たエネルギーがどのくらいの速さで減少するか（この現象を「緩和」という）を観測する．移動性の大きな部分（血液とか柔組織など）では，分子の運動の寄与もあって迅速に緩和が起きるが，硬い組織では緩和は遅くなる．この違いを三次元的画像処理によって映像化（イメージング）して，診断に役立てようというのである．癌組織はおおむね緩和が遅い（「緩和時間が長い」という）ので，それ以外の部分の緩和時間を短くできれば，コントラストが上がって診断が容易となるわけである．このためによく用いられる試薬に，「ガドペンテト酸ジメグルミン」という一見奇妙な名称（一般名）のものがあるが，これはガドリニウムのイオンを人体内でも分解されないような（したがって無害でそのまま排泄される），水溶性に優れた錯体としたもので，分析試薬や硬水軟化，化粧品などに用いられるEDTA（エチレンジアミン四酢酸）の同族体であるDTPA（ジエチレントリアミン五酢酸）と結合させ，対陽イオンとしてグルコースのジメチルアミノ誘導体（これが「ジメグルミン」）を含む．英語ではgadolinium diethylenetriamine-pentaacetate bis (dimethyl-glucosammonium) saltになる．

テルビウム Tb

発見年代：1942 年　　発見者（単離者）：C. G. Mosander

原子番号	65	天然に存在する同位体と存在比	Tb-159（100）
単体の性質	銀灰色金属，六方晶系	宇宙の相対原子数（Si $= 10^6$）	0.1
単体の価格（chemicool）	1,800 \$/100 g	宇宙での質量比（ppb）	1
価電子配置	[Xe]$4f^96s^2$	太陽の相対原子数（Si $= 10^6$）	0.05902
原子量（IUPAC 2009）	158.92535(2)	土壌	0.7（0.5〜1.8）ppb
原子半径（pm）	178.2	大気中含量	事実上皆無
イオン半径（pm）	93（Tb^{3+}），81（Tb^{4+}）	体内存在量（成人 70 kg）	報告なし．ごく微量
共有結合半径（pm）	159	空気中での安定性	常温では表面酸化，高温では Tb_4O_7 を生成
電気陰性度　Pauling	1.20	水との反応性	常温では徐々に反応するが熱水には溶解して H_2 を放出
Mulliken	—		
Allred	1.10	他の気体との反応性	H_2，N_2 などとは反応しない
Sanderson	—		
Pearson（eV）	≦3.20	酸，アルカリ水溶液などとの反応性	無機酸には溶解して H_2 を放出
密度（g/L）	8,253（固体）	酸化物	Tb_4O_7
融点（℃）	1,356	塩化物	$TbCl_3$
沸点（℃）	3,120	硫化物	Tb_2S_3
存在比（ppm）　地殻	1.1	酸化数	+4，+3（他）
海水	（0.8〜2.5）$\times 10^{-7}$		

英 terbium　独 Terbium　佛 terbium　伊 terbio　西 terbio　葡 terbio　希 τερβιο (tervio)　羅 terbium　エスペ terbio　露 тербий (terbij)　アラビ تربيوم (tarbiyūm)　ペルシ تربيوم (terbiyam)　ウルド — (terbiyam)　ヘブラ טרביום (terbium)　スワヒ taribi　チェコ terbium　スロヴ terbium　デンマ terbium　オラン terbium　クロア terbij　ハンガ terbium　ノルウ terbium　ポーラ terb　フィン terbium　スウェ terbium　トルコ terbiyum　華 鋱，鋱　韓・朝 터븀　インドネ terbium　マレイ terbium　タイ เทอร์เบียม　ヒンデ टर्बियम (teribiyam)　サンス —

名称の由来

この元素も，イットリウムやエルビウム，イッテルビウムと同様にスウェーデンの小さな町イッテルビー（Ytterby，スウェーデン語では「イテルビュー」に近い発音であるらしい）にちなんで命名された名称を負っている．$4f^7$ 電子配置が比較的安定であるために，Tb(IV) の化合物もいくつか知られている．通常のランタニド元素のシュウ酸塩や硝酸塩などを熱分解して得られる酸化物は，みな Ln_2O_3 の形の酸化物であるのが普通だが，いくつかの元素ではこの予測どおりにはならず，酸化数の多いイオンとの混合酸化物となる．プラセオジムが Pr_6O_{11} に相当する黒色の酸化物をつくることはよく知られているが，テルビウムも Tb_4O_7 という組成の褐色の酸化物を生成する．もっとも，水溶液中では Tb(III) の方がずっと安定である．

Tb(III) のイオンは緑色の蛍光を発するので，固体レーザーや昼光色蛍光燈の蛍光体などに利用されている．オキシ硫化イットリウム（Y_2O_2S）にユウロピウムをドープしたものは優れた赤色の蛍光体であるが，ユウロピウムの代わりにテルビウムをドープすると，緑色の蛍光体をつくることができる．X線診断用の蛍光スクリーンにも，Tb(III) イオンをドープしたものが用いられるようになって，以前の硫化亜鉛系のものよりもはるかに蛍光強度が大きくなったため，診断に要する時間が大幅に短縮された（つまり人間の X 線露曝量がずっと減少した）ことは特記してもよいであろう．

テルビウムを含む合金には，磁場の印加によって変形（伸縮）を起こすものがある．つまり，磁歪性を示すのである．このような磁歪性合金は，微小なサイズでもかなり大きなエネルギーを保存することが可能なので，将来のマイクロマシンやナノマシンの製作に際して，アクチュエーターの材料などに重要な役割を担うことが期待されている．

バッキーエッグ

テルビウムの化合物で比較的最近に話題となったものに，フラーレンの内部に Tb_3N ユニットを内包した「バッキーエッグ」がつくられたという報告がある．これは，カリフォルニア大学デーヴィス校の C. Beavers 女史の報文（C. M. Beavers, et al., *J. Am. Chem. Soc.*, **128**, 11352（2006））にあるが，$Tb_3N@C_{84}$ のような化合物で，FeN を触媒として，Tb_4O_7 を混ぜたグラファイトを低圧の He/N_2 雰囲気中で放電させたところ得られたという．本当に炭素でできた卵形であり，C_5 単位が隣接した奇妙な構造である．内部にある Tb_3N ユニットは，窒素原子を中心とする正三角形である．なお@は，C_{84} のつくる籠の中に Tb_3N が存在することを示している．

ジスプロシウム Dy

発見年代：1866 年　　　発見者（単離者）：P. E. Lecoq de Boisbaudran

原子番号	66	
単体の性質	銀白色金属，六方晶系	
単体の価格（chemicool）	210 \$/100 g	
価電子配置	$[Xe]4f^{10}6s^2$	
原子量（IUPAC 2009）	162.500(1)	
原子半径（pm）	177.3	
イオン半径（pm）	91	
共有結合半径（pm）	159	
電気陰性度		
Pauling	1.22	
Mulliken	—	
Allred	1.10	
Sanderson	—	
Pearson（eV）	≦3.0	
密度（g/L）	8,550（固体）	
融点（℃）	1,412	
沸点（℃）	2,560	
存在比（ppm）		
地殻	6	
海水	$(8.0〜9.6)\times10^{-7}$	

天然に存在する同位体と存在比	Dy-156(0.056), Dy-158(0.095), Dy-160(2.329), Dy-161(18.889), Dy-162(25.475), Dy-163(24.896), Dy-164(28.260)
宇宙の相対原子数（Si = 10^6）	0.6
宇宙での質量比（ppb）	2
太陽の相対原子数（Si = 10^6）	0.3862
土壌	約 5（1〜12）ppm
大気中含量	事実上皆無
体内存在量（成人 70 kg）	報告なし．ごく微量
空気中での安定性	常温では表面酸化，高温では Dy_2O_3 を生成
水との反応性	徐々に溶解．熱水には溶解して H_2 を放出
他の気体との反応性	ハロゲンとは高温で反応し DyX_3 を生成
酸，アルカリ水溶液などとの反応性	無機酸には溶解して H_2 を放出
酸化物	Dy_2O_3
塩化物	$DyCl_3$
硫化物	Dy_2S_3
酸化数	+3（他）

英 dysprosium　独 Dysprosium　佛 dysprosium　伊 disprosio　西 disprosio　葡 disprosio　希 δυσπροσιο（dysprosio）　羅 dysprosium　エスペ disprozio　露 диспрозий（disprozij）　アラビ ديسبروسيوم（disbrūziyūm）　ペルシ ديسپروزيوم（disprosiyam）　ウルド ــ（disprosiyam）　ヘブラ דיספרוסיום（disprosium）　スワヒ disprosi　チェコ dysprosium　スロヴ dysprózium　デンマ dysprosium　オラン dysprosium　クロア disprozij　ハンガ disprózium　ノルウ dysprosium　ポーラ dysproz　フィン dysprosium　スウェ dysprosium　トルコ disprosyum　華 鏑，镝　韓・朝 디스프로슘　インドネ disprosium　マレイ disprosium　タイ ดิสโพรเซียม　ヒンデ डिस्प्रोसियम（disprosiyam）　サンス —

以前の用途

　数年以前までは，ジスプロシウムに特有の用途というものがほとんど存在しなかった．ランタニド元素は，はるか昔においては混合物のまま鉄と合金にしたり（ミッシュメタル），脱酸素剤として用いたりするのがほとんどで，原子力産業のスピルオーバーで安価になったおかげで，赤色蛍光体（ユウロピウム），強磁性マグネット（ネオジム），MRI用の診断試薬（ガドリニウム），手術用レーザー光源（エルビウム）などの，それぞれの個性を生かした用途が広がっても，これだけは取り残された元素とみなされていた．つまり，他のもっと安価で豊富に得られる元素で十分な用途ばかりであると，わざわざジスプロシウムを利用するメリットがないというわけなのである．原子番号が偶数であるから，化合物自体は比較的安価ではあったが，用途がないと結局のところ材料としては割高になってしまうのである．数少ない用途としては，原子炉用の制御棒に用いる中性子吸収材料くらいであった．もっとも，これにもガドリニウムやハフニウムなどの方が現実にはよく使われている．

蓄光性の利用

　数年以前に新聞紙上でも騒がれた「蓄光性塗料」にはDy(III)が配合されていることはあまり知られていない．こればかりは，他の希土類の元素では代替がききにくいのである．もともとこの種の夜光性塗料には，β放射体のトリチウム（H-3）やプロメチウム（Pm-147）などが使われていた（もっと前はラジウムが用いられたが，米国の夜光時計の製造工場で，ラジウムを含む塗料を文字盤に塗布する工具（大部分は若い女性であった）の間に多数の犠牲者を出したこともあった）．現在でも米軍用の時計や計器などには，ときとして著しい量の放射性核種を含むものがあり，いわゆる「軍事オタク」に属する一部のマニアの間で，軍放出品にみられるこの強すぎる放射能が，一時期問題視されたこともある．そのために，放射性物質を蛍光性塗料に用いることは，わが国では1996年に全面的に禁止され，その代替品として登場したのがこの「蓄光性塗料」である．

　もともと，蛍光体にはある程度の残光性をもつもの（たとえばその昔のオッシロスコープ用のブラウン管蛍光体であった硫化亜鉛など）が知られていたのであるが，長時間にわたって明るい光を継続して放出できるようなものがなかなか存在しなかった（わが国で最初のテレビジョンの実験をされた高柳健次郎博士（当時は浜松高等工業学校（現在の静岡大学工学部の前身）におられた）は，そのためにわざわざ劣化して残光性が乏しくなったオッシロスコープを求めて，学校中を探し回られたという逸話が残っている）．

　現在では，いろいろな波長の光を長時間（30時間程度も）放出できるような蓄光性塗料が市販されている．微細粉末状のものをマニキュア液と混ぜて，珍奇なネイルアートやボディペイントに用いて舞台に立ったりする向きも現れた．

　ジスプロシウムはこのほか，磁歪合金の成分としたり，ネオジム磁石（Nd-Fe-B系磁石，NIB）の添加剤として用いたりするが，最近になって磁気光ディスク材料としての利用がはじまった．また，磁気冷凍素子としてガドリニウムと同様に使用されることもある．これから改めて新奇な用途が発見されるかもしれない．

ホルミウム Ho

発見年代：1878 年　　　発見者（単離者）：P. T. Cleve/Delafontaine

原子番号	67	天然に存在する同位体と存在比	Ho-165（100）
単体の性質	銀白色金属，六方晶系	宇宙の相対原子数（Si = 10^6）	0.1
単体の価格（chemicool）	740 \$/100 g	宇宙での質量比（ppb）	1
価電子配置	[Xe]$4f^{11}6s^2$	太陽の相対原子数（Si = 10^6）	8.986×10^{-2}
原子量（IUPAC 2009）	164.93032(2)		
原子半径（pm）	176.6	土壌	1 ppm
イオン半径（pm）	89	大気中含量	事実上皆無
共有結合半径（pm）	158	体内存在量（成人 70 kg）	報告なし．ごく微量
電気陰性度　Pauling	1.23	空気中での安定性	常温では表面酸化，高温ではHo_2O_3を生成
Mulliken	—		
Allred	1.10	水との反応性	常温では徐々に反応するが熱水には溶解してH_2を放出
Sanderson	—		
Pearson（eV）	≦3.30	他の気体との反応性	H_2, N_2などとは反応しない
密度（g/L）	8.795（固体）	酸，アルカリ水溶液などとの反応性	無機酸には溶解してH_2を放出
融点（℃）	1,474		
沸点（℃）	2,700	酸化物	Ho_2O_3
		塩化物	$HoCl_3$
存在比（ppm）		硫化物	Ho_2S_3
地殻	1.4	酸化数	+3（他）
海水	(1.6〜5.8)×10^{-7}		

英 holmium　独 Holmium　佛 holmium　伊 olmio　西 holmio　葡 holmio　希 ɔoλμιo（holmio）
羅 holmium　エスペ holmio　露 гольмий（gol'mij）　アラビ هلميوم（hūlmiyūm）　ペルシ هولميوم（holmiyam）　ウルド —（holmiyam）　ヘブラ הולמיום（holmium）　スワヒ homi　チェコ holmium　スロヴ holmium　デンマ holmium　オラン holmium　クロア holmij　ハンガ holmium　ノルウ holmium　ポーラ holm　フィン holmium　スウェ holmium　トルコ holmiyum　華 鈥　欽　韓・朝 喜昷　インドネ holmium　マレイ holmium　タイ โฮลเมียม　ヒンデ होल्मियम（holmiyam）　サンス —

発見の経緯

スウェーデンのクレーヴェ（1840-1905）は，当時不純なものしか得られていなかったエルビア（エルビウムの酸化物）から，1840年に新たな別の元素の酸化物を2種類分離して，これにホルミアとツリアという名称を与えた．当時において，化学者はもっぱら原子量（当時はむしろ「当量」の方が重んじられたが）を精密に測定することで純度を推定していたのであるが，エルビウムの原子量はばらつきが大きく，他の元素の存在が示唆されていた．彼が分離したものは，それぞれ今日のホルミウムとツリウムの酸化物で，ホルミウムはストックホルムの古名（雅名），ツリウムは極北の地ツーレ（スカンジナビアの古名）に由来する．ところがこのホルミアの方は，前年にスイスのドラフォンテーヌとソレーの二人が「元素X」として報告していたものと同一であることが後に判明したのであるが，名称はクレーヴェの命名の方が世人に認められて今日に至っている．

医療用の新兵器

多くの事（辞）典類やテキスト，参考書類には「ホルミウムの実用的用途は全くない」と記してある．たしかに20年ほど前まではそのとおりであったが，その後開発されたユニークな用途としては，外科手術用のレーザーメスがある．レーザーメスに用いられるホルミウムのレーザー光は，波長が2,080 nmのものである．ホルミウムイオン（Ho^{3+}）のイオン半径は，エルビウムイオンと同様にイットリウムイオンとあまり違わないので，YAGレーザーにかなり広い濃度範囲でドープすることができる．そして強力なレーザー光を発することが可能なので，眼科や口腔外科の手術などにエルビウムと同様にかなり以前から利用されてきた．光ファイバーによる減衰が他の波長のレーザーに比べると非常に少ないので，かなりの距離でも伝達可能だからである．

さらに最近になって，もっと細い可撓性に富んだ光ファイバー利用のレーザーによる，泌尿器の結石破壊手術が行われるようになった．尿道や尿管，膀胱や腎臓結石までを有効に，かつ他の組織に対する損傷を最小限にして破壊可能であるという．こちらにはエルビウムレーザーよりもホルミウムレーザーの方が好適であるらしく，応用例の文献を渉猟してみてもこちらの方がずっと多い．内視鏡を併用することで，泌尿管中に細い光ファイバーを導き，ここでパルスレーザー照射によって結石を壊すのである．波長が2,080 nmならば，波数に直すとほぼ4,700 cm^{-1}であるから，水のO-H伸縮振動や有機化合物のC-H伸縮振動とは大きくずれていて，倍音による吸収も無視できるので，効率がずっとよいのであろう（エルビウムレーザーは逆に水のO-H伸縮振動に重なっているので，このような系には向いていないからでもある）．

膀胱結石の除去は，はるか以前であれば切開手術（これは『コナン・ドイルのドクトル夜話』などにも紹介されている）しかなかったが，やがて尿道鏡を利用して結石に小さな爆薬を仕込み，これを外部からのショックで爆発させることで粉砕してしまう方法が開発された．これは，筑波に移転するよりもずっと以前の東京工業試験所（現在の産業技術総合研究所の前身）で開発された方法であるが，当時さっそく中国（長春）で実際の膀胱結石に悩む患者に応用されて，好結果を得たという．このとき

に用いられたのはアジ化鉛であったが，児頭大もある結石に長年苦しんできた患者の膀胱から粉々になった結石が排出されて，危惧されたような他の器官への損傷も全くなかったそうである．吉林省の長春周辺には，風土や上水のせいか結石症に悩む患者が多いようで，一大福音となったという新聞記事があった．その後，超音波利用の結石破壊法も導入されたが，あちらではまだこの爆発粉砕法がよく使われているようである．

いまのホルミウムレーザーによる衝撃破壊法は，これの改良方式ともいえるのであるが，最近では経尿道的な前立腺肥大症の切除に用いることで，良好な結果が得られているらしい．輸血などほとんど行わずに，テニスボール大にも肥大した前立腺のほとんどを摘出して膀胱内に落とし，それを粉砕後除去するので，患者にほとんど苦痛を与えることなく遂行できたという新聞への紹介記事もあった．

高温超伝導

もう一つ最近になって話題となったのは，酸化物系超伝導体の材料としての利用である．高磁場中でも超伝導性を維持することは，最初の1-2-3系酸化物半導体（いわゆるBYCO）の開発以来，広く検討されてきたのであるが，多くの酸化物系超伝導体においては，これが一方ならず難しい．しかしホルミウムを含む複酸化物では，この限界が他のものよりもかなり高いところにあるので，まだ試験的な段階であるらしいが，将来にかなりの期待が抱かれているようである．

また，極低温実験などが広く普及してくるにつれて，優秀な「蓄冷材」が必要とされるようになったのであるが，ホルミウム化合物はこの方面にも大きな期待のもてる材料である．

エルビウム Er

発見年代：1942 年　　発見者（単離者）：C. G. Mosander

原子番号	68	
単体の性質	灰白色金属，六方晶系	
単体の価格（chemicool）	270 $/100 g	
価電子配置	$[Xe]4f^{12}6s^2$	
原子量（IUPAC 2009）	167.259(3)	
原子半径（pm）	175.7	
イオン半径（pm）	89	
共有結合半径（pm）	157	
電気陰性度		
Pauling	1.24	
Mulliken	—	
Allred	1.11	
Sanderson	—	
Pearson（eV）	≤3.30	
密度（g/L）	9.045（固体）	
融点（℃）	1,497	
沸点（℃）	2,900	
存在比（ppm）		
地殻	3.8	
海水	(5.9〜8.6)×10^{-7}	

天然に存在する同位体と存在比	Er-162（0.139），Er-164（1.601），Er-166（33.503），Er-167（22.869），Er-168（26.978），Er-170（14.910）
宇宙の相対原子数（Si＝10^6）	$3.2×10^{-1}$
宇宙での質量比（ppb）	2
太陽の相対原子数（Si＝10^6）	0.2554
土壌	1.6 ppm
大気中含量	事実上皆無
体内存在量（成人 70 kg）	報告なし，ごく微量
空気中での安定性	常温では表面酸化，高温では Er_2O_3 を生成
水との反応性	徐々に溶解して H_2 を放出．熱水とは反応
他の気体との反応性	ハロゲンと反応するが，高温では分解
酸，アルカリ水溶液などとの反応性	無機酸には溶解して H_2 を放出．アルカリ水溶液とは反応しない
酸化物	Er_2O_3
塩化物	$ErCl_3$
硫化物	Er_2S_3
酸化数	+3（他）

英 erbium　独 Erbium　佛 erbium　伊 erbio　西 erbio　葡 erbio　希 ερβιο (ervio)　羅 erbium　エスペ erbio　露 эрбий (erbij)　アラビ اربيوم (arbiyūm)　ペルシ اربيم (erbiyam)　ウルド — (erbiyam)　ヘブラ ארביום (erbium)　スワヒ erbi　チェコ erbium　スロヴ erbium　デンマ erbium　オラン erbium　クロア erbiuj　ハンガ erbium　ノルウ erbium　ポーラ erb　フィン erbium　スウェ erbium　トルコ erbiyum　華 鉺，铒　韓・朝 어븀　インドネ erbium　マレイ erbium　タイ เออร์เบียม　ヒンデ अर्बियम (erbiyam)　サンス —

新しい用途

しばらく前のテキスト類には，ジスプロシウムやエルビウムなどのいわゆる「重希土類元素」には，ガラスに着色する以外の用途はほとんどないと記されていた．現在でも，大部分のものでは相変わらず同様な記載がなされている．しかし，やはり安価で大量に供給されるようになってくると，応用分野はどんどん広くなっていくものである．

エルビウムを使用したレーザーは，ランタニド元素を YAG（イットリウム-アルミニウム-ガーネット）などにドープしてつくるレーザーのうちでは比較的新顔でもあるが，比較的波長が長くてかつ強力な光源となる．エルビウム（Er^{3+}）のイオン半径はイットリウムとほとんど同じくらいなので，YAG にはかなり広い濃度範囲で任意の含量のものを調製することができ，発光強度の大きなものをつくることもそれほど難しくない．エルビウムレーザーで主に利用される波長は，赤外線領域の 2,940 nm である．これは波数では 3,400 cm^{-1} になる．つまり，普通の赤外線吸収スペクトルでおなじみの O-H 伸縮振動とちょうど重なるわけで，水分子による吸収効率が，他のネオジムなどを用いるレーザー類よりも優れていることがわかる．

美容外科の福音

したがって，美容整形外科などでのほくろ（黒子）やあざ（痣）の除去に際しては，ほくろの組織内の水分にレーザー光のエネルギーを選択的かつ有効に吸収させることができる．その結果，瞬間的にきわめて局部的な高温状態が生じる．こうして，短時間のレーザー光線の照射を受けただけで細胞が膨張・破裂してしまうので，着色した細胞の除去が可能となるのである．熱凝固作用がほぼ同時にはたらき，周囲の毛細血管はあっという間にふさがるので出血は起きない．

もちろん，もっと根の深いほくろの場合にはこれでは無理で，別のレーザー処理が必要となるのであるが，大多数のほくろやあざの着色細胞は，あまり皮膚の深いところにはないので，これらの除去にはきわめて有効である．そのためでもあろうが，エルビウムレーザー装置の広告で「美容整形外科における強力最新兵器」という宣伝文句を目にしたこともある．さらに，ニキビのあとやしわの除去などにも応用されている．

EDF

工業界でこれよりも広く使われているのは，EDF などと略称されるエルビウムをドープした光ファイバーである．ファイバーのコアの部分にエルビウムのイオンが含まれているもので，Al_2O_3-GeO_2-SiO_2 などの混合ガラス系などに Er^{3+} をドープしてつくる．ほかにも，リン酸塩系や酸化ビスマス系のガラスによる EDF もつくられている．このエルビウムイオンは，近赤外領域にいくつかの細い吸収バンドをもっている．波長 980 nm，1,480 nm の光を吸収するとエルビウムイオンは励起されるのであるが，ここに波長 1,550 nm 帯（C バンド）および 1,590 nm 帯（L バンド）の信号光を入射させると，誘導放出によって強力な発光が生じ，信号光のパワーが瞬時に大きく増幅されることになる．

ツリウム Tm

発見年代：1879 年　　　発見者（単離者）：P. T. Cleve

原子番号	69		天然に存在する同位体と存在比	Tm-169（100）
単体の性質	銀白色金属，六方晶系		宇宙の相対原子数 ($Si = 10^6$)	0.03
単体の価格（chemicool）	4,100 \$/100 g		宇宙での質量比（ppb）	0
価電子配置	$[Xe]4f^{13}6s^2$		太陽の相対原子数 ($Si = 10^6$)	0.037
原子量（IUPAC 2009）	168.93421(2)		土壌	0.5（0.4〜0.8）ppm
原子半径（pm）	174.6		大気中含量	事実上皆無
イオン半径（pm）	94（Tm^{2+}），87（Tm^{3+}）		体内存在量（成人 70 kg）	報告なし．ごく微量
共有結合半径（pm）	156		空気中での安定性	常温では表面酸化．高温では Tm_2O_3 を生成
電気陰性度　Pauling	1.25		水との反応性	常温では徐々に反応するが熱水には溶解して H_2 を放出
Mulliken	—		他の気体との反応性	H_2，N_2 などとは反応しない
Allred	1.11		酸，アルカリ水溶液などとの反応性	無機酸には溶解して H_2 を放出
Sanderson	—		酸化物	Tm_2O_3
Pearson（eV）	≦3.40		塩化物	$TmCl_3$
密度（g/L）	9.321（固体）		硫化物	Tm_2S_3
融点（℃）	1,545		酸化数	+3，+2（他）
沸点（℃）	1,947			
存在比（ppm）　地殻	0.48			
海水	(0.7〜3.3)×10^{-7}			

英 thulium　独 Thulium　佛 thulium　伊 tulio　西 tulio　葡 tulio　希 Θουλιο (thoulio)　羅 thulium　エスペ tulio　露 тулий (tulij)　アラビ ﺛﻠﻴﻮﻡ (thuliyūm)　ペルシ ﺗﻮﻟﻴﻮﻡ (tuliyam)　ウルド — (tuliyam)　ヘブラ תוליום (thulium)　スワヒ thuri　チェコ thulium　スロヴ túlium　デンマ thulium　オラン thulium　クロア tulij　ハンガ túlium　ノルウ thulium　ポーラ tul　フィン tulium　スウェ tulium　トルコ tulyum　華 銩，铥　韓・朝 툴륨　インドネ tulium　マレイ tulium　タイ ทูเลียม　ヒンデ थुलियम (tuliyam)　サンス —

存在比と用途

ランタニド元素の中でも奇数番の元素の存在率は，両隣の偶数番の元素に比べるとずっと小さい．その結果として，化合物の価格も奇数番目の元素は偶数番目の元素に比べると高価となる．ツリウムもその例外ではない．そのためになかなか「この元素でなくては」という特殊な用途が発見されなかった．多くのテキスト類にも，ホルミウムやルテチウムなどと同様に「これといって特別な用途は皆無」と記してあるだけのものがほとんどである．これはつい最近に刊行されたものでも同様で，やはりあまりにも高価であるために，他のランタニド元素で代替可能ならば無理してツリウムを使う必要性もないし，またそれほどの特殊性もないと考えられていたためである．

TDFA

ところが最近になって，光ファイバー増幅器にエルビウムの代わりにツリウムをドープしたもの（よく TDFA と呼ばれている）が開発され，市販もされるようになった．これは，Er^{3+} のイオンによる光増幅でカバーできる波長（よく C バンドと呼ばれる）の 1,500〜1,600 nm よりも短い 1,400〜1,460 nm の範囲（S バンド）の光増幅に好適である．前記のように TDFA という略称で呼ばれているが，これは thulium-doped fiber amplifier のアクロニム（頭文字略語）である．エルビウムドープの光ファイバー増幅（EDFA）よりも，ずっと大きい増幅率が達成できる．

これは，光ファイバーの製造技術が最近になって長足に進歩して，フッ化物系の優れたガラスが開発され，これを使えば，ケイ酸塩系のガラスの内部の水分による吸収（1,400 nm 付近はこの O-H 伸縮振動の倍音に相当している幅広い吸収帯に相当する）をほとんど考慮しなくともよくなって，1,400 nm 帯が自由に使えるようになったためである．この帯域は，従来の光ファイバー材料ではどうしても使用不可能な領域であったし，また他のランタニド元素のイオンを用いてもどうしてもカバーできなかった部分であり，その結果としてツリウムイオン（Tm^{3+}）の特徴を生かして，高価であっても十分に引き合う製品が製造可能となった．この S バンドの強い光源が必要となるのは，衛星観測によって雲や氷などの気象情報を得るとか，土壌水分などのモニタリングを行う場合などたくさんあるので重要なのである．

ほかにも，C バンドよりももう少し長波長側の，やはりエルビウムでは難しい領域（U バンド，ほぼ 1,600〜1,700 nm）にもこの TDFA が使えるので，ツリウムの利用が検討されている．

イッテルビウム Yb

発見年代：1878 年　　発見者（単離者）：J. C. G. de Marignac

原子番号	70	天然に存在する同位体と存在比	Yb-168 (0.13), Yb-170 (3.04), Yb-171 (14.28), Yb-172 (21.83), Yb-173 (16.13), Yb-174 (31.83), Yb-176 (12.76)
単体の性質	灰白色金属, (a)立方晶系, (b)体心立方		
単体の価格（chemicool）	530 $/100 g	宇宙の相対原子数 ($Si = 10^6$)	0.22
価電子配置	$[Xe]4f^{14}6s^2$	宇宙での質量比（ppb）	2
原子量（IUPAC 2009）	173.054(5)	太陽の相対原子数 ($Si = 10^6$)	0.2484
原子半径（pm）	194		
イオン半径（pm）	113 (Yb^{2+}), 86 (Yb^{3+})		
共有結合半径（pm）	170	土壌	2 (0.08〜6) ppm
電気陰性度		大気中含量	事実上皆無
Pauling	1.10	体内存在量（成人70 kg）	報告なし，ごく微量
Mulliken	—	空気中での安定性	常温では表面酸化，高温では Yb_2O_3 を生成
Allred	1.06		
Sanderson	—	水との反応性	徐々に溶解して H_2 を放出
Pearson（eV）	≦3.50	他の気体との反応性	H_2 との反応では YbH_2 を生成．ハロゲンとは YbX_3 を生成するが高温では分解
密度（g/L）	6,965（α），6,540（β）（固体）		
融点（℃）	819	酸，アルカリ水溶液などとの反応性	無機酸には可溶．アルカリ水溶液には不溶
沸点（℃）	1,194		
存在比（ppm）		酸化物	Yb_2O_3
地殻	3.3	塩化物	$YbCl_3$
海水	(3.7〜22) $\times 10^{-7}$	硫化物	Yb_2S_3
		酸化数	+3, +2（他）

英 ytterbium　独 Ytterbium　佛 ytterbium　伊 itterbio　西 yterbio　葡 iterbio　希 υττερβιο (itterbio)　羅 ytterbium　エスペ iterbio　露 иттербий (itterbij)　アラビ ﻳﺘﺮﺑﻴﻮم (ītarbiyūm)　ペルシ ﺍﻳﺘﺮﺑﻴﻮم (ayterbiyam)　ウルド —　ヘブラ איטרביום　スワヒ yitebi　チェコ ytterbium　スロヴ ytterbium　デンマ ytterbium　オラン ytterbium　クロア iterbij　ハンガ itterbium　ノルウ ytterbium　ポーラ iterb　フィン ytterbium　スウェ ytterbium　トルコ iterbiyum　華 鐿, 镱　韓・朝 이터븀　インドネ itterbium　マレイ ytterbium　タイ อิตเทอร์เบียม　ヒンデ यिटटरबियम (ytterbiyam)　サンス —

名称の由来

　この元素名は、スウェーデンのストックホルム郊外の寒村（現在では市域内となっている）の"Ytterby"にちなんで命名された（いろいろな無機化学の本には「四つの元素の町」などと記されているが）。東京工業大学の中條利一郎名誉教授が以前訪問されたときには、文字どおりの寒村で、何一つ由来を物語るものはなく、通りの名前に元素名がついていただけであったという。

　ユウロピウムと同様に、ランタニド元素の中では低酸化数のYb(II)状態が比較的安定であることが特徴的でもある。これは、4f電子殻が完全に満たされた状態（つまりLu(III)と等電子構造のイオンとなる）の安定性を示唆するものでもある。もっとも、低酸化数状態の安定性は、ユウロピウムに比べると多少とも劣るので、Yb(II)化合物の調製はそれほど簡単ではない。

数少ない用途

　何しろ資源量が限られている（ルテチウムより豊かではあるが）ためにかなり高価格でもあるので、以前の文献には「用途はほとんどない」と記してあった。したがって、イッテルビウム特有の性質を利用した用途は現在でもあまり知られていない。たまに記載のある文献をみても、「ガラスに添加しての着色用」と記してあるのがせいぜいである。でもこれなら、ほぼ同じような機能をもつ代替となる安価な元素がほかにいくらでもある。以前はプロトンNMR測定のための「シフト試薬」として、Eu(III)のトリス-β-ジケトナト錯体とともにYb(III)のトリス-β-ジケトナト錯体が利用された。こちらの方がユウロピウム錯体よりも常磁性シフトは大きいのであるが、スペクトル線の広幅化が多少ともみられるので、測定対象によって使い分けが行われた。もっとも、超伝導磁石利用のはるかに高い測定周波数のマシンが増加してきた現在では、このNMRシフト試薬の出番は大幅に減少してしまっている。

　比較的最近になって、イッテルビウム固有の用途として開拓されたものには「フェムト秒ファイバーレーザー材料」があげられる。これは次世代の高ピーク出力レーザーとして期待されているものであるが、Yb-ファイバーレーザーの出力波長は1,030 nm付近で、量子欠損は吸収と発光における各フォトンエネルギーの差に比例するため、このファイバーレーザーにおける量子欠損は非常に小さく、かなり高い効率が得られるのが特徴である。

BYCOとイッテルビウム

　ところで、酸化物系超伝導体のBYCO（$YBa_2Cu_3O_{7-\delta}$）はよく「1-2-3化合物」などとも呼ばれるが、液体窒素温度よりも高い温度（$-183°C$（$=90 K$））でも超伝導現象を最初に示したものとして有名である。この報告をされたヒューストン大学のC. W. Chu教授（漢字では「朱経武」と書くらしい。現在は香港科学技術大学学長）は、ひょっとしたら論文審査の段階で情報のリークが起こる可能性もあるということで、秘書がタイプミスをしてYのところをYbと打ち間違えた原稿をそのまま投稿し、著者校正の折りに訂正されたという。ところが現実には、やはり査読段階での情報リークがあったらしく、酸化イットリウムよりもはるかに高価な酸化イッテルビウムを買いあさる先生方が（日本でも）かなりあったという。

ルテチウム Lu

発見年代：1907年　　発見者（単離者）：G. Urbain

原子番号		71
単体の性質		銀白色金属，六方晶系
単体の価格（chemicool）		6,900 \$/100 g
価電子配置		$[Xe]4f^{14}5d^16s^2$
原子量（IUPAC 2009）		174.9668(1)
原子半径（pm）		173.4
イオン半径（pm）		85
共有結合半径（pm）		156
電気陰性度	Pauling	1.27
	Mulliken	—
	Allred	1.14
	Sanderson	—
	Pearson（eV）	≦3.00
密度（g/L）		9.840（固体）
融点（℃）		1,663
沸点（℃）		3,400
存在比（ppm）	地殻	0.51
	海水	(0.6〜4.1)×10^{-7}
天然に存在する同位体と存在比		Lu-175 (97.41), Lu-176 (2.59)
宇宙の相対原子数（Si=10^6）		0.05
宇宙での質量比（ppb）		0.1
太陽の相対原子数（Si=10^6）		0.03572
土壌		0.3 ppm
大気中含量		事実上皆無
体内存在量（成人70 kg）		報告なし．ごく微量
空気中での安定性		常温では表面酸化，高温では Lu_2O_3 を生成
水との反応性		常温では徐々に反応するが熱水には溶解して H_2 を放出
他の気体との反応性		—
酸，アルカリ水溶液などとの反応性		無機酸には溶解して H_2 を放出
酸化物		Lu_2O_3
塩化物		$LuCl_3$
硫化物		Lu_2S_3
酸化数		+3（他）

英 lutetium　独 Lutetium　佛 lutétium　伊 lutezio　西 lutecio　葡 lutecio　希 λουτητιο (louthtio)　羅 lutetium　エスペ lutecio　露 лютеций (ljutecij)　アラビ لوتيتيوم (lūtītiyūm)　ペルシ لوتسيوم (lutesiyam)　ウルド —　ヘブラ לוטציום (lutetium)　スワヒ luteti　チェコ lutecium　スロヴ lutécium　デンマ lutetium　オラン lutetium　クロア lutecij　ハンガ lutécium　ノルウ lutetium　ポーラ lutet　フィン lutetium　スウェ lutetium　トルコ lutesyum (lütesyum)　華 鎦, 镥　韓・朝 루테튬　インドネ lutesium　マレイ lutetium　タイ ลูทีเซียม　ヒンデ ल्यूटेटियम (lutetiyam)　サンス —

71番元素はランタニド元素の最終メンバーなのであるが,識者によってはランタニドに含めないこともある.これは,「不完全なf殻電子をもつ元素をランタニドとする」という定義を採用する結果である.ちょうど亜鉛属元素を遷移元素に入れるか入れないか(わが国の高校のテキストは銅族元素(貨幣金属元素)までを遷移金属としているが,これが唯一無二に正しい分類だとすると種々困ったことが出てくる)という議論とパラレルでもある.

名称の由来

この元素は,フランスのユルバンの発見になる.元素名はパリの雅名であるリュテース"Lutece"にちなんで名づけられたので,以前は「ルテシウム(lutecium)」であった.その昔の18世紀末から19世紀初頭にかけて,天体名(惑星名)にちなんだ元素名が流行したように,この頃は地名(都市名)をつけるのが流行したのである.ホルミウム(ストックホルム)やハフニウム(コペンハーゲン)などと同じようにしてつけられた名称である.

しかし,このパリの雅名はもともとがラテン語の"Lutetia"が変形したものなので,現在では由緒の古いラテン名由来となり,スペルも1字変わって"lutetium"となった.

工業的用途

ランタニド元素の中でもきわめて希産であり,価格も著しく高い.そのためにほとんど実用的な用途はないとされているが,近年になってまず石油精製時のクラッキング用の触媒に,ルテチウムを含むものが広く使われるようになっている.なぜルテチウムが有用なのか,またどのような性質が買われているのかについては現在でもよくわかっていないようであるが,コスト削減に血眼になっている化学工業界で,わざわざ高価な元素を利用するからにはよほどプラス面が大きいのであろう.ただ,この種の触媒に対しては企業機密の壁が高く,特許情報などを通覧してもよくわからない点が多いのである.

医療用用途

もう一つ最近になって脚光を浴びつつあるものとして,オルトケイ酸オキソルテチウム(Lu_2SiO_5)の結晶にセリウムをドープしたもの(LSO:Ce)が,医療診断用のPET(positron emission tomography)に不可欠なγ線の検出用のシンチレーターとして,著しく大きい発光光度と短い減衰時間をもつために,特別に優れたものと評価されるようになった.以前から用いられていて,かなり高性能と評価されていたゲルマン酸ビスマス(BGO,$Bi_4Ge_3O_{12}$)よりも発光強度が3倍以上も大きいし,BGOの欠点であった長い減衰時間の問題を解決できるので,たしかに優秀なシンチレーターであるといえる.人の命を預かる医学界であるから,優秀な装置や素材があるとなれば,比較的短期間のうちに大きな市場が開けることはいままでにもよくあったことであるが,このような一見珍しい用途が開拓されると,また別のユニークな用途が展開される可能性は大きい.現実には,純粋なルテチウムのケイ酸塩ではなくて,イットリウムとルテチウムを含む混合系の($(Lu, Y)_2SiO_5$)が多用されているらしいが,おそらくはコストの問題がからんでくるためであろう.今後に期待したいところである.

ハフニウム Hf

発見年代：1923 年　　発見者（単離者）：D. Coster and G. von Hevesy

原子番号		72
単体の性質		灰色金属，六方晶系
単体の価格（chemicool）		120 \$/100 g
価電子配置		$[Xe]4f^{14}5d^26s^2$
原子量（IUPAC 2009）		178.49(2)
原子半径（pm）		156.4
イオン半径（pm）		84
共有結合半径（pm）		144
電気陰性度	Pauling	1.30
	Mulliken	—
	Allred	1.23
	Sanderson	—
	Pearson（eV）	3.80
密度（g/L）		13,310（固体）
融点（℃）		2,227
沸点（℃）		4,600
存在比（ppm）	地殻	5.3
	海水	7.0×10^{-6}
天然に存在する同位体と存在比		Hf-174（0.16），Hf-176（5.26），Hf-177（18.60），Hf-178（27.28），Hf-179（13.62），Hf-180（35.08）
宇宙の相対原子数（Si = 10^6）		0.44
宇宙での質量比（ppb）		0.7
太陽の相対原子数（Si = 10^6）		0.1699
土壌		5（2〜20）ppm
大気中含量		事実上皆無
体内存在量（成人 70 kg）		報告なし．ごく微量
空気中での安定性		常温では表面に酸化被膜を形成．高温では HfO_2 を生成
水との反応性		反応しない
他の気体との反応性		Cl_2 とは高温で反応し $HfCl_4$ を生成．N_2 とも高温で窒化物を生成
酸，アルカリ水溶液などとの反応性		無機酸，アルカリ水溶液とは反応しない．フッ化水素酸には可溶
酸化物		HfO_2
塩化物		$HfCl_4$
硫化物		HfS_2
酸化数		+4，+3（他）

英 hafnium　独 Hafnium　佛 hafnium　伊 afnio　西 hafnio　葡 hafnio　希 χαφνιο (hafnio)　羅 hafnium　エスペ hafnio　露 гафний (gafnij)　アラビ هافنيوم (hafniyūm)　ペルシ هافنيوم (hafniyam)　ウルド —　ヘブラ הפניום (hafnium)　スワヒ hafni　チェコ hafnium　スロヴ hafnium　デンマ hafnium　オラン hafnium　クロア hafnij　ハンガ hafnium　ノルウ hafnium　ポーラ hafn　フィン hafnium　スウェ hafnium　トルコ hafniyum　華 鉿，鉿　韓・朝 하프늄　インドネ hafnium　マレイ hafnium　タイ แฮฟเนียม　ヒンデ हाफ्नियम (haphniyam)　サンス —

発見までの経緯

ハフニウムは，原子番号の意味が英国のモーズレイによって明確になってから最初に発見された元素ということになっている．ところが，モーズレイの採用した最初のデータ（彼が第一次世界大戦に出征する直前のもの）にはすでに72番元素が含まれていた．これは，フランスのユルバン（ルテチウムの発見者）がモーズレイとともに希土類の鉱物からアークスペクトル法で発見した，「セルチウム」がそれだと考えられていたからである．モーズレイの法則から予測された位置に，何本かの弱いスペクトル線が観測されたのが証拠とされた．ニールス・ボーアも72番元素はランタニド元素に属すると考えていたのであるが，彼の原子理論によれば，これはジルコニウムと同様の外殻電子配置をもつことになって大きな矛盾が生じる．そこでボーアは，当時コペンハーゲンの研究所の同僚であったヘヴェシー（1885-1966）に，ジルコン中に新元素が存在する可能性があると指摘し，探索を示唆したという．

元素名の由来

この元素名は，発見者のコスターとヘヴェシーが当時研究を行っていたデンマークの首都コペンハーゲンの古名である"Hafnia"に基づいている．コペンハーゲンには，「ホテル・ハフニア」という由緒ある超一流ホテル（いわばあちら版の「都ホテル」か「帝国ホテル」でもあろうか）があったが，1973年に火事で焼失してしまった．現在では，同じ名称のホテルがデンマーク領であるファロー諸島の首府トルスハーブンで営業しているだけで，本店の方は閉鎖してしまったらしい．

この「コペンハーゲン」は英語読みであり，現地のデンマーク語では「ケーベンハウン」に近い発音であるという．デンマーク語は，日本語のカタカナに音訳するのがきわめて難しいのである．もともとは，ハンザ同盟時代の商人の港（ドイツ語でKaufershafen）のデンマーク地方の発音（なまり）からきている．酸素や窒素のように漢字をあてるなら，Hafenは湊にあたるから「湊素」（つまり「港の元素」）がよいといわれた老先生も以前におられた．

特徴ある性質

ハフニウムは，化学的にはジルコニウムときわめて類似した性質を示すのであるが，物理的には著しく異なった元素である．その中でももっとも顕著なのは，中性子の吸収能力である．ジルコニウムは核分裂で発生する中性子をほとんど吸収しないので，核燃料被覆材料に用いられるのであるが，ハフニウムは逆に中性子吸収断面積の大きな核種ばかりが天然に存在するので，原子炉材料用のジルコニウムは，注意してハフニウムを除去したものでなくては利用不可となる．したがって，価格も原子炉材料用のものは特別に高価となっている．天然産のジルコニウム鉱物には例外なく著量のハフニウムが随伴していて，ジルコン（$ZrSiO_4$）などの密度にもかなり大幅なばらつきがある．

この相互分離は，古典的な化学操作のみではきわめて難しい問題であった．対象とする量が少なくて，時間をいくらでもかけられるのであれば，フルオロ錯体などの結晶性の塩類を用いた分別結晶法によって行える（これがハフニウムを最初に発見したコスターとヘヴェシーの採用した方法）のであるが，これでは原子炉材料に使うほどの大量を処理するには適していない．向流

分配法やイオン交換法で分離精製が可能となった結果として，純度の高いハフニウムとジルコニウムが，原子炉に使用できるほどの量で得られるようになったのである．

そのために高純度のジルコニウムやハフニウムは，ココム（COCOM; Coordinating Committee for Export Control；対共産圏輸出統制委員会）などの輸出制限を受ける対象となっている．20年ほど前に某国（現在でも伏せられたままである）が，金属ハフニウムのワイヤーを東ドイツ経由で日本から購入（迂回輸入）しようとしたが，マスコミのスクープのために話が流れてしまった事件があった．

金属ハフニウムは，ジルコニウムと同様に高温高圧条件の水中でも安定なので，制御棒の材料としてきわめて優秀な性質をもっている．上記のような金属ハフニウムの密入手を試みた国は，当然ながら原子炉をつくろうとはしたものの，有効な制御材料となるほどの高純度のハフニウムは，自前では調達できないようなところであることがわかる．

タンタル Ta

発見年代：1802 年　　発見者：A. K. Ekerberg

原子番号	73		天然に存在する同位体と存在比	Ta-180 (0.012), Ta-181 (99.988)
単体の性質	灰黒色金属，体心立方		宇宙の相対原子数 ($Si = 10^6$)	0.07
単体の価格（chemicool）	120 \$/100 g		宇宙での質量比（ppb）	0.08
価電子配置	$[Xe]4f^{14}5d^36s^2$		太陽の相対原子数 ($Si = 10^6$)	0.02099
原子量（IUPAC 2009）	180.94788(2)		土壌	1～2 ppm
原子半径（pm）	143		大気中含量	事実上皆無
イオン半径（pm）	72（Ta^{3+}），68（Ta^{4+}），64（Ta^{5+}）		体内存在量（成人 70 kg）	0.2 mg ほど
共有結合半径（pm）	134		空気中での安定性	反応しない
電気陰性度			水との反応性	反応しない
Pauling	1.50		他の気体との反応性	F_2, Cl_2 とは高温で反応し TaX_5 を生成．O_2 とも高温で Ta_2O_5 を生成
Mulliken	—			
Allred	1.33		酸，アルカリ水溶液などとの反応性	無機酸とは反応しない．フッ化水素酸には $[TaF_7]^{2-}$ を生成して溶解
Sanderson	—			
Pearson（eV）	4.11			
密度（g/L）	16,650（固体）		酸化物	Ta_2O_5
融点（℃）	2,996		塩化物	$TaCl_4$
沸点（℃）	5,400		硫化物	Ta_2S_5
存在比（ppm）			酸化数	+5，+4，+3（他）
地殻	2			
海水	2.0×10^{-6}			

英 tantalum　独 Tantal　佛 tantale　伊 tantalio　西 tantalio　葡 tantalio　希 ταντaλιο (tantalio)　羅 tantalum　エスペ tantalo　露 тантал (tantal)　アラビ تنتالوم (tantālūm)　ペルシ ناتالیوم (tantaliyam)　ウルド —　ヘブラ טנטלום (tantalum)　スワヒ tantali　チェコ tantal　スロヴ tantal　デンマ tantal　オラン tantalium　クロア tantal　ハンガ tantál　ノルウ tantal　ポーラ tantal　フィン tantaali　スウェ tantal　トルコ tantal　華 鉭，钽　韓・朝 탄탈럼　インドネ tantalum　マレイ tantalum　タイ แทนทาลัม　ヒンデ टैंटेलम (tantalum)　サンス —

土酸金属

　第 5 族（以前の分類ならば VA 族）に分類されるが，一周期上のニオブとの分離は以前には著しく困難であった．これは，ランタニド収縮のためにニオブとタンタルの原子半径やイオン半径の差が，著しく小さくなっているからである．ジルコニウムとハフニウムの対ほどではないが，ニオブとタンタルの分離は古典的な化学分離法ではなかなかうまくいかないものであった．それに加えて，ニオブもタンタルも水溶液にしにくく，酸濃度や錯形成剤の濃度がちょっとでも不足すると，たちまちにして水和酸化物の形で沈殿してしまう．そのために，この VA 族の元素の別名は「土酸金属」であった．つまり，水に難溶（「土」はこの意味）ではあるが，酸として挙動することが多い金属元素という意味なのである．フッ化水素酸系の溶液を扱う手法が進展した結果，溶解度の大きなフルオロ錯体の研究が進み，これをイオン交換や向流分配法に応用できるようになって，はじめてマクロスケールでのニオブとの分離が容易となった．またこの頃から純タンタル，純ニオブの用途も拡大してきたのである．

医療への用途

　タンタルはヒトの体の細胞や組織，免疫系などに対する拒絶反応を起こすことがないので，骨折の場合に折れた骨を接ぐための釘に用いたり，ガーゼ状にして骨折部を巻いたりするのに用いられている．

　タングステンランプが登場する前の一時期，金属タンタルを白熱電球用のフィラメントとして用いたものがつくられた．これは，白金やオスミウムのフィラメントに代わるものとして考えられたのである．しかし，資源量や製造の容易さなどから，特殊な用途以外ではほとんどがタングステンのフィラメントに置き換えられてしまったのである．これに代わってタンタル化合物の主要な用途となったのは，コンデンサー用である．これは，金属タンタルを焼結したものを電極として，電気化学的に表面に薄い酸化タンタルの膜をつくらせた電解コンデンサーである．アルミニウムを用いる昔からの電解コンデンサーよりもはるかに小型でありながら大きな静電容量をもっているので，耐圧こそ小さいがいろいろな方面に広く用いられている．主な用途はアナログ回路用であるが，ディジタル回路でも大容量を利用して，スパイク状の電流パルスを除去するために有効である．ただ，逆方向電圧には弱いので，故障すると短絡（ショート）が起きて大電流が流れ発熱（ときには発火）する可能性があるが，パソコンや携帯電話をはじめとする電子回路素子の小型化が進む現在では，なかなかほかのものには代替できそうもない．

　なお，同じように金属ニオブの焼結体を使用したニオブコンデンサーもつくられている．こちらの方は，逆方向電圧にはタンタルコンデンサーよりも抵抗するし，また資源量も多いので，使用目的によっては将来，タンタルコンデンサーを置き換えてしまう可能性もある．

　ニオブ酸リチウムと同様に，タンタル酸リチウム（$LiTaO_3$）も優秀な強誘電体であり，SAW（surface acoustic wave：表面弾性波）フィルターなどに多用されている．

誘電体メモリ

　比較的最近になって，次世代のコンピュータ向きの，強誘電体メモリ材料として SBT と呼ばれるタンタル酸塩が注目さ

れるようになった．強誘電体メモリは，DRAM のキャパシター（コンデンサー）の部分を強誘電体で置き換えたもので，電圧をオフにしても電荷が蓄えられるという，強誘電体の分極特性を利用した究極の不揮発性メモリである．この SBT は $SrBi_2Ta_2O_9$, つまりタンタル酸ストロンチウムビスマス（strontium bismuth tantalate）である．酸化ビスマス層とペロブスカイト層が交互に積層した層状構造からできていて，現在よく用いられている PZT や PLZT などのように鉛を含むことはないことからも，将来が有望だとされている．

タングステン W

発見年代：1783 年　　発見者（単離者）：J. J. Elhuyar and F. Elhuyar

原子番号	74	天然に存在する同位体と存在比	W-180 (0.12), W-182 (26.50), W-183 (14.31), W-184 (30.64), W-186 (28.43)
単体の性質	灰白色金属，体心立方		
単体の価格（chemicool）	11 \$/100 g	宇宙の相対原子数 ($Si = 10^6$)	0.5
価電子配置	$[Xe]4f^{14}5d^46s^2$	宇宙での質量比（ppb）	0.5
原子量（IUPAC 2009）	183.84(1)	太陽の相対原子数 ($Si = 10^6$)	0.1277
原子半径（pm）	137		
イオン半径（pm）	68(W^{4+}), 62(W^{6+})	土壌	1〜2.5 ppm
共有結合半径（pm）	130	大気中含量	1 ng/m^3 以下
電気陰性度		体内存在量（成人 70 kg）	20 μg
Pauling	2.36	空気中での安定性	常温では反応しない．粉末状態では 300℃ 以上で酸化されて WO_3 を生成
Mulliken	—		
Allred	1.40		
Sanderson	—	水との反応性	反応しない
Pearson（eV）	4.40	他の気体との反応性	N_2 とは 250℃ 以上で反応し WN_2 を生成．ハロゲンとは高温で反応し WX_6 を生成
密度（g/L）	19,300（固体）		
融点（℃）	3,410	酸，アルカリ水溶液などとの反応性	希酸とは反応しない．濃硝酸，王水には可溶
沸点（℃）	5,700		
存在比（ppm）		酸化物	WO_3
地殻	1	塩化物	WCl_6
海水	9.2×10^{-5}	硫化物	WS_2
		酸化数	+6, +5, +4, +3（他）

英 tungsten　独 Wolfram　佛 tungstène　伊 wolframio (tungsteno)　西 wolframio　葡 tungstenio　希 βολφραμιο (volphramio)　羅 wolframium　エスペ volframo　露 вольфрам (vol'fram)　アラビ تنجستن (tunjistīn)　ペルシ تنگستن (tangsten)　ウルド —　ヘブラ טונגסטן (tungsten)　スワヒ wolframi　チェコ wolfram　スロヴ volfrám　デンマ wolfram　オラン wolfraam　クロア valfram　ハンガ volfrám　ノルウ wolfram　ポーラ wolfram　フィン volframi　スウェ volfram　トルコ tungsten　華 鎢, 钨　韓・朝 텅스텐　インドネ wolfram　マレイ tungsten　タイ ทังสเตน (วุลแฟรม)　ヒンデ टंग्स्टन (tamgstan)　サンス —

オリヴァー・サックス

映画化もされた『レナードの朝』の原作者でもある神経医学者のオリヴァー・サックスの自伝的作品に,『タングステンおじさん』(斎藤隆央訳,早川書房)というおもしろい本がある.冒頭の何章かに,ロシアから移住してきたユダヤ系の大家族の一人であった,母堂の一族(ランダウ家)のそれぞれについての列伝的な部分があり,その一人に「デイヴおじさん」なる白熱電球を製造する企業を興した化学者がいる.この書名も彼にちなんだものである.

白熱電球

白熱電球の考案者は,有名なエジソン以外にも何人かいるのであるが,なかなか長時間にわたっての点燈をさせることは難しかった.英国のシュワンは白金線を用いた電球をつくったし,プラセオジムとネオジムを分離して新元素であることを確認したオーストリアのアウエル・フォン・ヴェルスバッハ男爵はオスミウムランプをつくった.エジソンは最初いろいろな材料を試した末に,日本産の竹の繊維を炭化してフィラメントとした.しかし,やがてタングステンの冶金法が改善されて,それまでは粉末状の金属しかつくれなかったのに,塊状のものから線を製造できるようになった.これはX線管に名を残しているクーリッジの功績(1903年)であるが,金属タングステンはかなり大きな延性をもっているので,細いフィラメントが引ける.その結果として,フィラメントは炭素からこちらに切り替わることとなった.これは単に融点が高いだけではなくて,熱膨張係数があらゆる金属の中でいちばん小さく,ガラスとほぼ同じで,直接の封入が可能だったからである.この結果として,以前のアーク燈全盛の時代から,蛍光燈が普及するまでの間の照明が,ほとんど白熱電球の支配するところとなったのである.

X線とタングステン

医療用のX線管の対陰極は,ほとんどがタングステン製である.通常,研究用に用いられている鉄やモリブデンなどよりもずっと短波長のX線が放出されるので,診断用には透過能力が買われているのであろう.透過後の像をスクリーンに映して間接撮影ができるようにするためには,タングステン酸カルシウム(灰重石)か,タングステン酸マグネシウムなどが蛍光物質として用いられている.もっとも,イメージインテンシファイアが普及してきたので,この面におけるタングステンのシェアは減少しつつあるようである.しかし,各地の博物館などでの蛍光物質のデモンストレーションには,灰重石などタングステン酸塩鉱物の結晶が置かれていることが普通である.

タングステンの化合物には,いろいろと興味ある性質を示すものが多い.六フッ化タングステン(WF_6)は,常温常圧下でもっとも高密度の気体である(もちろん有毒であるが).炭化タングステン(WC)は硬度が高く,いろいろな材料の切断用具として優れた性質をもっているが,これを主成分とした「サーメット」は1930年代に工業界に導入された.現在では,大きい例では油田の掘削用,小さい例ではプリント配線用基板の穿孔などのドリルの尖端部分を構成する重要な材料となっている.

タングステンブロンズ

珍しい種類の化合物として,「タングステンブロンズ」と総称される一連の不定比化合物がある.これは,三酸化タングステ

ンをナトリウム蒸気などの還元的な雰囲気で加熱処理することで得られるのであるが，調製条件によってさまざまな色調をもつものが得られる．なかには黄金色を呈するものもあり，実際に調製してみるとまさに「錬金術に成功した」とすら思える．

重い液体

タングステン酸塩は，モリブデン酸塩と同じようにポリ酸をつくりやすい．その用途として最近注目されているものに，「重液」がある．ポリタングステン酸ナトリウムの濃厚水溶液は，最大比重 3.11 の液体をつくることが可能なので，ヨウ化メチレンやクレリチの重液（これについては「タリウム」の項（p. 234）を参照）ほどではないにせよ，高密度の鉱物と低密度の鉱物を，比重の違いを利用して分けることが可能となる．

レニウム Re

発見年代：1925 年　　発見者（単離者）：W. Noddack, I. Tacke and O. Berg

原子番号	75		天然に存在する同位体と存在比	Re-185（37.40），Re-187（62.60）
単体の性質	銀白色金属，六方晶系		宇宙の相対原子数（Si = 10^6）	0.14
単体の価格（chemicool）	540 $/100 g		宇宙での質量比（ppb）	0.2
価電子配置	[Xe]$4f^{14}5d^56s^2$		太陽の相対原子数（Si = 10^6）	0.05254
原子量（IUPAC 2009）	186.207(1)		土壌	報告なし，ごく微量
原子半径（pm）	137		大気中含量	報告なし，ごく微量
イオン半径（pm）	72（Re^{4+}），61（Re^{6+}），60（Re^{7+}）		体内存在量（成人 70 kg）	報告なし，ごく微量
共有結合半径（pm）	128		空気中での安定性	常温では表面に酸化被膜を形成．1,000℃ 以上では Re_2O_7 を生成
電気陰性度			水との反応性	反応しない
Pauling	1.90		他の気体との反応性	N_2 とは反応しない．F_2 との反応では ReF_6 を，Cl_2，Br_2 とは ReX_5 を生成
Mulliken	—			
Allred	1.46		酸，アルカリ水溶液などとの反応性	塩酸，フッ化水素酸には不溶．濃硝酸，濃硫酸には可溶．臭素水や過酸化水素水にも酸化されて溶解
Sanderson	—			
Pearson（eV）	4.02			
密度（g/L）	21,020（固体）		酸化物	Re_2O_7
融点（℃）	3,180		塩化物	$ReCl_3$，$ReCl_4$
沸点（℃）	5,600		硫化物	Re_2S_7
存在比（ppm）			酸化数	+7，+6，+4，+3（他）
地殻	4.0×10^{-4}			
海水	4.0×10^{-8}			

英 rhenium　独 Rhenium　佛 rhénium　伊 renio　西 renio　葡 renio　希 ρηνιο（renio）　羅 rhenium　エスペ renio　露 рений（renij）　アラビ رينيوم（rīniyūm）　ペルシ رينيوم（reniyam）　ウルド ― （reniyam）　ヘブラ רניום（renium）　スワヒ reni　チェコ rhenium　スロヴ rénium　デンマ rhenium　オラン renium　クロア renij　ハンガ rénium　ノルウ rhenium　ポーラ ren　フィン renium　スウェ rhenium　トルコ renyum　華 錸，铼　韓・朝 레늄　インドネ renium　マレイ renium　タイ รีเนียม　ヒンデ रेनियम（reniyam）　サンス ―

レニウム鉱物

以前の周期表のVIIA族（新しい分類ならば第7族）の最下段のメンバーにあたる75番元素（ドヴィマンガン）は、ベルリンのノダック夫妻の手によって輝水鉛鉱（MoS_2）から分離されたのが最初であるが、以後も長いこと天然産の鉱物中の微量成分としてのみ産出するものと考えられていた。わが国の無機化学の開拓者でもある柴田雄次先生が、第二次世界大戦以前にノダック夫妻の研究室を訪問されたとき、夫妻から"日本産の輝水鉛鉱の試料の中には、他の産地からのものよりもレニウム含量が格段に多いものがある"という話を聞かされたが、それ以上の細かい産地までは不明であった」ということを、以前に何かにお書きになっていたのを拝見したことがある。

ところで、現在はロシアの占領下にある北方領土の、択捉（えとろふ）島の最東端にある活火山の茂世路（もよろ）岳（ロシア名ではKudriavyというらしい）の噴気孔から、輝水鉛鉱と酷似した新鉱物が1990年に発見された。滑らかで光沢のある薄板状でへき開性のあるところはまさに通常の輝水鉛鉱とそっくりなのであるが、密度だけが著しく大きいのである。化学分析の結果、純度のかなり高い二硫化レニウム（ReS_2）であることが判明し、レニウムを主成分として含む最初の鉱物となった。ただ、この鉱物の成因は現在でもよくわかっていない。どこからこのレニウムがやってくるのかが不明のままなのである。

輝水鉛鉱は国内各地で産出するが、ノダック夫妻の手元に届いていた日本産の鉱物標本は、ひょっとしたら千島列島産であったのかもしれない。

ニッポニウムの正体

なお、東北帝国大学の小川正孝教授（後に総長、1866-1930）による43番元素（ニッポニウム）の発見は間違いであったとされているが、教授自身が1906年に単離された「43番元素の検体」が戦後発見された。小川教授の後継者にあたる吉原賢二教授（現在は名誉教授）がこれを詳細に再検討された結果、この試料はまさにレニウムそのものであったことが判明したという。このような誤認が生じたのは、その昔の原子量決定法が、純粋な塩化物をつくって水溶液とし、この中の塩化物イオンを銀滴定で定量して化学当量を精密に測定し、これに原子価を乗じて求めるという「純化学的」方法であったからである。同じような例はほかにもあり、メンデレーエフが最初に周期表を組み上げたときのウランの原子量が118になっていて、現在の半分ほどになっていたことからもわかる。また、当時のインジウムの原子量は82とされていた。

オスミウム Os

発見年代:1803 年　　発見者(単離者):S. Tennant

原子番号	76	
単体の性質	青灰色金属,六方晶系	
単体の価格(chemicool)	7,700 $/100 g	
価電子配置	$[Xe]4f^{14}5d^66s^2$	
原子量(IUPAC 2009)	190.23(3)	
原子半径(pm)	135	
イオン半径(pm)	89 (Os^{2+}), 81 (Os^{3+}), 67 (Os^{4+})	
共有結合半径(pm)	126	
電気陰性度		
Pauling	2.20	
Mulliken	—	
Allred	1.52	
Sanderson	—	
Pearson(eV)	4.90	
密度(g/L)	22,570(固体)	
融点(℃)	3,050	
沸点(℃)	5,000	
存在比(ppm)		
地殻	1.0×10^{-4}	
海水	痕跡量(<検出限界)	

天然に存在する同位体と存在比	Os-184 (0.02), Os-186 (1.59), Os-187 (1.96), Os-188 (13.24), Os-189(16.15), Os-190(26.26), Os-192 (40.78)
宇宙の相対原子数($Si=10^6$)	1
宇宙での質量比(ppb)	3
太陽の相対原子数($Si=10^6$)	0.673
土壌	報告なし
大気中含量	事実上皆無
体内存在量(成人 70 kg)	報告なし,ごく微量
空気中での安定性	高温では酸化されてOsO_4を生成.微粉末状態では常温でも酸化される
水との反応性	反応しない
他の気体との反応性	ハロゲンとは高温で反応.F_2とはOsF_6を,Cl_2,Br_2とはOsX_4を生成
酸,アルカリ水溶液などとの反応性	濃塩酸には酸素が存在すれば溶解.王水,濃硝酸,熱濃硫酸には可溶
酸化物	OsO_2, OsO_4
塩化物	$OsCl_4$
硫化物	—
酸化数	+8,+4,+3,+2(他)

英 osmium　独 Osmium　佛 osmium　伊 osmio　西 osmio　葡 osmio　希 ϳοσμιο (hosmio)　羅 osmium　エスペ osmio　露 осмий (osmij)　アラビ لازميوم　ペルシ اسمیوم (asmiyam)　ウルド — (asmiyam)　ヘブラ אוסמיום　スワヒ —　チェコ osmium　スロヴ osmium　デンマ osmium　オラン osmium　クロア osmij　ハンガ ozmium　ノルウ osmium　ポーラ osm　フィン osmium　スウェ osmium　トルコ osmiyum　華 鋨, 俄　韓・朝 오스뮴　インドネ osmium　マレイ osmium　タイ ออสเมียม　ヒンデ असिमियम (asimiyam)　サンス —

オスミウムランプ

ランタニド元素のプラセオジムとネオジムを，気の遠くなるほどの再結晶の繰返しによってジジムから分離したオーストリアのアウエル・フォン・ヴェルスバッハは，その後もいくつかの重要な発明を行ったことで有名である．その中の一つに，「オスミウムランプ」がある．

白熱電球のフィラメント材料として，いろいろなものが試みられたことはご存じの方も多かろう．このあたりは「タングステン」の項（p. 215）を参照されたい．電気を通すことで高温となって発光するわけであるから，融点が高いことが必要とされる．熱輻射の一部が可視領域にまで広がってこなくては，明るい光とはならないからである．金属オスミウムの融点は 3,050℃で，たしかに融点は高く，多少の困難はあるものの細いフィラメントに引くことも可能であったので選ばれたのである．

しかし，このオスミウムのフィラメントはきわめて破断しやすかったため，やがてタンタルやタングステンに置き換えられてしまった．

四酸化オスミウム

金属オスミウムは粉末にして大気中に放置すると，揮発性の四酸化オスミウム（OsO_4）を発生する．つまり，白金族元素の中では活性のいちばん大きなものである．この四酸化オスミウム蒸気は有毒で，かつ強い刺激臭がある．「オスミウム」という名称もこの四酸化物の臭気に基づいたもので，「オゾン」と同じ起源でもある．四酸化オスミウムは，以前には指紋検出に用いられたことがあるが，これは微量の有機物と反応して黒色の OsO_2 に変化するのを利用したものである．顕微鏡用の病理学標本固定には，現在でもかなり使われている．

しかし，他の白金族元素に比べて産出量も少なく，著しく高価であることもあって，金属自体はイリジウムなどとの合金として用いられるとしても，その需要はそれほど多くはない．現在では，精密時計のベアリングや羅針盤の指針など，高い硬度と耐食性，耐摩耗性が要求される方面での用途に限定されている．

化学テロ未遂事件

これらよりももっと恐ろしい用途であるが，数年以前にロンドンで，アル・カーイダが糸を引いていると思われるテロ組織が，ロンドン名物の地下鉄の中でこの四酸化オスミウムを用いた化学爆弾を爆発させようとして，直前に逮捕されたために未遂に終わったという新聞記事があった．前述のように四酸化オスミウムは毒作用が強く，安全情報センターの発行している「化学物質等安全データシート」によると，最小中毒濃度はヒトの場合 133 μg/m^3 となっている．1 m^3 の大気はおよそ 1.3 kg ほどになるのであるから 10^{-9}, つまり ppm（百万分率）ではなくて ppt（十億分率）ではからなくてはならないほどの低濃度であることがわかる．このデータシートでは，許容濃度が短時間曝露限界でも 0.0006 ppm（＝0.6 ppt）であることを考えると，一酸化炭素やシアン化水素などに比べて桁違いに有害であることがわかるであろう．もちろん「急性毒性物質」に分類されている．これくらいの低濃度でも吸入すると肺水腫を起こし，眼や気道を激しく侵して呼吸困難に陥り，重ければ死に至る．こんなものを狭い車内でばらまくようなテロが未遂に終わって，本当によかったといえる．

イリジウム Ir

発見年代：1803 年　　　発見者（単離者）：S. Tennant

原子番号	77	天然に存在する同位体と存在比	Ir-191 (37.3), Ir-193 (62.7)
単体の性質	銀白色金属，立方晶系	宇宙の相対原子数 (Si = 10^6)	0.82
単体の価格 (chemicool)	4,200 $/100 g	宇宙での質量比 (ppb)	2
価電子配置	[Xe]$4f^{14}5d^76s^2$	太陽の相対原子数 (Si = 10^6)	0.6448
原子量 (IUPAC 2009)	192.217(3)	土壌	報告なし
原子半径 (pm)	135.7	大気中含量	事実上皆無
イオン半径 (pm)	89 (Ir^{2+}), 75 (Ir^{3+}), 66 (Ir^{4+})	体内存在量 (成人 70 kg)	報告なし．ごく微量 (20 ppt 以下)
共有結合半径 (pm)	126	空気中での安定性	常温では反応しない．800℃ 以上では酸化されて IrO_2 を生成
電気陰性度　Pauling　Mulliken　Allred　Sanderson　Pearson (eV)	2.20　—　1.55　—　5.40	水との反応性	反応しない
		他の気体との反応性	Cl_2, F_2 との反応では $IrCl_3$, IrF_4 などを生成
密度 (g/L)	22,610（固体）	酸，アルカリ水溶液などとの反応性	王水には不溶
融点 (℃)	2,443	酸化物　塩化物　硫化物	IrO_2　$IrCl_3$　—
沸点 (℃)	4,100		
存在比 (ppm)　地殻　海水	3.0×10^{-6}　痕跡量（<検出限界）	酸化数	+5, +4, +3, +2（他）

英 iridium　独 Iridium　佛 iridium　伊 iridio　西 iridio　葡 iridio　希 ιρίδιο (iridio)　羅 iridium　エスペ iridio　露 иридий (iridiji)　アラビ ﻻﻳﺮﻳﺪﻳﻮم　ペルシ ﺍﻳﺮﻳﺪﻳﻮم (iridiyam)　ウルド — (iridiyam)　ヘブラ אירידיום　スワヒ —　チェコ iridium　スロヴ iridium　デンマ iridium　オラン iridium　クロア iridij　ハンガ iridium　ノルウ iridium　ポーラ iryd　フィン iridium　スウェ iridium　トルコ iridyum　華 銥，铱　韓・朝 이리듐　インドネ iridium　マレイ iridium　タイ อิริเดียม　ヒンデ इरिडियम (iridiyam)　サンス —

有機EL

名前が「虹の元素」という意味であるように、いろいろな色調の化合物をつくることが特徴的なのであるが、近年話題の「有機EL」の心臓部は、このイリジウム錯体であるものが多い。もともとの「有機EL」素子は本当の有機化合物だけでつくられていたのであるが、一般商品化のためには、発光効率や波長、さらには耐久性（長時間にわたって同じ色調の光を、強度を変化させることなく発生できなくてはならない）を考慮しなければならない。発光性の有機化合物だけでは、無機錯体に比べると不安定であるために大きな問題を抱え込むこととなり、薄型テレビが店頭に並ぶ段階にこぎつけるまでにはいろいろな難点がある。そこで、ついに白金族元素の錯化合物を利用することになったのである。つまり、「虹の七色」ほどではなくとも、光の三原色（RGB）を長時間にわたって効率よく放出できるような錯化合物を探索している中で、イリジウム錯体に落ち着いたということもできよう。もちろん、発光体に使用されている量はほんのわずか（錯体の中心金属イオンとしてであるから、かさ高の配位子がいくつも結合しているならば、質量比にしても数％ほどでしかない）なので、いまのところかなり高価であっても何とか採算が合うのであるが、将来においてのイリジウム資源枯渇問題が生起することも十分に考えられる。

恐竜大絶滅

地質学でイリジウムが脚光を浴びたのは、中生代の末の白亜紀と、新生代の第三紀との境界面付近の薄い地層（これはK-T境界層という。白亜紀（本来は白堊紀．ドイツ語のKretaの頭文字をとっている．英語（Crateceous）だと石炭紀（Carboniferous）と区別できないため）と第三紀（Tertiary）の境界の意味である．6,500万年以前にあたる）に、平均よりも著しく高濃度のイリジウムの存在が認められたからである。この「イリジウム異常」現象が世界に広く分布していることは、地質学者のウォルター・アルヴァレス（1940-）により発見されたが、彼は父君のルイス・アルヴァレス（1968年にノーベル物理学賞を受けた素粒子物理学者、1911-1988）とともにこの原因を探求し、直径10kmほどの鉄質の小惑星が地球に落下し、大量のちりとなって大気圏内を浮遊して長期間にわたって日照を遮った結果、多くの生物種の絶滅が起きたと結論した。恐竜の絶滅もこのときであろうとされる。通常の地殻にはイリジウムはきわめて少ないが、親鉄元素であるために、隕鉄においてはかなり多量に含まれている。もっとも、地球上にそれらしき痕跡は残っていないというので、この説は最初はかなり冷淡に扱われた．

ところが、やがてメキシコのユカタン半島の北端「プエルト・チクルーブ」付近に中心をもつ巨大な隕石によるクレーターの痕跡が発見され、これが6,500万年以前の白亜紀末のものと判明した。ただ、現在ではこの小惑星落下も、いくつか考えられる大量絶滅の一原因であろうと考えられている（このクレーターの存在は、石油探鉱技術者の方には何十年も前から既知のことだったのであるが、肝心の地質学者たちの方にはこの情報は届いていなかったらしい）．

衛星通信

衛星利用携帯電話に「イリジウム（Iridium）」（社）を名乗るものがあるの

は，最初モトローラ社が計画したシステムで，低高度（780 km）の通信用衛星を77個飛ばして，これにより全世界をもれなく通信エリアにする予定であったので，原子番号が77であるイリジウムにちなんでシステムを命名したのである．その後，コストの面などもあって通信用衛星の数はかなり減らされて66個になったが，それでもやはり「虹の架け橋」のイメージは捨てがたいらしく，相変わらずこの名称のままである．その後「イリジウム社」は破産してしまい，この通信衛星もすべて大気圏に突入させて処分されるはずであったが，政府当局が救済に乗り出し，米国政府の通信サービスなどを行うシステムに変更された．

これに関連した，「イリジウムフレア」と呼ばれる現象がある．これは，イリジウムシステムの衛星には碗型のアンテナがついているのであるが，これが太陽光を反射し，それがときとして地表に届き，暗い空に非常に明るい光点として肉眼でも検知される（よくUFOと誤認される）ためである．

白 金 Pt

発見年代：1735 年　　　発見者（単離者）：A. de Ulloa

原子番号	78		天然に存在する同位体と存在比	Pt-190 (0.014), Pt-192 (0.782), Pt-194 (32.967), Pt-195 (33.832), Pt-196 (25.242), Pt-198 (7.163)
単体の性質	銀白色金属，立方晶系			
単体の価格（chemicool）	4,700 $/100 g		宇宙の相対原子数（$Si = 10^6$）	1.63
価電子配置	$[Xe]4f^{14}5d^96s^1$			
原子量（IUPAC 2009）	195.084(9)		宇宙での質量比（ppb）	5
原子半径（pm）	138		太陽の相対原子数（$Si = 10^6$）	1.357
イオン半径（pm）	85（Pt^{2+}），70（Pt^{4+}）			
共有結合半径（pm）	129		土壌	1.5（0.5〜710）ppb
電気陰性度			大気中含量	事実上皆無
Pauling	2.28		体内存在量（成人 70 kg）	報告なし．ごく微量
Mulliken	—		空気中での安定性	反応しない
Allred	1.44		水との反応性	反応しない
Sanderson	—		他の気体との反応性	Cl_2 とは 250℃ 以上で反応し $PtCl_2$ を生成．F_2 とは高温で反応し PtF_4 を生成
Pearson（eV）	5.60			
密度（g/L）	21,450（固体）		酸，アルカリ水溶液などとの反応性	無機酸には不溶．王水には溶解して $[PtCl_6]^{2-}$ を生成．シアン化物水溶液にも徐々に溶解
融点（℃）	1,769			
沸点（℃）	3,800			
存在比（ppm）			酸化物	PtO_2
地殻	0.001		塩化物	$PtCl_2$，$PtCl_4$
海水	$(1.1〜2.7) \times 10^{-7}$		硫化物	PtS_2
			酸化数	+4, +2（他）

英 platinum　独 Platin　佛 platine　伊 platino　西 platino　葡 platina　希 λευκοχρυσοσ (leukochrysos)　羅 platinum　エスペ plateno　露 платина (platina)　アラビ بلاتين　ペルシ بوروسیوم (pulutiyam)　ウルド پلاٹینیم (platinam)　ヘブラ פלטינה　スワヒ —　チェコ platina　スロヴ platina　デンマ platin　オラン platina　クロア platina　ハンガ platina　ノルウ platina　ポーラ platyna　フィン platina　スウェ platina　トルコ platin　華 鉑, 铂　韓・朝 백금　インデネ platina　マレイ platinum　タイ แพลทินัม　ヒンデ प्लाटिनम (plaetinam)　サンス — (rukma)

発見当時の価値

南米で白金が発見された直後は，当時の精錬技術では処理できなかったために「まがいものの銀」などと呼ばれて，一時期は廃棄され，「金や銀などと混合して増量（水増し）に用いることはけしからん」と禁令が出たこともある．やがて18世紀の中葉になると，この正体不明の新金属に対しての研究手段も増加し，欧米における研究もしだいに詳しくなった．通常は，この詳細な研究を最初に行ったのは英国のウッド（C. Wood, 1702-1774）であるとされている．

初期の価値ある化学的記事

ところで，一代の蕩児（ドン・フアン）として名高いカザノーヴァ（G. G. Casanova, 1725-1798）が，故郷のヴェネツィアで政敵のために投獄された後，奇策を弄して脱獄に成功し，パリへ再度の訪問をした折りの記述には，かなり詳しい白金の化学的性質についての記載がある．これは有名な「メモワール」の中にあるのであるが，最近までこの記述はフィクションだらけで信頼がおけないものとされていた．第二次世界大戦後に自筆原稿が発見されて，内容に対する評価も大きく変化したとのことである．この「メモワール」の全訳としては，河出文庫に早稲田大学の故窪田般弥教授の労作（全12巻）があるので，興味ある方は一覧されるのもよかろう．通覧してみると，多くの逸話集の中に紹介されている「実話」の大部分が，ここに出典を仰いでいることがわかる．やはり，これがもとであると明記するのがはばかられた時代が長かったことがうかがわれる．

この二度目のパリ訪問（1757年）におけるホストは，ブルボン王家の一族でもあるド・トール・ドーヴェルニュ氏であった．彼の一族にはフィレンツェのメディチ家に嫁いだ姫君もあり，イタリア育ちのカザノーヴァには何くれとなく面倒をみていたようである．

あるときカザノーヴァは，ホストの叔母にあたるデュルフェ侯爵夫人の館に招かれる．侯爵夫人は当時還暦に近く，カザノーヴァの母親と同じくらいの年齢であったが，年齢を全く感じさせないくらいの美女として，当時のルイ15世の宮廷でも有名であった．実験室を参観すると，美しい銀樹や，自動的に石炭を供給できる加熱炉などご自慢の作品をみせてくれたが，この折りの目玉として，英国のウッド氏（前記のウッド）から恵与されたという新しい金属の入った小さな壺をみせられる．この金属は硝酸にも塩酸にも溶けないが，王水（濃硝酸と濃塩酸の体積比1：3の混合物）には溶け，溶けたものにサル・アンモニアック（現代風にいうと塩化アンモニウム）を加えると，白色結晶性の沈殿として分離できることなどをみせてもらう．

実は，これはフランスにおける白金の化学についてのもっとも古い記載である．通常の化学史の書物では，フランスにおける白金の科学的研究は，比重計で有名なアントワーヌ・ボーメ（A. Baume, 1728-1804）によってはじまった（1758年）とされていて，カザノーヴァの記述は，最終的にまとめられたのがはるか後年（1790年）なので，そのままでは信頼度がないとされている．しかしこの原文を詳しく調べてみると，やはり目前に新奇な化学変化を目にした人間の正直な驚きを，詳しくかつ正確に記載したとしか考えられない．カザノーヴァはヴェネツィアの学都であるパド

ヴァの大学で法律学を学んだことになっているのであるが，法律学のほかに経済学や化学（当時であるから錬金術との区別はあいまいであった）などを誰について学んだのかは判然としない．

白金は融点が高いので，ガラスや岩石，鉱物を融解させるためのルツボ材料としてよく利用されるのであるが，この高融点は，細工をする立場の人間にとっては何ともやっかい至極なものであった．現代なら酸水素炎を用いて熔融可能なのであるが，まだシェーレによる酸素の発見もキャヴェンディッシュによる水素の発見もなされていない時代のことなので，まず不可能なことがらと考えられていたのである．

ヒ素を利用した鋳造

18世紀の末近くになって，フランスでルイ16世のお抱えの金細工師であったジャネッティ（M. E. Jeanety, 1739-1820. ドイツのE. T. A. ホフマン（1776-1822）の『スキュデリー嬢（Das Fräulein von Scuderi)』の主人公 Rene Cardillac のモデルともいわれる．この作品は，森鷗外が『玉を懐いて罪あり』というタイトルで抄訳している）は，ふとしたことから白金と単体ヒ素との合金をつくると融点が劇的に低下すること（純白金 1,772℃ → 共融点 597℃）を発見し，これを利用して蠟型を利用した鋳造による精巧な美術品をつくった．完成後は，高温の炉の中に入れて加熱し，ヒ素分を揮散させてしまえば白金だけが残るというわけである．ルーヴル美術館などに行くと，このジャネッティの傑作があちこちに飾られているのを目にすることができる．でも有害なヒ素の蒸気が大量に放出されるのであるから，工房はたいへんなところであったろう．

日本でも白金がとれた

日本でも白金が産出し，一時は輸出に回せるほどの量がとれたといっても信じない方が多かろう．わが国の砂白金の産地は，北海道の宗谷岬から襟裳岬へと連なる山脈の各地の谷間であり，天塩，雨竜，夕張，日高と連なる険しい山々に挟まれた谷筋であった．ここからは，同じ白金族の「自然ルテニウム」も発見されている．

札幌の北海道大学の近くに「弥永北海道博物館」がある．地下鉄の北18条駅から歩いてすぐであるが，ここには北海道各地からの興味ある鉱物の標本が多数集められている．館長の弥永芳子刀自がほとんど独力で集められた，砂白金や砂金などをも含む貴重なコレクションも展示されている．現在ではこれらの産地では例外なく過疎化が進行して，集落はなくなり，ほとんどはヒグマの天下になってしまった．したがって，熱心なアマチュアによって標本として価値のある程度の大きさのものが発見されたという報告がたまにあるものの，採取に行くことは命の危険もあるのでとてもおすすめできない．

金 Au

発見年代：有史以前　　発見者（単離者）：—

原子番号	79	天然に存在する同位体と存在比	Au-197（100）
単体の性質	黄金色金属，立方晶系	宇宙の相対原子数（Si = 10^6）	0.15
単体の価格（chemicool）	4,400 $/100 g	宇宙での質量比（ppb）	0.6
価電子配置	[Xe]$4f^{14}5d^{10}6s^1$	太陽の相対原子数（Si = 10^6）	0.1955
原子量（IUPAC 2009）	196.966569(4)	土壌	1（0.05〜8）ppb
原子半径（pm）	144.2	大気中含量	事実上皆無
イオン半径（pm）	137（Au^+），91（Au^{3+}）	体内存在量（成人 70 kg）	0.2 mg 以下
共有結合半径（pm）	134	空気中での安定性	反応しない
電気陰性度		水との反応性	反応しない
Pauling	2.54	他の気体との反応性	Cl_2，高温の Br_2 との反応では AuX_3 を生成
Mulliken	—	酸，アルカリ水溶液などとの反応性	王水には可溶（H[$AuCl_4$]を生成）
Allred	1.42		
Sanderson	—	酸化物	Au_2O
Pearson（eV）	5.77	塩化物	$AuCl$，$AuCl_3$
密度（g/L）	19,320（固体）	硫化物	Au_2S
融点（℃）	1,064.43	酸化数	+3，+1（他）
沸点（℃）	2,810		
存在比（ppm）			
地殻	0.0011		
海水	1.0×10^{-5}		

英 gold　独 Gold　佛 or　伊 oro　西 oro　葡 ouro　希 χρψσοσ（chrysos）　羅 aurum　エスペ oro　露 золото（zoloto）　アラビ ذهب　ペルシ طلا（tala（gold））　ウルド سونا（sona）　ヘブラ זהב　スワヒ —　チェコ zlato　スロヴ zlato　デンマ guld　オラン goud　クロア zlato　ハンガ anary　ノルウ gull　ポーラ złoto　フィン kulta　スウェ guld　トルコ altin　華 金　韓·朝 금　インドネ emas　マレイ emas　タイ ทองคำ　ヒンデ सोना, कञ्चन, सुवर्ण（sonā, kañchana, suvarga）　サンス रुक्म（parata）

黄金の産地

その昔，江利チエミが歌って一世を風靡した「ウスクダラ」は，トルコのイスタンブール（旧名はコンスタンチノープル，漢字ではよく「君府」と書いた）とボスフォラス海峡を挟んだアジア側にある港町の名前である．英語では「スクタリ(scutari)」と呼ぶことが多く，かのフローレンス・ナイチンゲール女史がクリミア戦争の折りに野戦病院を設置したのも，この町の背後の丘の上であった．この病院はトルコ軍の兵営の一角を使ってつくられ，その一部が「ナイチンゲール博物館」になっている（現在でもトルコ陸軍の兵営の中なので，参観に訪れると従卒が監視をかねてつきっきりで案内してくれる．まさに VIP 待遇である）．

この町の名は，もともとギリシャ語の「クリュソポリス（Chrysopolis）」，すなわち「黄金の町」であった．たび重なる戦乱の結果，住民が何度も入れ替わって，現在のような名称となったのである．その昔のギリシャ時代に，アナトリアなど現在のトルコ中央部で採取された砂金の積出港として，長年繁栄した歴史がある．いってみれば，わが国の宮城県の涌谷にある「黄金迫」と同じように，黄金に対応した地名ともいえようか．

壁面の金箔

上智大学の石澤良昭教授は，長年にわたってカンボジアのアンコール遺跡の修復に努力されている．しばらく以前に放送大学の講義で，アンコールワットなどの大寺院の壁面は，「建立当時は全部が金箔で覆われていて，みごとな光彩を放っていたと考えられる」と紹介されていた．この折りの放送大学の番組では，コンピュータグラフィックスでたくみにこの様子を再現していた．現在でもタイの諸寺院に訪れると，仏像へ貼付するための金箔を売店で販売しているが，功徳を積むための便利な手法の一つになっている．わが国でも，地蔵菩薩や賓頭廬尊者（いわゆる「おびんずるさま」）の像に，患部をぬぐった紙片を貼り付けたりする習慣をもつ寺院があるが，これと同じように，参詣者の善男善女の病気などの苦難を引き受けてくださるという意味もあるという．

この黄金の源は，やはりメコン川の砂金であったといわれる．メコン川の上流は四川省の瀾滄江（らんそうこう）であり，東側には金沙江（揚子江の上流），西側には怒江（サルウィン川の上流）が接近して（近いところでは間隔が 10 km ほどしかないそうである），北から南へと平行に流れている．このあたりは故中尾佐助鹿児島大学教授の提案された「東亜半月弧」の中心部でもある．いずれもチベット高原東部を水源として流れてくる大河である．金沙江はその名の示すとおり砂金の産出によって命名されたものであるが，チベットは現在でも金資源が豊富であり，2007 年にラサまで世界最高点を通過する鉄道が敷設されたのも，鉱物資源が目的であるといわれる．運送手段が乏しかった頃，そのおこぼれがアンコール文化を支えたといえなくもない．

巨大な砂金塊

砂金はときどきかなり大きな塊が産出して話題となるが，もともとから塊状の大きなものが転がり流れてくるわけではない．河川が上流から運んでくる微細な金の粒子が，流れの緩いところに他の比重の大きな鉱物と一緒に堆積し，いわゆる「重砂」と

なるが，この中で金の粒子どうしが水の流れの動きによって接触すると，表面の金原子が互いに拡散・接着した結果，しだいに成長するのである．「さざれ石の巌となりて」という君が代の一節は，金の微粒子であればもっと短時間に起きるのである．

金は展性に富むので，きわめて薄い箔をつくることができる．京都の金閣寺や平泉の金色堂などは，まさにこの性質を活用してつくられた名建築であろう．かのラザフォードがα粒子の散乱から原子核の存在を証明し，大きさを推定したのも，薄い金箔を利用したものであった．よく「狸のナントカ八畳敷き」などといわれるが，金沢あたりの練達の箔打師の手にかかると，狸の皮（これは繰り返し木づちで打っても破れにくいので，昔から愛用されてきたという）の上で1匁（3.75 g）の金を本当に畳8枚分にまで均一に打ち広げることができるので，このような成句が生まれたという．金沢の畳は京間のはずなので，8枚分は丸々4坪，つまり$4 \times 1.81^2 = 12.8$ m^{2}ほどになる．金の比重は19.3だから，これをもとにこの箔の厚さを求めると，$(3.75/19.3)/(12.8 \times 10^4) = 1.3 \times 10^{-6}$ cm = 13 nmほど，つまりせいぜい数十原子からなる金の薄い層を，つちをふるうだけでつくることができる．

水　銀 Hg

発見年代：有史以前　　発見者（単離者）：—

原子番号	80	天然に存在する同位体と存在比	Hg-196 (0.15), Hg-198 (9.97), Hg-199 (16.87), Hg-200 (23.10), Hg-201 (13.18), Hg-202 (29.86), Hg-204 (6.87)
単体の性質	銀白色液体		
単体の価格（chemicool）	5 \$/100 g		
価電子配置	$[Xe]4f^{14}5d^{10}6s^2$		
原子量（IUPAC 2009）	200.59(2)	宇宙の相対原子数 ($Si=10^6$)	0.02（?）
原子半径（pm）	160	宇宙での質量比（ppb）	1
イオン半径（pm）	127 (Hg^+), 112 (Hg^{2+})	太陽の相対原子数 ($Si=10^6$)	0.4128
共有結合半径（pm）	144		
電気陰性度		土壌	10〜540 ppt
Pauling	2.00	大気中含量	2〜10 ng/m^3
Mulliken	—	体内存在量（成人 70 kg）	6 mg
Allred	1.44		
Sanderson	1.92	空気中での安定性	常温では反応しない．300〜400℃ では HgO を生成
Pearson（eV）	4.91	水との反応性	反応しない
密度（g/L）	13.546（液体）	他の気体との反応性	Cl_2 との反応では $HgCl_2$ を生成
融点（℃）	-38.842	酸，アルカリ水溶液などとの反応性	希塩酸や希硫酸とは反応しない．硝酸や濃硫酸，王水には可溶
沸点（℃）	356.58		
存在比（ppm）		酸化物	HgO
地殻	0.05	塩化物	Hg_2Cl_2, $HgCl_2$
海水	$(3.3〜4.9)×10^{-7}$	硫化物	Hg_2S, HgS
		酸化数	+2, +1（他）

英 mercury　独 Quecksilber　佛 mercure　伊 mercurio　西 mercurio　葡 mercurio　希 υδραργυρος (hydrargyros)　羅 hydrargentum (hydrargyrum)　エスペ hidrargo　露 ртуть (ptuti)　アラビ زئبق　ペルシ جيوه (pare (mercury))　ウルド ہارا (para)　ヘブラ כספּית　スワヒ — 　チェコ rtuť　スロヴ ortuť　デンマ kviksølv　オラン kwik (kwikzilver)　クロア Živa　ハンガ higany　ノルウ kvikksølv　ポーラ rtęć　フィン elohopea　スウェ kvicksilver　トルコ civa　華 汞　韓・朝 수은　インドネ raksa　マレイ merkuri　タイ ปรอท　ヒンデ पारा (para)　サンス पारद

232　水　銀

汞

　以前から，水銀化合物に対しては「昇汞」などのように「汞」の字が使われていた．現在の漢字の周期表でも，この由緒ある字が使われている．これは，「工（たくみ）」と水（液体）を意味する字を一緒にしてつくられた「合字」であるらしく，本来の水銀を表す字は「鴻」であったといわれる．煉丹術が何千年間も栄えた，中国の伝統をうかがわせる字である．もちろん，不老長生のための丹薬の原料として貴重視されてきた．しかし，当然ながら有毒作用もあるわけで，このあたりのさじ加減はたいへん難しかったのである．歴代の帝王の中にも，この「丹薬」の服用のしすぎで命を縮めた例は少なくない．

　ところで，現在のように抗生物質が多数開発される以前においては，いろいろな疫病（伝染病）に対する対症療法はかなり限られたものであった．それでも「命あっての物種」なので，多少の副作用には目をつぶっても，強烈な作用のある薬剤を処方してもらったおかげで命が助かったという例は決して少ないものではなかった．これは，今日の薬剤療法（化学療法）の嚆矢でもあった．もちろん当時はまだ服用の適量なども手探りであったから，失敗例も多かったことは想像にかたくない．

毒を以て毒を制す

　16世紀の名医とたたえられたパラケルススやノストラダムスなどが，当時の西欧の医師には危険きわまりない毒物として忌避されていたヒ素やアンチモン，水銀などの製剤をたくみに処方して，当時の医師から見放されたような難病の患者を治癒させたのは，彼らが「さじ加減」にたくみであったことを物語る．やぶ医者ではとてもそこまでの細かい加減はできなかったであろう．この時代では，「梅毒」のほかに「ペスト」が治療手段のほとんどない難病と考えられていた．

　わが国の江戸時代においても，コレラや赤痢，天然痘，麻疹（はしか）などとともに猛威をふるったものに梅毒がある．当時の医師にとって前代未聞のこのような奇病に対しては，伝統的医学はほとんど無力であった．これは西欧でも，パラケルススなどの活躍があっても事情はさして変わることはなかったのである．

　梅毒に対する水銀製剤（昇汞，塩化第二水銀）による治療は，マリア・テレジア女帝の侍医であったファン・スヴィーテン男爵が，当時の医学の世界的なセンターであったオランダのライデン大学のブールハーヴェのもとで研鑽中に発見したものといわれる．これが同窓であったスウェーデンのテュンベリー（ツンベルクとも呼ばれる．植物学者のリンネの高弟でもあった）の手で日本に伝えられた．テュンベリーは長崎の出島にあったオランダ商館の医師として来日し，在日中には江戸まで往復し，その傍ら，師のリンネの指示どおりに珍しい植物の採集をも試みたが，「日本の街道筋はよく手入れされていて雑草というものがほとんどないので，珍奇な植物を採取するにはひとかたならぬ苦労があった」と旅行記に書き残している．それでもいろいろな植物の学名に"*thunbergii*"という名称が残っていて，彼の発見，記載に基づくものであることがわかる．

　テュンベリーからこの水銀製剤（昇汞）による梅毒の治療法を伝授された一人に，『解体新書』の翻訳で名高い杉田玄白がいる．現代のわれわれには，この翻訳を行っ

た偉人としてもっぱら記憶されているのであるが，彼の生前には，むしろオランダ渡来の医術による梅毒治療の名医としての評判が高かった．いまから考えるとずいぶん副作用の大きな薬剤を投与して治療を行ったので，ある意味ではきわめて恐ろしい処置でもあったのであるが，この種の激越な作用をもつ医薬は，名医のさじ加減で毒にでもなるし薬にでもなる．つまり，有効治療量と毒作用発現量の差が小さいので，この見極めがつく名医でなくてはとても使いこなせないのである．

持込み制限の体温計

航空機への持込みが禁止される物品は，昨今のハイジャック騒動などのおかげで大幅に増加したが，その昔からこのリストに「体温計」がある．体温計は，現在ならば赤外線利用で赤ん坊の耳たぶにあてるだけではかれるような電子機器（ディジタル体温計）も増えてきたが，ここでの禁止対象はもちろん昔風の水銀体温計である．

現在の航空機の機体は，ほとんどがアルミニウムを含む軽合金でつくられている．ところがこの上に水銀滴がこぼれると，アルミニウムは容易にアマルガムをつくり，これは空気中の酸素と反応するので簡単に穴が開く．機体内外の圧力差の大きな巡航高度であったら，ピンホールほどの大きさでも空中分解の原因となる可能性がきわめて大きい．地上でみつかったら大騒ぎ，問題の機体はたちまちに飛行差止めで運休ということになる．以前は気圧計や圧力計も同じように持込み禁止扱いであったが，これらはみな水銀を使用するタイプのものばかりであったからである．

タリウム Tl

発見年代：1861年　　　発見者（単離者）：W. Croockes and C. A. Lamy

原子番号	81	天然に存在する同位体と存在比	Tl-203 (29.52), Tl-205 (70.48)
単体の性質	白色金属，六方晶系	宇宙の相対原子数 ($Si = 10^6$)	0.1 (?)
単体の価格 (chemicool)	48 $/100 g	宇宙での質量比 (ppb)	0.5
価電子配置	$[Xe]4f^{14}5d^{10}6s^26p^1$	太陽の相対原子数 ($Si = 10^6$)	0.1845
原子量 (IUPAC 2009)	204.3833(2)	土壌	0.2 (0.02〜2.8) ppm
原子半径 (pm)	170.4	大気中含量	事実上皆無
イオン半径 (pm)	149 (Tl^+), 105 (Tl^{3+})	体内存在量（成人70 kg）	0.5 mg
共有結合半径 (pm)	155	空気中での安定性	常温では Tl_2O 被膜を形成し，加熱すると Tl_2O_3 を生成
電気陰性度		水との反応性	反応しない
Pauling	1.62	他の気体との反応性	—
Mulliken	—	酸，アルカリ水溶液などとの反応性	塩酸には不溶．硫酸，硝酸，過塩素酸には可溶
Allred	1.44		
Sanderson	1.96		
Pearson (eV)	3.20	酸化物	Tl_2O, Tl_2O_3
密度 (g/L)	11,850（固体）	塩化物	$TlCl$, $TlCl_3$
融点 (℃)	303.5	硫化物	Tl_2S
沸点 (℃)	1,457	酸化数	+3, +1 (他)
存在比 (ppm)			
地殻	0.6		
海水	1.4×10^{-5}		

英 thallium　独 Thallium　佛 thallium　伊 tallio　西 Talio　葡 Talio　希 θαλλιο (thallio)　羅 —　エスペ talio　露 таллий (tallij)　アラビ ﺍﻟﺜﺎﻟﻴﻮﻡ　ペルシ ﺗﺎﻟﻴﻮﻡ (taliyam)　ウルド —　ヘブラ תליום　スワヒ —　チェコ thallium　スロヴ tálium　デンマ thallium　オラン thallium　クロア talij　ハンガ tallium　ノルウ thallium　ポーラ tal　フィン tallium　スウェ tallium　トルコ talyum　華 鉈　詑　韓・朝 탈륨　インドネ tallium　マレイ talium　タイ แทลเลียม　ヒンデ थैलियम (thaliyam)　サンス — (sisa)

名称の由来

英国のウィリアム・クルックスが，鮮やかな緑色の炎色反応を示すことで，ギリシャ語の若枝や若草色を意味する"θαλλος (thallos)"から名づけたことは有名である．

中毒患者

アガサ・クリスティーの名作『蒼ざめた馬』は，新約聖書のヨハネ黙示録にある「見よ，蒼ざめたる馬あり．これに騎りたるものを死といふ」という句からとられたタイトルであるが，タリウム中毒を骨子としたミステリーである．この中の描写は実に正確であるが，彼女は第一次世界大戦当時に薬剤師見習いとして病院に勤務していたことがあり，その経験がたくみに生かされている．硫酸タリウムは，脱毛剤や殺鼠剤として以前にはかなり広く使われたことがあり，中毒例も少なくなかったのである．

そのため，この作品の刊行後しばらくして，いまのアラブ首長国連邦のカタールで，脱毛など奇妙な症状を示した女児の患者が病院に担ぎ込まれ，医療スタッフ一同たいへん困惑したのであるが，たまたまナースの一人にクリスティーの愛読者がいて，「この症状は『蒼ざめた馬』に出てくるのとそっくりだから，きっとタリウム中毒に違いないですよ」といって，地元では治療のための設備も薬品も乏しいからと，はるばるロンドンへ患者を飛行機で送り届けて，みごとに回復させたという美談があった．

毒殺犯人

しかし，読者の中には心のねじれた人間もいるようで，英国の毒殺魔として名高いグレアム・ヤングは，この作品にヒントを得て自分の家族や同僚にタリウム塩を盛り，何人もの生命を奪った．それなのになかなかばれなかったという．よほど自信があったのか「骨の炎色反応を調べましたか？」などと警察官にしゃべったともいわれる（このときにもしきちんと調べていれば，犠牲者はもっと少なくてすんだであろう）．日本でもタリウムによる毒殺事件が何件かあり，なかには実の母親に毒を盛った女子高校生までいたというのは，世も末だと嘆かれる方も少なくないであろう．

分析試薬

タリウムは，金属自体の用途はほとんどない．空気中に放置すると表面が徐々に酸化されるのであるが，この酸化物の層はアルミニウムなどとは違って容易に剝落してしまうので，どんどん酸化が進行してしまう．化合物の方も用途はかなり限られているが，遠赤外部のスペクトルを測定する際のセル材料などに用いられる KRS-5 は，臭化タリウムとヨウ化タリウムの混晶である．みたところ赤色で不透明であるが，赤外線領域ではほとんど透明なのである．

タリウムの酸化状態では，Tl(I) の方が Tl(III) よりも安定である．以前は中和滴定と酸化還元滴定の標準物質として，炭酸タリウム（Tl_2CO_3）がよく用いられた．式量（モル質量）が大きいので，秤量由来の誤差が小さく抑えられるからである．もっとも，排水中の重金属イオンの規制が厳しくなってしまい，さすがに使用例は減ってきた．そもそも，容量分析をきちんとできる分析化学者の頭数が激減してしまったためもある．しかし，同一化合物が中和滴定と酸化還元滴定の両方の標準物質となる例は，ほかにはヨウ素酸カリウムやシュウ酸くらいしかないので，きわめて便

利であることは否めない．

重液

　鉱物学の方で古くから用いられたものに，「クレリチの重液」と呼ばれるものがある．これは，ギ（蟻）酸タリウムとマロン酸タリウムの混合水溶液である．比重が最大 4.25 もある水溶液をつくることが可能であり，これによっていろいろな鉱物を密度の違いを利用して分離することができる．調製してみるとわかるが，予想よりずっと粘性が小さくさらさらしていて，ちょっと奇妙な液体である．この中のタリウムイオンは，酸素分子と錯形成を起こしやすいという報告もある．もっとも，最近では環境汚染問題などもあるので，これの代わりにポリタングステン酸ナトリウム水溶液（最大比重 3.11）や，ヨウ化メチレン（最大比重 3.33）の使用が勧められている．

鉛 Pb

発見年代:紀元前40世紀頃　　発見者(単離者):—

原子番号	82	天然に存在する同位体と存在比	Pb-204 (1.4), Pb-206 (24.1), Pb-207 (22.1), Pb-208 (52.4)
単体の性質	白色金属,立方晶系	宇宙の相対原子数 ($Si = 10^6$)	0.1 (?)
単体の価格 (chemicool)	1.5 $/100 g	宇宙での質量比 (ppb)	82
価電子配置	$[Xe]4f^{14}5d^{10}6s^26p^2$	太陽の相対原子数 ($Si = 10^6$)	3.258
原子量 (IUPAC 2009)	207.2(1)	土壌	23 (2~150) ppm
原子半径 (pm)	175	大気中含量	痕跡量
イオン半径 (pm)	132 (Pb^{2+}), 84 (Pb^{4+})	体内存在量 (成人70 kg)	120 mg
共有結合半径 (pm)	154	空気中での安定性	常温では表面のみ酸化,高温ではPbOを生成
電気陰性度　Pauling	2.33	水との反応性	反応しない
Mulliken	—	他の気体との反応性	ハロゲンとの反応ではPbX_2を生成
Allred	1.55	酸,アルカリ水溶液などとの反応性	塩酸には酸素共存時のみ溶解,硝酸,熱濃硫酸には可溶.アルカリ水溶液には$[Pb(OH)_4]^{2-}$となって溶解
Sanderson	2.01		
Pearson (eV)	3.90		
密度 (g/L)	11,350 (固体)	酸化物	PbO, Pb_3O_4, PbO_2
融点 (℃)	327.502	塩化物	$PbCl_2$
沸点 (℃)	1,744	硫化物	PbS
存在比 (ppm)　地殻	14	酸化数	+4, +2 (他)
海水	(1.0~30) ×10^{-6}		

英 lead　独 Blei　佛 plomb　伊 piombo　西 plomo　葡 chumbo　希 μολυβδοσ (molybdos)　羅 plumbum　エスペ plumbo　露 свинец (svinez)　アラビ رصاص (raSaS)　ペルシ سرب (surb (lead))　ウルド رصاص (sisa)　ヘブラ עופרת (oferet)　スワヒ —　チェコ olovo　スロヴ olovo　デンマ bly　オラン lood　クロア olovo　ハンガ ólom　ノルウ bly　ポーラ ołów　フィン lyijy　スウェ bly　トルコ kurşun　華 鉛,铅　韓・朝 납　インドネ timbal　マレイ plumbum　タイ ตะกั่ว　ヒンデ सीस (sisa)　サンス सीस

「金の六斉」

鉛（ナマリ）は錫（スズ）と同様，純粋な大和言葉の元素名である．もっとも古い時代の「鉛」は，現在のスズと鉛の総称として用いられ，必要に応じて現代の「鉛」は「くろなまり」，「錫」は「しろなまり」として区別された．これは古代中国でも同様だったようで，周代（一説には，少なくとも一部は殷代からの記録が引き継がれたものといわれている）の古文書である『周禮考工記』の中の「金の六斉」には，用途別に青銅合金の配合比がまとめられている（表1参照）．

「金ニ六斉アリ．ソノ金ヲ六分シテ錫一ニ居ルヲ鍾鼎ノ斉ト謂フ．ソノ金ヲ五分シテ錫一ニ居ルヲ斧斤ノ斉ト謂フ．ソノ金ヲ四分シテ錫一ニ居ルヲ戈戟ノ斉ト謂フ．ソノ金ヲ三分シテ錫一ニ居ルヲ大刃ノ斉ト謂フ．ソノ金ヲ五分シテ錫二ニ居ルヲ削殺矢ノ斉ト謂フ．ソノ金錫半スルヲ鑒燧ノ斉ト謂フ．」

というものである．実際にこの古代青銅製品の分析を系統的に最初に行ったのは，京都帝国大学の近重真澄教授で，1918年のことであった．近重先生は，この文章の中の「金」はそれまでいわれていた「合金」，つまり青銅をさすものではなく，純銅の意味であることを確かめられた．

ただし「鑒燧の斉」だけは，「金に錫を半ばとす」と読むべきだという主張もあり，これだと銅が67％，錫が33％となるはずである（実際の分析値はこちらの方がはるかによく合う）．これらについて実際の試料と分析値をつき合わせてみると，銅の分析値はほぼこのとおりになるのであるが，古い時代のものほど鉛の含量が少なくて，スズ分が多く，時代がくだるほど鉛の割合が増えてきている．

同位体考古学

鉛は安定な核種の中で，もっとも原子番号の大きな元素である．したがって，もっと原子番号の大きなウランやトリウムは長寿命の放射性の核種が存在していても，いずれは壊変し，その結果，鉛の同位体となる．ウランにはU-238, U-235, トリウムはTh-232が天然に存在しているが，これらは地球が誕生したときからずっと壊変を続けてきた．そしてそれぞれの最終生成物は，Pb-206, Pb-207, Pb-208となって落ち着くことになる．

もともと，かなり大量のウランやトリウムを含む岩石があって，その近くで鉛の鉱床ができたなら，これらが壊れた後の鉛が混入してくるはずである．その割合は親核種の半減期が異なるので，鉱床の生成年代や地質学的状況によって異なってくる．実際，鉛の同位体組成にはかなりの変動があるため，原子量も小数点以下1桁しか定められていない．

銅やスズ，アンチモンなどの鉱石には例外なく鉛が混入しているのであるが，以前の精錬法では鉛を完全に除去することはできなかった．この点に着目して，鉛の同位体比を精密に測定することで，鏡や銅鐸など青銅製の考古学資料の原料の産地を定めることができる．これは筆者の大先輩であ

表1 金の六斉

六斉	成分	用途
鍾鼎の斉	錫14％	鐘，鼎
斧斤の斉	錫17％	斧
戈戟の斉	錫20％	矛
大刃の斉	錫25％	刀剣，武器
削殺矢の斉	錫29％	小刀，鏃など
鑒燧の斉	錫50％	鏡，凹面鏡

る馬淵久夫博士（当時は国立文化財研究所長）が創始された新手法で，高感度の質量分析法を利用するため，貴重な資料を破壊する必要がない（針先で突いたほどの微小な錆びのかけらでも十分である）．これでみると，日本国内産の鉛と，華北地域，雲南地域，朝鮮半島産などの間にはかなりの違いがあって，明瞭なグループ分けが可能であることがわかる．

ただ，これでわかるのはあくまで「原鉱石の産地」なので，問題の試料が製造された場所がすぐに判明するわけではない．「邪馬台国問題」がすぐ片づくように書いてある本もいくつかあるが，いくら何でもこれは誇大解釈であろうと思われる．

[参考文献]

馬淵久夫，富永　健編，考古学のための化学10章，東京大学出版会（1981）．

ビスマス Bi

発見年代：16世紀頃　　発見者（単離者）：―

原子番号	83	天然に存在する同位体と存在比	Bi-209（100）
単体の性質	銀白色（帯赤）金属，三方晶系	宇宙の相対原子数（Si = 10^6）	0.01（?）
単体の価格（chemicool）	11 \$/100 g	宇宙での質量比（ppb）	0.7
価電子配置	[Xe]$4f^{14}5d^{10}6s^26p^3$	太陽の相対原子数（Si = 10^6）	0.1388
原子量（IUPAC 2009）	208.98040(1)	土壌	0.25 ppm
原子半径（pm）	155	大気中含量	事実上皆無
イオン半径（pm）	96(Bi^{3+}), 74(Bi^{5+})	体内存在量（成人 70 kg）	0.5 mg 以下
共有結合半径（pm）	152	空気中での安定性	常温では反応しない．高温では Bi_2O_3 を生成
電気陰性度　Pauling　Mulliken　Allred　Sanderson　Pearson（eV）	2.02　―　1.67　2.06　4.69	水との反応性	反応しない
		他の気体との反応性	ハロゲンとの反応では BiX_3 を生成
密度（g/L）	9,747（固体）	酸，アルカリ水溶液などとの反応性	塩酸，濃硫酸，アルカリ水溶液には不溶．硝酸，王水，熱濃硫酸には可溶
融点（℃）	271.3		
沸点（℃）	1,564	酸化物　塩化物　硫化物	Bi_2O_3　$BiCl_3$　Bi_2S_3
存在比（ppm）　地殻　海水	0.048　(0.4〜5.1)×10^{-8}	酸化数	+5，+3（他）

英 bismuth　独 Wismut　佛 bismuth　伊 bismuto　西 bismuto　葡 bismuto　希 βισμουθιο (vismuthio)　羅 bisemutum　エスペ bismuto　露 бисмут (bismut)　アラビ بزموت　ペルシ بیسموت (bismut)　ウルド بسمتھ (bismuth)　ヘブラ ביסמוט　スワヒ ―　チェコ bismuth　スロヴ bizmut　デンマ bismuth　オラン bismut　クロア bizmut　ハンガ bizmut　ノルウ vismut　ポーラ bismut　フィン vismutti　スウェ vismut　トルコ Bizmut　華 鉍，铋　韓・朝 비스무트　インドネ bismut　マレイ bismut　タイ บิสมัท　ヒンデ बिस्मथ (bismuth)　サンス ―

鉛と蒼鉛

以前は，重くて黒っぽい金属光沢をもつものをみな「鉛」と呼んだ．さすがに現在では「黒鉛」以外は廃れてしまったが，それでも「鉛筆」（ドイツ語ではいまでもBleistift，つまり「鉛製の筆記具」と呼んでいる）などの日常語にはその痕跡があるし，鉱物名や薬剤名には「輝水鉛鉱」や「蒼鉛華」「次硝酸蒼鉛」などの形で現在もおなじみである．「水鉛」はモリブデン，「蒼鉛」はビスマスのことである．

カザノーヴァ合金？

ビスマスは錬金術時代にすでに知られていたようであり，かの一代の蕩児として有名なカザノーヴァ（G.G.Casanova, 1725-1798）が，パドヴァの大学を卒業後，当時ザクセンのドレスデンの劇場でのプリマドンナであった母親のコネで，ナポリの先にある教会職を推薦されて，故郷のヴェネツィアから何百 km もの道を赴任する途中の宿場で，相客となった詐欺師に「水銀を増量する秘法」を教えるといって，逆にまんまとだましてしまう話が有名な「メモワール」に出てくるが，ここでもビスマスや鉛を使っている．

ビスマスは低融点の多成分合金をつくり（現在でも，火災報知器や防火用の自動スプリンクラーなどでは，ビスマスを主成分とする低融点合金がよく用いられている），組成をちょっと変えるだけで，常温ではどうしても液体とならない（つまり融点が上がる）．彼の用いた処方は不明のままであるが，もしそれに関する記述などが残っていたら「カザノーヴァ合金」という名称になっていたかもしれない．

化粧品としての利用

金属ビスマスは硝酸に可溶であるが，これを希釈すると硝酸ビスムチル（塩基性硝酸ビスマス，ほぼ (BiO)NO$_3$ に相当する組成）が得られる．以前から駆梅剤などに用いられた「次硝酸蒼鉛」と呼ばれていたものはこれである．真珠色の光沢がある白色粉末で，ヨーロッパ中の女性が白粉として愛用した．前のページにあるようにドイツ語ではビスマスを"Wismut"と綴るが，もとは"weiss Masse"，つまり白色固体物質を意味する言葉からだという．当時のご婦人たちは，この粉になじみがよいということでウサギの足をパフの代わりに使い，化粧をしたそうである．それまでの鉛白に比べて，毒性が低い点も買われたのであろう．

イングランドのバースは古くからの温泉場（ローマ時代にはじまる）であるが，18世紀の王政復古時代（チャールズ2世の御代）からにぎやかな社交の場ともなり，シーズンには王室・貴顕をはじめとする紳士・淑女の集うところとなった．ある日のこと，さる貴族の令嬢が浴室に入ったところ，自慢の輝くような白い肌がたちまちのうちに真っ黒に変化してしまい，鏡をみて卒倒してしまった．うっかりして，入浴前に化粧をきちんと落とすことをしなかったので，皮膚の上で温泉水から気化する硫化水素とビスマスイオンが反応して黒色の硫化ビスマスが生成し，顔だけ黒人に変身してしまったのである．定性分析実験でよく試験管の中で行う反応を，顔面の皮膚上で行ったことになる．もちろん，きれいに洗い流せばもとに戻るのであるが，それと知らぬ令嬢にとっては驚天動地のことであったろう．

安定核種？

原子物理学の書物には，原子番号82ま

での元素には，(43番元素と61番元素を除けば) 安定核種が少なくとも一つ存在するが，それ以上になると不安定になってすべて放射性をもつようになると記してある．ところが，ビスマスは83番元素であり，この説明からすると放射性を示してもよいのであるが，通常はそのような注意を払う必要もほとんどなく，「安定元素」と記してある成書も少なくない．

天然に存在しているビスマスは質量数209であるが，質量数が $4n+1$ のグループに属するので，ネプツニウム系列に属するはずである．これよりも原子番号が大きなメンバーはすべて壊変しつくして，みなこの形となっているのであるが，実はこれも最終生成核種ではない．ただ，著しく長寿命であるために壊変数も小さく，放射能をきちんと測定するのも容易なことではない．最近フランスで行われた測定結果では，Bi-209 は α 壊変をしてタリウムの同位体 Tl-205 に変化するのであるが，その半減期は 1900 京年であるという．このときは，低バックグラウンドの α 線カウンターを用いて α 粒子のエネルギーを精密測定したのであるが，5日間で 128 個の α 粒子を観測し，そのエネルギーが 3.14 MeV であることがわかった． α 壊変の際には，半減期と α 粒子のエネルギーとの間にガイガー-ヌッタル (Geiger-Nuttall) の法則が成立するので，どちらかがわかれば他方も精密に求められる．宇宙の年齢は，最近かなり正確にはかれるようになって137億年ということになっているのであるが，「京」は「10 の 16 乗（1 億の 1 億倍）」なので，事実上ほとんど壊変しないとみなしても間違いないであろう．

ポロニウム Po

発見年代：1898 年　　発見者（単離者）：M. Curie

原子番号	84	天然に存在する同位体と存在比	—	
単体の性質	銀白色金属，立方晶系			
		宇宙の相対原子数 ($Si = 10^6$)	—	
単体の価格（chemicool）	—			
価電子配置	$[Xe]4f^{14}5d^{10}6s^26p^4$	宇宙での質量比（ppb）	—	
原子量（IUPAC 2009）	—	太陽の相対原子数 ($Si = 10^6$)	—	
原子半径（pm）	167			
イオン半径（pm）	65（Po^{4+}）	土壌	事実上皆無	
共有結合半径（pm）	153	大気中含量	事実上皆無	
電気陰性度		体内存在量（成人 70 kg）	事実上皆無	
Pauling	2.00	空気中での安定性	常温では表面に酸化被膜を形成	
Mulliken	—	水との反応性	反応しない	
Allred	1.76			
Sanderson	—	他の気体との反応性	H_2 とは反応しない．ハロゲンとの反応では PoX_4 を生成	
Pearson（eV）	5.16			
密度（g/L）	9,320（固体）	酸，アルカリ水溶液などとの反応性	—	
融点（℃）	254			
沸点（℃）	962	酸化物	PoO，PoO_2	
存在比（ppm）		塩化物	$PoCl_2$，$PoCl_4$	
地殻	ウラン鉱物中に痕跡量	硫化物	PoS	
海水	痕跡量（＜検出限界）	酸化数	+6，+4，+2（他）	

英 polonium　独 Polonium　佛 polonium　伊 polonio　西 polonio　葡 polonio　希 πολώνιο（polonio）　羅 polonium　エスペ polonio　露 полоний（polonij）　アラビ بولونيوم　ペルシ پولونیوم（poloniyam）　ウルド پولونیم　ヘブラ פולוניום　スワヒ —　チェコ polonium　スロヴ polónium　デンマ polonium　オラン polonium　クロア polonij　ハンガ polónium　ノルウ polonium　ポーラ polon　フィン polonium　スウェ polonium　トルコ polonyum　華 釙，钋　韓・朝 폴로늄　インドネ polonium　マレイ polonium　タイ พอโลเนียม　ヒンデ पोलोनियम（poloniyam）　サンス —

発見の歴史

　キュリー夫人がラジウムを発見するより前に存在を確認した新元素に対して、祖国のポーランドにちなんで「ポロニウム」と命名したことはよく知られている。しかし、このときにはポロニウム化合物の単離にまでは至らなかった。彼女がこのときの操作で単離したラジウム（Ra-226）の量は 200 mg そこそこであったから、半減期をもとに放射平衡にあるポロニウム（Po-210、当時はラジウム F とも呼ばれた）の量を計算すると、最大でも 0.01 mg 以下ということになる。それでも確認ができたということは、いかに強い放射能をもっているかを証明したことでもある。19 世紀の末年であった当時は、微量化学実験の手法は現在ほどにはまだ開発されていなかった。

スパイ暗殺事件

　2006 年に世界を騒がせた、ロンドンでの元ロシア諜報員のリトヴィネンコ氏の暗殺事件においては、ポロニウム（Po-210）が使われたことはほぼ確実である。しかし、ポロニウムは猛毒であるとはいえ、致死量（およそ 0.1 μg）に至るほどの量を調製するのは、キュリー夫人以来のウラン鉱石から分離する方法では著しくたいへんである。現在では、原子炉中でビスマスに中性子照射を行い、その壊変生成物を単離する方法によっている。

　原料となるビスマスは比較的安価であるものの、原子炉を長期間占有しての中性子照射が必要な元素である。その上に強烈な放射能をもつ微量物質の化学分離を行うとすれば、ホットラボなどと呼ばれる特別な実験室設備と、熟練の放射化学者の手腕が必要となるので、やはり著しく高価につく元素である。それに、かなり強力な α 粒子を放出するということは、壊変時に放出される熱のために、試料自体が著しく高温となることをも意味する。ポロニウムの化合物はもともと揮発性の高いものが多いので、自分自身が内部から発熱する条件となれば、さらに気化しやすいことになる。そのため、取扱いはいくら入念にしてもしすぎることはない。したがって、この毒殺犯人自身も相当量のポロニウムの露曝にあっているはずで、文字どおり「人を呪わば穴二つ」となっていてもおかしくない。さらに、入手してからロンドンの現場（近ごろ流行の「スシバー」であったという）まで運ぶ途中の交通機関も、かなり汚染されていた可能性がある。

ポロニウムの市販品

　タイムズの記事によると、米国ニューメキシコ州の United Nuclear Scientific Supplies 社では、研究用の Po-210 線源を提供していて、オンライン注文をも受けつけている。これは α 線と β 線および γ 線それぞれの線源を一組にしたもので、どちらかといえば研究用というよりも教育用であるが、価格は 1 セットについて 69 ドルであるという。でも人間を一人盛り殺すのには、ざっとこの 1 万 5,000 倍が必要という計算になるので、そうやすやすと入手できるものでもないし、たちまちに"アシ"がつくであろう。しかも Po-210 は半減期が 138 日しかないので、何年間もかけてこっそりと買いだめる、というわけにはいかない。4 年間もおいておけば、量は 1,000 分の 1 ほどに減ってしまうのである。したがってリトヴィネンコ氏の友人が指摘するように、やはり某国の政府関連の機関などの強力な後ろ盾の存在をうかがわせるもの

である.
　ただ,放射性物質のブラックマーケットの存在がかなり以前から噂されていて,著量の濃縮ウランやプルトニウム（なかには38度線の北の某国が製造したものも含まれるという）が地下世界に出回り,高額で取引きされているというのはどうも真実らしいので,このあたりが関与しているとすれば,解明はきわめて難しいであろう.

ポロニウムの犠牲となった日本人科学者

　2006年に英国で起きた「リトヴィネンコ毒殺事件」はマスコミにも取り上げられて有名となったが,いまから80年も前の大正時代のはじめ,同じようにポロニウムの放射能の犠牲となった日本人の少壮科学者がいる.その名は山田延男（1894-1926）博士という.東北帝国大学で片山正夫教授（宮澤賢治の愛読書であった「化学本論」の著者である）に学び,卒業後は東京帝国大学の航空研究所に所属して,日本各地での天然ガス中のヘリウム濃度の測定などを熱心に行われていた.（当時の「航空機械」は,まだツェッペリン伯以来の「飛行船」の方が重要だったから,ヘリウム資源の探索は重要事項であった）.
　やがて1923年（大正2年）フランスへ留学することとなり,キュリー夫人の創設したラジウム研究所で,令嬢であるイレーヌ・キュリーとともに,α放射体について精力的な実験を行った.当時発明されたばかりのウィルソンの霧箱の独自な改良などを行って精密な測定データを集め,これが後の人工放射能（イレーヌ・キュリーと夫君のフレデリック・ジョリオがノーベル賞を1934に受けることとなったテーマである）の発見の端緒となったといわれる.ウィークス,レスターの「元素発見の歴史」（大沼正則監訳,朝倉書店）のポロニウムの項にもN. Yamadaの名があるが,それ以上の記載はない.
　だが,あまりにも実験に熱心であったためか,体をこわしてしまい,1925年にアメリカ経由で帰国の途についたが,太平洋を渡る客船の中でついに脳炎の発作を起こして倒れてしまった.なんとか帰国して東京帝国大学病院に入院した.だが当時は放射能の危険性など誰一人として気づいていない（キュリー夫人も,イレーヌ・キュリーもどちらも安全性など考慮することなく放射性物質を扱っていたために,二人とも白血病でなくなった）.それでもしばらくして退院出来るまでに回復はしたが,間もなく再発して,聴覚と視覚を失ってしまい,翌年に遂に帰らぬ人となった.
　当時の放射線の検出は,ベックレルやレントゲン以来の乾板やフィルムの黒化のほかには,暗所で蛍光板上のシンチレーションを目視で観察するしかなかったので,多くの研究者はこれによる眼の疾患に悩まされ,失明する例も少なくなかった（ラザフォードもこのシンチレーション観測の結果,かなりの視力の低下をきたし,愛弟子だったガイガーが恩師のために考案したのが今日も用いられる「ガイガーカウンター」である）.山田博士も長期間にわたってポロニウムを扱い,さらにラジウムそのほかのα放射体からのα粒子の観測を行って居る間,α粒子の曝露に加えて,少な

からぬ量のγ線をもろに浴びたはずで，これが眼球の奥にあたる脳に悪影響をもたらしたものであろうと，我が国の放射化学の開拓者である飯盛里安先生が記しておられる．パリからはるばる持ち帰られたノートなどは，現在でもかなりの放射能の存在（おそらくはラジウムなどによるものであろう）が認められるという．後にラジウム研究所においてもポロニウムによって健康を害した研究員が続出し，ようやく放射能の危険性が世人の認めるところとなった．

　山田延男博士の令息は，現在日本薬史学会の理事を務めて居られる山田光男薬学博士（1922-）であるが，薬学の道を選ばれたのも，御尊父を死に至らしめた原因の解明をしようというのが大きな動機であったという．

アスタチン At

発見年代：1940 年　発見者（単離者）：D. R. Corson, K. R. Mackenzie and E. Segré

原子番号	85	天然に存在する同位体と存在比	―
単体の性質	―		
単体の価格（chemicool）	―	宇宙の相対原子数 $(Si = 10^6)$	―
価電子配置	$[Xe]4f^{14}5d^{10}6s^26p^5$		
原子量（IUPAC 2009）	―	宇宙での質量比（ppb）	―
原子半径（pm）	127（calcd）	太陽の相対原子数 $(Si = 10^6)$	―
イオン半径（pm）	227（At^-），57（At^{5+}）		
		土壌	―
共有結合半径（pm）	150（calcd）	大気中含量	存在しない
電気陰性度		体内存在量（成人 70 kg）	存在しない
Pauling	2.20	空気中での安定性	―
Mulliken	―	水との反応性	―
Allred	1.96	他の気体との反応性	―
Sanderson	―	酸，アルカリ水溶液などとの反応性	―
Pearson（eV）	6.20		
密度（g/L）	約 7（固体）	酸化物	―
融点（℃）	302	塩化物	―
沸点（℃）	337	硫化物	―
存在比（ppm）		酸化数	+7，+5，+1，−1（他）
地殻	痕跡量		
海水	痕跡量（＜検出限界）		

英 astatine　独 Astat　佛 astate　伊 astato　西 astato　葡 astato　希 αστατο（astato）　羅 astatinum　エスペ astato　露 астатин（astatin）　アラビ لاستاتين　ペルシ استتین（astatin）　ウルド ―　ヘブラ אסטטן　スワヒ ―　チェコ astat　スロヴ astát　デンマ astat　オラン astatium　クロア astat　ハンガ asztácium　ノルウ astat　ポーラ astat　フィン astatiini　スウェ astat　トルコ astatin　華 砹　韓・朝 아스타틴　インドネ astatin　マレイ astatin　タイ แอสทาทีน　ヒンデ एस्टाटीन（estatin）　サンス ―

短寿命核種

周期表では「エカヨウ素」にあたるが, この元素の名称はまさに「不安定」を意味しており, "Αστατος (astatos)" からきている. 最長寿命同位体はウラン系列の At-210 で半減期 8.1 時間, 次に長いのはアクチニウム系列の一員である At-211 で半減期 7.5 時間の α 壊変をする.

医療への応用

最近の話題としてこの At-211 を, 癌の組織の至近距離から強力な α 粒子を放出させることで, 治療に利用する試みがはじまったようである. α 粒子の放射体で, 現在のような治療に好適な長さの半減期をもつ核種というのは案外と少ない. 半減期が短いほど α 粒子のエネルギーが大きくなるのはガイガー-ヌッタル (Geiger-Nuttall) の法則の示すところであるが, あまり短すぎる半減期では, 患部に照射する前に全部壊変して別のものになってしまうので不便であるし, 逆に長すぎると副作用を考慮しなくてはならなくなる. 半減期にして数時間から数日程度のものがいちばん扱いやすいのは, PET (positron emission tomography: ポジトロン放出トモグラフィー) や, γ 線シンチグラムなどに用いる他の放射性核種でも同じである. α 放射体の場合, この範疇に入る天然放射性核種は Rn-222 くらいであった. しかしこれは希ガス (貴ガス) 元素であるから, 特定の患部だけを重点的に攻撃させるために化合物の形とするというのは, 土台からして無理である.

半減期が短いということは, 体内に長時間残存して余分な放射線による傷害を起こさずともすむので便利ではあるが, 問題は分子内が求める場所をアスタチンでラベルした有機化合物を, 短時間で効率よく合成するところにある.

このために必要なアスタチンは, 天然の壊変系列の中のものを分離して入手するのはあまりにも能率が悪いし, かつ長時間を必要とするから, 患者に投与するには間に合わない. そのために, サイクロトロンでビスマス (Bi-209) に α 粒子を衝突させ, ^{209}Bi$(\alpha, 2n)^{211}$At の反応でつくらせる. 最近では, 大病院でも PET 用に短寿命の放射性核種を製造するためサイクロトロンを設置しているところが多いので, この製造自体はそれほど面倒ではない.

あとは核反応でできた高エネルギーのアスタチン核種を, 必要とする有機化合物にくっつける (ラベルする) のであるが, これにはクロロメルクリ置換体 (R-HgCl) やトリクロロスタンニル置換体 (R-SnCl$_3$) を用いる. 必要とする位置においてのみ, 高い収率で置換が起き R-At となった化合物が得られるので, 特異的な合成が可能となり, 迅速な分離もできる. その結果, 投与までの時間も節約できる. この方法で, たとえばチロシンのヨード置換体の代わりにアスタト置換体や, 抗癌剤のフルオロウラシル (5-FU) のフッ素の代わりに同じ位置に置換した 5-アスタトウラシルが調製されている.

これとは別に, 単層のカーボンナノチューブ (SCNT) に, At$_2$ 分子のままで包接させて治療に用いることも試みられたようである. こちらについてはまだ詳しい結果はわかっていないが, 短時間に調製できるかどうかがかなりの問題であるらしい.

ラドン Rn

発見年代：1900 年　　　発見者（単離者）：F. Dorn

原子番号	86	天然に存在する同位体と存在比	―
単体の性質	無色無臭気体		
単体の価格（chemicool）	―	宇宙の相対原子数（Si = 10^6）	―
価電子配置	$[Xe]4f^{14}5d^{10}6s^26p^6$	宇宙での質量比（ppb）	―
原子量（IUPAC 2009）	―	太陽の相対原子数（Si = 10^6）	―
原子半径（pm）	120（計算値）		
イオン半径（pm）	―		
共有結合半径（pm）	145	土壌	痕跡量
電気陰性度		大気中含量	10^{-9} ppt
Pauling	―	体内存在量（成人 70 kg）	事実上皆無
Mulliken	―	空気中での安定性	不活性
Allred	―	水との反応性	不活性
Sanderson	―	他の気体との反応性	F_2 との反応では RnF_2 を生成
Pearson（eV）	5.10	酸，アルカリ水溶液などとの反応性	―
密度（g/L）	9.73（気体 0℃）		
融点（℃）	-71	酸化物	―
沸点（℃）	-61.8	塩化物	―
存在比（ppm）		硫化物	―
地殻	痕跡量	酸化数	0（他）
海水	10^{-14}		

英 radon	独 Radon	佛 radon	伊 radon（emanio）	西 radon	葡 radon	希 ραδονιο（radonio）
羅 radon	エスペ radono	露 радон（radon）	アラビ رادون	ペルシ رادون（radon）	ウルド ―	ヘブラ ִםן	スワヒ ―	チェコ radon	スロヴ radón	デンマ radon	オラン radon	クロア radon
ハンガ radon	ノルウ radon	ポーラ radon	フィン radon	スウェ radon	トルコ radon	華 氡
韓・朝 라돈	インドネ radon	マレイ radon	タイ เรดอน	ヒンデ रेडन（radon）	サンス ―

温泉のラドン

わが国には，ラドンを湧出する有名な鉱泉（温泉）がいくつかある．なかでも山梨県にある増富温泉は，著量のラドンを湧出することで名高く，国内よりも国外の方でむしろ有名である．

この温泉がラドンを湧出することは，偶然のことから発見された．明治の末頃にロンドンであった博覧会に，たまたま山梨県からのツアー（当時のことだから船旅の長期間旅行である）が組まれ，これに参加したメンバーの中に，増富鉱泉の鉱泉宿の主人がいた．当時発見されたばかりの「ラドン」という放射性の気体元素（ドルンが1900年に発見した）の話を聞き，「これは健康によいものだそうだ」という情報を仕入れて帰国した．

帰国後，さっそく庭先にわいている鉱泉の水を一升瓶に詰め，東京帝国大学へ持ち込んだ．当時は，いまのように特急電車とバスを乗り継げば3時間そこそこでたどりつけるような「東京の奥座敷」ではなくて，徒歩で山越えをして韮崎に出て，そこから単線の中央本線を利用してまるまる2日近くもかかる長道中であったが，この鉱泉水はそれでも本当に著しく多量のラドン（世界有数の濃度であった）を含んでいることが判明し，さっそく学術雑誌にも報告されて海外でも有名となったのである．現在ではボーリングの結果，高温の泉源を掘りあててきちんとした温泉となっている．

その昔の巡検

大正時代の末頃，筆者の恩師であった南 英一先生が，卒業研究の試料を採取するために，はるばる増富まで出かけることになった．何人かのクラスメートと試料水を入れるための重いガラス瓶（いまのようなプラスチック製の採水容器などはまだなかった）を背負い，当時はまだスイッチバックであった韮崎の駅に降り，先輩から教わってきたとおりに山道をたどって行き，そろそろ目的地も近くなったと思われた頃，いきなり目の前に未舗装とはいえ立派な道路が出現した．もらってきた地図にもないし，これはきっと道を間違えたのだろうということになり，山歩きの鉄則どおり，いままでたどってきたもとの道を戻り，韮崎の駅（あたりの人に尋ねようとしてもろくに人家もなかった）について，駅員に尋ねたところ，「そういえば2カ月ほど前に，甲府から昇仙峡の奥を通って温泉に行く自動車道路ができた」．一行は再び山道をたどることとなった．

健康への影響？

ラドンが最近の米国で問題になっているのは，もともとウラン含量が比較的多いとされる花崗岩質の土壌から生じるラドンが，床のひびなどを通って地下室にたまって，これから生じるいろいろな壊変生成物のために，環境放射能が増大することが危惧されているためである．ただ，これが本当に危険なのかどうかは諸説があってよくわからない．ヨーロッパアルプスのある地域では，その昔の山くずれのあとに立地している村落においてのラドン濃度が著しく高い例もあるが，ここにおける癌などの発生頻度は，他の地域と差がない（むしろ低い）という報告もある．わが国にも，増富温泉以外にラジウム泉やラドン泉はけっこうたくさんあるが，その地域に長年住んでいる方々はむしろ健康・長寿を誇るという．したがって，「健康によい」という言い伝えはやはり本当であるらしい．

フランシウム Fr

発見年代：1939 年　　発見者（単離者）：M. Perey

原子番号	87	天然に存在する同位体と存在比	—
単体の性質		宇宙の相対原子数 （Si = 10^6）	—
単体の価格（chemicool）	—	宇宙での質量比（ppb）	—
価電子配置	$[Rn]7s^1$	太陽の相対原子数 （Si = 10^6）	—
原子量（IUPAC 2009）	—		
原子半径（pm）	270	土壌	事実上皆無
イオン半径（pm）	180	大気中含量	事実上皆無
共有結合半径（pm）	260（計算値）	体内存在量（成人 70 kg）	報告なし．ごく微量
電気陰性度		空気中での安定性	—
Pauling	0.70	水との反応性	—
Mulliken	—	他の気体との反応性	—
Allred	0.85	酸，アルカリ水溶液などとの反応性	—
Sanderson	—		
Pearson（eV）	—	酸化物	Fr_2O
密度（g/L）	1.87（気体 0℃）	塩化物	$FrCl$
融点（℃）	27	硫化物	
沸点（℃）	677	酸化数	+1（他）
存在比（ppm）			
地殻	痕跡量		
海水	痕跡量（＜検出限界）		

英 francium　独 Francium　佛 francium　伊 francio　西 francio　葡 francio　希 φρανκιο (phrankio)　羅 francium　エスペ franciumo　露 франций (francij)　アラビ فرنسيوم (fransiyūm)　ペルシ فرانسیوم (fransiyam)　ウルド —　ヘブラ פרנציום (fransium)　スワヒ fransi　チェコ francium　スロヴ francium　デンマ francium　オラン francium　クロア francij　ハンガ francium　ノルウ francium　ポーラ frans　フィン frankium　スウェ francium　トルコ fransiyum　華 鈁，钫　韓・朝 프랑슘　インドネ fransium　マレイ fransium　タイ แฟรนเซียม　ヒンデ फ्रान्सियम (phransiyam)　サンス —

偶然の発見

この元素は長いこと未発見のままであった．しかし，フランスのラジウム研究所に勤務していたマルグリート・ペレイ女史（M. Perey, 1909-1975. キュリー夫人の愛弟子の一人であった）が，1939年にAc-227の純品を調製していて，本来ならばβ壊変しかしないはずのこの試料から，頻度数は小さいものの，強いエネルギーをもつα粒子の放出があることを見出し，これが発見の端緒となった．核化学方程式を書いてみるとわかるが，α粒子が放出されれば原子番号は2だけ，質量数は4だけ減少する（ソディー–ファヤンスの法則）．つまり，アクチニウムよりも原子番号が2だけ少ない元素の生成が示唆されることになる．質量数も223であることがわかる．

$$^{227}_{89}\mathrm{Ac} \longrightarrow {}^{4}_{2}\mathrm{He} + {}^{223}_{87}\mathrm{Fr}$$
〈アクチニウム〉　〈α粒子〉　〈フランシウム〉

研究用に用いるくらいしか用途はないのであるが，このためにはアクチニウムから分離して入手するのは効率が悪すぎるし，原料の確保も難しいので，トリウムをターゲットとして，サイクロトロンで加速した陽子を衝突させてつくるか，ラジウムを原子炉中で中性子照射する方法で調製することになる．地球上に存在する量を全部集めても，30gはない計算になる．

化学的性質

ところで，フランシウムには核異性体をも含めて30種類ほどの同位体が知られているのであるが，その中の最長寿の同位体はこのFr-223で，半減期が22分しかない．したがって化学的性質どころか，物理的性質を調べるにもたいへんな困難が伴うことになる．それでも融点と沸点については推定値があり，それぞれ27℃，680℃となっているので，融点はセシウム（28℃）よりもわずかに低くなっていることがわかり，沸点はセシウム（679℃）とほぼ同程度である．

化学的性質は，いわゆる重アルカリ金属元素（ルビジウムとセシウム）に酷似していて，水溶液中では一価の陽イオンFr^+が安定で，この過塩素酸塩やテトラフェニルホウ酸塩が水に難溶であることなどが判明している．つまり，他の重アルカリ元素と類似した性質が，もっと顕著に現れるということになる．もっとも，溶解度積を求められるほどの濃度の溶液をつくることはきわめて難しいので，いまのところまだ定性的な観察事項どまりである．

ラジウム Ra

発見年代：1898 年　　　発見者（単離者）：P. Curie and M. Curie

原子番号	88		天然に存在する同位体と存在比	—
単体の性質	銀白色金属，体心立方		宇宙の相対原子数 ($Si = 10^6$)	—
単体の価格（chemicool）	—		宇宙での質量比（ppb）	—
価電子配置	$[Rn]7s^2$		太陽の相対原子数 ($Si = 10^6$)	—
原子量（IUPAC 2009）	—			
原子半径（pm）	223		土壌	0.8 ppt
イオン半径（pm）	152		大気中含量	存在しない
共有結合半径（pm）	221（計算値）		体内存在量（成人 70 kg）	30 pg
電気陰性度			空気中での安定性	常温では表面が酸化されて RaO を生成し，黒っぽい表面となる
Pauling	0.89			
Mulliken	—		水との反応性	溶解して H_2 を放出
Allred Sanderson	0.97		他の気体との反応性	—
Pearson（eV）	—		酸，アルカリ水溶液などとの反応性	酸には溶解して H_2 を放出
密度（g/L）	500（固体）			
融点（℃）	700		酸化物	RaO
沸点（℃）	1,140		塩化物	$RaCl_2$
存在比（ppm）			硫化物	—
地殻	6.0×10^{-7}		酸化数	+2（他）
海水	2.0×10^{-11}			

英 radium　独 Radium　佛 radium　伊 radio　西 radio　葡 radio　希 ραδιο (radio)　羅 radium　エスペ radio　露 радий (radij)　アラビ راديوم (rādiyūm)　ペルシ راديم (radiyam)　ウルド —　ヘブラ רדיום (radium)　スワヒ radi　チェコ radium　スロヴ rádium　デンマ radium　オラン radium　クロア radij　ハンガ rádium　ノルウ radium　ポーラ rad　フィン radium　スウェ radium　トルコ radyum　華 鐳，镭　韓・朝 라듐　インドネ radium　マレイ radium　タイ เรเดียม　ヒンデ रेडियम- (radiyam)　サンス —

キュリー夫妻の用いた原料

キュリー夫妻がラジウムを単離するのに成功したのは，ボヘミアのヨアヒムスタール鉱山からのウラン鉱の製錬かすからであった．ヨアヒムスタールは，現在はチェコ領で「ヤヒモフ」と呼ばれているが，中世以来の銀鉱山として有名である．かのアグリコラもここに医師として住んでいて，その傍ら有名な『デ・レ・メタリカ』を執筆したことでも名高い．19世紀末頃でも，ウラン鉱石のピッチブレンド自体は結構高価（ボヘミアンガラスなどの原料となった）であったので，ボヘミアをも領していたウィーンのハプスブルク王家のお声掛かりで，製錬かすを安価で手に入れることがようやく可能となったという（かなり権威のある科学史の書物にもよく「瀝青ウラン鉱から単離した」という記載があるけれど，キュリー夫人が用いたのはウランを抽出した残りかすであった）．

難溶の硫酸塩

アルカリ土類金属の硫酸塩は，原子番号の大きなものほど水に対する溶解度が小さい．硫酸マグネシウム（硫苦，エプソム塩）はかなり水に溶けるのに，硫酸カルシウムはかなり難溶であり，硫酸バリウムは重量分析に使えるほどの不溶性沈殿物を形成する．したがって，硫酸ラジウムはもっと水に溶けないであろうという予測が立てられる．別項の「ウラン」（p.265）のところでも触れたが，リン酸肥料の原料でもあるリン灰石には，産地によっては微量のウランを含むものがある．これを硫酸で処理して「可溶性リン肥」に変化させるときに，大量の硫酸カルシウムが副成する．これはよく "phosphate gypsum（リン肥石膏）" と呼ばれるが，この中にかなりの量のラジウムが濃縮されていることが一部で問題となった．米国にはアイオワ州などに石膏の鉱山があるが，この種の「山石膏」と，フロリダあたりで採掘されたリン灰石由来の「リン肥石膏」とのラジウム含量を比較した報告も出されている．山石膏のラジウム含量は 0.21 pCi/g ほど（1 キュリー（Ci）はもともと Ra-226 の 1 g の壊変数として最初に定義されたので，1 pCi はほぼ 1 pg のラジウムにあたる）であるが，フロリダ由来のリン肥石膏では 14.6 pCi/g とおよそ2桁も高かった．つまり，硫酸カルシウムが担体となって，原鉱石中に含まれているラジウムを濃縮していることになる．といっても，これでは石膏1トン中に 10 μg 程度しかないので，ラジウム資源とはとてもなりえず，過リン酸石灰（リン鉱石を硫酸で処理しただけのもの．通常は副成物の石膏を分離せずに使用している）を施肥しても，畑の作物や人間がラジウムの影響を受ける危険性などはまずない．

ただ，ラジウムからは Rn-222 が生成するので，昨今のように環境中のラドンに神経質になっている面々の数が増加傾向にあると，長年リン酸肥料を大量に施肥された畑の土壌中に蓄積されていくラジウムも，ラドンの発生源としていずれは問題視されることになるかもしれない（C. L. Lindelen, D. G. Coles, UCRL-78720, CONF-770208-2 (1977)）．

"Radium Queen"

ラジウムに関連して最近話題となったのは，米国の "Radium Queen" と呼ばれたジョセフィン・ビショップ夫人（1875-1951）である．ちなみに彼女の祖父は，かの「ビリー・ザ・キッド」を逮捕したシェリノ（Harvey Whitehill）であった．夫と

ともに若い頃ニューメキシコからアリゾナを経てモハーヴェ砂漠の西端地区に1918年に移り住み，7人もの子供を育てながら金銀の探鉱を行い，やがて広い鉱区を所有するに至った．その後この鉱区の中にきわめて高品位のラジウム鉱石（トン当たりにして90～120 mg）が存在することがわかって，州政府との間にもめごとがもち上がった．当時カナダで稼行していたラジウム鉱山での鉱石の品位よりも，1桁ほど高かったのである．1937年になってようやく最終的に彼女に権利が認められ，一躍百万長者となった．

アクチニウム Ac

発見年代：1899 年　　発見者（単離者）：A. Debierne

原子番号	89	天然に存在する同位体と存在比	—
単体の性質	銀白色金属，立方晶系	宇宙の相対原子数 ($Si = 10^6$)	—
単体の価格（chemicool）	—	宇宙での質量比（ppb）	—
価電子配置	$[Rn]6d^17s^2$	太陽の相対原子数 ($Si = 10^6$)	—
原子量（IUPAC 2009）	—		
原子半径（pm）	187.8	土壌	—
イオン半径（pm）	118	大気中含量	存在しない
共有結合半径（pm）	215（計算値）	体内存在量（成人 70 kg）	存在しない
電気陰性度　Pauling　Mulliken　Allred　Sanderson　Pearson（eV）	1.10　—　1.00　—　—	空気中での安定性	空気中では容易に表面に酸化被膜を形成．高温では燃焼
		水との反応性	H_2 を発生して水酸化物となる
		他の気体との反応性	—
密度（g/L）	10,070（固体）	酸，アルカリ水溶液などとの反応性	無機酸には溶解して H_2 を放出
融点（℃）	1,050	酸化物	Ac_2O_3
沸点（℃）	3,198	塩化物	$AcCl_3$
存在比（ppm）　地殻　海水	痕跡量　痕跡量（＜検出限界）	硫化物	
		酸化数	+3（他）

英 actinium　独 Actinium　佛 actinium　伊 attinio (actinio)　西 actinio　葡 actinio　希 ακτινιο (aktinio)　羅 actinium　エスペ aktinio　露 актиний (aktinij)　アラビ أكتينيوم (aktīniyūm)　ペルシ أکتینیوم (aktiniyam)　ウルド —　ヘブラ אקטיניום (actinium)　スワヒ aktini　チェコ aktinium　スロヴ aktínium　デンマ actinium　オラン actinium　クロア aktinij　ハンガ aktínium　ノルウ actinium　ポーラ actyn　フィン aktinium　スウェ aktinium　トルコ aktinyum　華 錒，鋼　韓・朝 악티늄　インドネ aktinium　マレイ aktinium　タイ แอกทิเนียม　ヒンデ एक्टिनियम (eaktiniyam)　サンス —

名称の由来

　アクチニウムという名称は，強い放射性のあることで "ακτινος (aktinos)"，つまり光り輝くものとして命名されたのであるが，いちばん長寿命の同位体（Ac-227）でも，半減期が22年ほどしかない．強いβ線を放出するために，mg量もあれば周辺の空気をイオン化するので，暗所で本当に光り輝くのである．この核種は，かなり長いことアクチニウム系列の筆頭のメンバーとされていた．つまり，これよりも原子番号の大きな質量数 $4n+3$ の核種がなかなかみつからなかったのである．オットー・ハーンとリーゼ・マイトナーがやがてこれの親核種である91番元素を見出して，「アクチニウムの親」を意味する「プロトアクチニウム」と名づけたのであるが，これは Pa-231 で，半減期は約3万年である．これでもまだ地球誕生以来46億年間残存しているほどの寿命の核種ではないので，もっと長寿命の親核種が存在していなくては，アクチニウムが検出できるほど地球上にあるはずがないのである．

　やがて U-235 がこのプロトアクチニウムの親核種であることが判明したので，これは「アクチノウラン」と呼ばれることもある．半減期が7億年ほどあるので，この核種が存在する限り，プロトアクチニウムもアクチニウムも放射平衡（永続平衡）に相当する分の原子数だけは存在しうることとなる．もともと天然のウランの中に U-235 は 0.7% 強しか存在していないので，天然資源に頼るのはかなり困難ではある．

製造法

　もっとも研究用には，たとえトレーサーとして用いるにしても，天然物からの分離では入手がかなり難しいし，量も確保できにくいので，現在では Ra-226 に原子炉中で中性子照射を行うことで製造されているらしい．ラジウム自体が著しく高価ではあるものの，ウラン鉱石から分離するとすれば，もともとの U-235 の存在比と Ra-226 の半減期から考えると，アクチニウムを分離するよりもずっと楽だからでもある．

アクチニド元素
アクチノイドとアクチニド

　アクチニウムからはじまる 5f 遷移系列の元素群は，いまでこそ「アクチニド元素」もしくは「アクチノイド元素」などと呼ばれるようになったが，第二次世界大戦当時までは周期表中にはこの元素群は記されていなかった．アクチニウムはランタンの下に位置していたものの，トリウムはハフニウムの下，プロトアクチニウムはタンタルの下，ウランはタングステンの下の位置にあったのである．

　これは，5f 軌道と 6d 軌道のエネルギー準位が接近しているため，ランタニド元素の場合とは違って，+3 の酸化状態以外の高酸化数の状態が簡単に得られる．むしろそのような酸化状態の方が安定で，実験室で普通に取り扱う場合にはその方が身近であったからでもある．実際にも，トリウムとハフニウムの対やタングステンとウランの対では，同じような組成の化合物ができやすいし，この種の化合物の性質もかなりよく似ている．

ウラニド？

　その後，ネプツニウムやプルトニウムが人工的につくられるようになると，これらはウランとかなり類似したイオン種を形成することがわかった．たとえば，NpO_2^{2+} や PuO_2^{2+} の形のイオンができやすい．そのために，「アクチニド」よりも「ウラニド」元素群の方がふさわしいと主張した大権威もあった．

　しかし，原子番号が大きくなるにつれて，高酸化状態のイオンや化合物はできにくくなる（つまり強い酸化剤となる）．アメリシウムやキュリウムの M(VI) 状態は水中で MO_2^{2+} の形，つまりウラニルイオンと同じようなアメリシルイオン，キュリルイオンを形成はするものの，水中では不安定で，水を酸化してしまうほどの強酸化剤である．これより後の元素は例外なく M(III) 状態の方が安定となることは，ローレンシウムまで共通している．つまり，ここまでがアクチニド元素であることがわかる．次の 104 番元素のラザフォーディウム（ラザホージウム）は，まさにエカハフニウムとしての性質が顕著に現れるようになる．

トリウム Th

発見年代：1829 年　　発見者（単離者）：J. J. Berzelius

原子番号	90	天然に存在する同位体と存在比	Th-232（100）
単体の性質	銀灰色金属，立方晶系	宇宙の相対原子数（$Si=10^6$）	0.03
単体の価格（chemicool）	—	宇宙での質量比（ppb）	0.4
価電子配置	$[Rn]6d^27s^2$	太陽の相対原子数（$Si=10^6$）	0.03512
原子量（IUPAC 2009）	232.03806(2)	土壌	0.8～11 ppm
原子半径（pm）	179.8	大気中含量	事実上皆無
イオン半径（pm）	101（Th^{3+}），99（Th^{4+}）	体内存在量（成人 70 kg）	40 μg
共有結合半径（pm）	206（計算値）	空気中での安定性	常温では安定（粉末状態では発火）．高温では酸化されて ThO_2 を生成
電気陰性度　Pauling　Mulliken　Allred　Sanderson　Pearson（eV）	1.30　—　1.11　—　—	水との反応性	反応しない
密度（g/L）	11,720（固体）	他の気体との反応性	H_2 とは高温で反応し ThH_4 を生成．ハロゲンとも高温で ThX_4 を生成．N_2 ともやはり高温で Th_3N_4 を生成
融点（℃）	1,750	酸，アルカリ水溶液などとの反応性	塩酸，王水には可溶．濃硝酸では不働態となる．硫酸には徐々に溶解
沸点（℃）	4,788	酸化物　塩化物　硫化物	ThO_2　$ThCl_4$　—
存在比（ppm）　地殻　海水	12　9.2×10^{-6}	酸化数	+4，+3（他）

英 thorium　独 Thorium　佛 thorium　伊 torio　西 torio　葡 torio　希 θοριο（thorio）　羅 thorium　エスペ torio　露 торий（torij）　アラビ ثوريوم（thūriyūm）　ペルシ توریم（toriyam）　ウルド —　ヘブラ תוריום（thorium）　スワヒ thori　チェコ thorium　スロヴ Tórium　デンマ thorium　オラン thorium　クロア torij　ハンガ tórium　ノルウ thorium　ポーラ tor　フィン torium　スウェ torium　トルコ toryum　華 釷，钍　韓・朝 토슘　インドネ torium　マレイ torium　タイ ทอเรียม　ヒンデ थोरियम（thoriyam）　サンス —

ニューセラミックスの草分け

現在ではもっぱら「核燃料物質」として規制の対象となっているが、トリウムにはこれ以外にも以前からいろいろな用途があった。その中でも、量こそ少ないが現在でも昔と相変わらず利用されているものとして、高温用のルツボ材料がある。これは、今日の「ニューセラミックス」材料利用の元祖といえるかもしれない。酸化ジルコニウムや酸化ハフニウムも高温に耐える材料ではあるが、「ジルコニウム」の項（p.124）にも記したように、酸化ジルコニウムは高温状態と低温状態では安定形の結晶構造が異なるため、そのまま加温、冷却などの操作を行うと形がくずれてしまう。酸化トリウムはこれとは違って、結晶構造の変化がないために便利なのである。一時期騒がれた「酸化物系の高温超伝導体」の製造用には、石英やジルコニアなどよりもはるかに好適だといわれている（もっと以前は、照明用のガス燈に使われるマントルに用いられた。これについては「セリウム」の項（p.175）も参照されたい）。

天然に存在しているトリウムは質量数232のものだけであるが、これはきわめて長寿命の一次放射性核種で、半減期は140億年もある。ということは、生成した酸化トリウムが数十gくらい（普通のルツボ1個分）あっても壊変数は小さいために、ほとんど放射能が検出できないほどなのである。もっとも、長時間放置するとやがて壊変生成物がたまってきて、そちらによる放射能が無視できなくなってしまう。

造影剤

トリウムは鉛よりも原子番号が大きいので、X線の遮断能力が大きく、これを利用して毛細血管造影に酸化トリウムのコロイド溶液（ゾル）が使用されたことがある。これは、ポルトガルの高名な医学者・神経学者であったアントニオ・エガス=モニッシュ（1874-1955. 前頭葉切断手術法（ロボトミー）の発明によってノーベル医学・生理学賞を1949年に受賞した）の考案になる方法である。脳血管造影などに応用すると、微細な血管でもコントラストの大きい、はっきりとした像が得られるということで一時期世界中で広く採用されたが、この酸化トリウムゾルは体内からの排出がきわめて遅い。そのために、たとえ微弱であってもα線を放出するので、その悪影響がつもり積もって悪性腫瘍（つまり癌）が多発することが判明し、今日ではこの使用は廃れて他の造影剤を使用するようになった。X線源の方も、当時に比べるとはるかにコンパクトで強力なものがつくられるようになり、検出器の能力も向上してきたため、このような危険を伴うものをわざわざ使わなくともよくなったのである。体内にα線源が導入されると遮蔽のしようがないので、もろに臓器に影響が及び危険きわまりない。

未来の核燃料

トリウム利用の原子炉は、ずいぶん前から世界中で注目されてきた。特にモナズ石（トリウムを含む）を豊富に産するインドなどでは、現在でも盛んに研究が行われている。こちらの場合には、トリウムそのものが核分裂を起こすわけではなく、まず中性子を吸収してTh-233となり、これがさらにβ壊変を繰り返して生じるU-233が核分裂を起こすのである。酸化トリウムの融点は、酸化ウラン（U_3O_8）やウラン-プルトニウム混合酸化物（MOX）よりも

ずっと高いので，暴走して炉心が熔融するなどという危険性はずっと小さくなる．また，有害性が恐れられ，核テロリズムの対象ともなっているプルトニウムもほとんど生じないからである．さらに，核分裂生成物の分布も U-235 とは大きく違うので，廃棄物（いわゆる「死の灰」）の処理コストもずっと低廉となりそうなのである．ただ，現時点における世界の発電用の原子炉の大部分は，濃縮ウラン利用の沸騰水型原子炉（BWR）タイプが主であり，これに次いで加圧水型原子炉（PWR）が残りのほとんどを占めている．現在のところ，トリウム原子炉はコスト的にはこれらに比べるととてもかなわず，核分裂反応の制御にもウランやプルトニウムよりもはるかに複雑な問題を抱えているのであるが，遠からずしてやがてウラン資源の枯渇や燃料再処理の困難性（化学的にはそれほどの難点を含むわけでもないが，環境保護運動対策などがしだいに難しくなる）を考えると，いまでこそ無理でも，長期的な将来においては，ウランを利用するよりも，高温で稼働できるトリウム利用の原子炉の方が有望だと考えられる．資源的にも，ウランの数十倍は存在していると考えられる．現在では，米国よりもヨーロッパやロシアなどでは開発が急がれている．酸化トリウムのまま MOX に添加して，核分裂生成物やプルトニウムなどのやっかいな核種をさらに他のものに変化させて短寿命化し，あとの処理を簡単化する方法なども模索されているが，将来的には金属トリウムのまま，あるいはトリウムとジルコニウムの合金などを用いたトリウム原子炉が，長い目でみると経済面からも有利であろうと考えられている．ウランなどよりも高融点なので，熔融塩系の抽出システムも利用可能と思われるからである．もっともこのためには，電力会社と原子炉製造企業のそれぞれの思惑が合致しないと，なかなか実際にはスタートできない．

プロトアクチニウム Pa

発見年代：1917 年　　発見者（単離者）：O. Hahn and L. Meitner

原子番号	91	
単体の性質	銀灰色金属，正方晶系	
単体の価格（chemicool）	—	
価電子配置	$[Rn]5f^2 6d^1 7s^2$	
原子量（IUPAC 2009）	231.03588(2)	
原子半径（pm）	160.6	
イオン半径（pm）	113（Pa^{3+}），98（Pa^{4+}），89（Pa^{5+}）	
共有結合半径（pm）	—	
電気陰性度		
Pauling	1.50	
Mulliken	—	
Allred	1.14	
Sanderson	—	
Pearson（eV）	—	
密度（g/L）	15,370（固体）	
融点（℃）	1,568	
沸点（℃）	4,230	
存在比（ppm）		
地殻	ウラン鉱物中に痕跡量	
海水	2.0×10^{-11}	
天然に存在する同位体と存在比	Pa-231（100）	
宇宙の相対原子数（$Si = 10^6$）	—	
宇宙での質量比（ppb）	—	
太陽の相対原子数（$Si = 10^6$）	—	
土壌	痕跡量	
大気中含量	事実上皆無	
体内存在量（成人 70 kg）	事実上皆無	
空気中での安定性	常温の空気中では安定．1,100℃の酸素と反応すると Pa_2O_5 を生成	
水との反応性		
他の気体との反応性	H_2 とは 400℃ で反応し PaH_3 を生成．F_2 とは 300℃ で反応し PrF_5 を生成	
酸，アルカリ水溶液などとの反応性	塩酸には溶解して $PaCl_4$ となる	
酸化物	Pa_2O_5	
塩化物	—	
硫化物	—	
酸化数	+5，+4，+3（他）	

英 Protactinium　　独 Protactinium　　佛 protactinio　　伊 protoattinio　　西 protoactinio　　葡 protoactinio　　希 πρωτακτινιο（protaktinio）　　羅 protactinium　　エスペ protactinio　　露 протактиний（protaktinij）　　アラビ بروتكتينيوم（brūtaktīniyūm）　　ペルシ پروتاکتینیم（protaktiniyam）　　ウルド —　　ヘブラ פרוטקטיניום（protaktinium）　　スワヒ protaktini　　チェコ protaktinium　　スロヴ Protaktínium　　デンマ protactinium　　オラン protactinium　　クロア protaktinij　　ハンガ protaktinium　　ノルウ protactinium　　ポーラ protaktyn　　フィン protactinium　　スウェ protaktinium　　トルコ protaktinyum　　華 鏷，镤　　韓・朝 프로탁티늄　　インドネ protactinium　　マレイ protactinium　　タイ โพรแทกทิเนียม　　ヒンデ प्रोट्याक्टिनियम（protaktiniyam）　　サンス —

単離までのエピソード

オットー・ハーンとリーゼ・マイトナーの二人が，アクチニウム（Ac-227）の親となる元素を探索していて1913年にPa-231を発見したのであるが，ほぼ同時にウラン系列の壊変中間核種としてファヤンスその他のチームによってPa-234が検出された．こちらははるかに短寿命であり，そのために「ブレヴィウム」（はかない寿命の元素を意味する）などという名称が提案された．

ハーンとマイトナーは，キュリー夫妻の故知に習って，ラジウムの精錬時の鉱滓（かす）をかなり大量に入手し，これを原料としてようやく目にみえるほどの量のプロトアクチニウム化合物の単離に成功したのであるが，最近までこれといって特有の用途がなかったために，もっぱら研究目的に用いられるばかりであった．

当時はまだ周期表に今日風の「アクチニド（アクチノイド）」の欄がなく，トリウムはハフニウムの下に，ウランはタングステンの下に位置して書かれていたので，プロトアクチニウムはエカタンタルに相当する元素と考えられた．たしかに五価の酸化物（Pa_2O_5）は安定で水には難溶性であるし，フッ化物錯体ができやすいなど，類似点がいろいろあったので，まずはいちばん無理のない考え方でもあった．「アクチニド元素」グループが確立したのは，やはり第二次世界大戦後に超ウラン元素の後のメンバーの研究が進んでからなのである．それに，プロトアクチニウムはやはり大量に得られないこともあって，詳細な研究がなかなか進まなかった．

新しい応用

しかし最近になって，このプロトアクチニウムも核燃料親物質として優れた価値をもっているのではないかといわれている．天然には上述のようにわずかしか存在しないので，入手はきわめて難しくかつ高価につくのであるが，原子炉中でトリウム（Th-232）に15 MeVくらいの高いエネルギーの中性子（核分裂中性子の大部分は，このくらいのエネルギーをもっている）を照射すると，$^{232}Th(n,2n)^{231}Th$ 反応でβ放射体のTh-231がかなりの収率で得られる．これが壊変すると，Pa-231となる．半減期が3万年以上もあるので，どんどん蓄積していくこととなる．天然資源から繁雑なプロセスを経て分離するよりも，こうして調製する方がずっと安価であろうと考えられている．英国の原子力機関では，数年間かけて行った使用済み核燃料の処理で，125 gほどのプロトアクチニウム（Pa-231）の単離に成功したが，現在のところこれが世界最大のデポジットであろうと考えられている．

こうして調製したPa-231は，さらに熱中性子を吸収するとPa-232となりやすいのであるが，その後β壊変をして核分裂性のウランの同位体U-232となる．この核種はもともと天然には存在しないのであるが，半減期は74年ほどで，通常ならばα粒子を放出してTh-228（ラジオトリウム）へと変化する．

U-232は，天然に存在するU-238と違って，さらに中性子を吸収しても核分裂を起こすだけで，ネプツニウムやプルトニウムには変化しないので，過激な国際テロ集団の目標とならない核燃料であるというだけでも，安全対策上きわめて有利である．これはTh-232の熱中性子捕獲の結果，生じるU-233と事情は同じである．もちろん，

能率よく問題の核種をつくらせて，かつ核分裂をコントロールするためにはまだまだ問題があろうが，ウラン資源に比べるとトリウム資源ははるかに豊かであるので，将来においては期待がもてそうである．ただ，困ったことにこの U-232 はかなり強力な（といっても Co-60 ほどではないが）γ 線を放出するので，そちらの方の対策が必要となる．

ウラン U

発見年代：1789 年　　発見者（単離者）：M. H. Klaproth

原子番号	92	天然に存在する同位体と存在比	U-234（0.0054），U-235（0.7204），U-238（99.2742）
単体の性質	銀白色金属，斜方晶系，正方晶系，立方晶系	宇宙の相対原子数（Si = 10^6）	0.018
単体の価格（chemicool）	—	宇宙での質量比（ppb）	0.2
価電子配置	[Rn]$5f^3 6d^1 7s^2$	太陽の相対原子数（Si = 10^6）	0.0093
原子量（IUPAC 2009）	238.02891(3)		
原子半径（pm）	138.5	土壌	0.7〜11 ppm
イオン半径（pm）	103（U^{3+}），97（U^{4+}），89（U^{5+}），80（U^{6+}）	大気中含量	事実上皆無
		体内存在量（成人 70 kg）	0.1（0.01〜0.4）mg
共有結合半径（pm）	138.5	空気中での安定性	表面のみ酸化され被膜を形成．微粉末状態では発火
電気陰性度		水との反応性	微粉末状態では冷水と反応して H_2 を放出．ブロックは常温では反応しないが，熱水と徐々に反応して UO_2 となり H_2 を放出
Pauling	1.38		
Mulliken	—		
Allred	1.22		
Sanderson	—	他の気体との反応性	H_2 とは高温で反応し UH_3 を生成．ハロゲンとも反応
Pearson（eV）	—		
密度（g/L）	19,050（α）（固体）	酸，アルカリ水溶液などとの反応性	塩酸，硝酸には易溶．希硫酸やフッ化水素酸には徐々に溶解
融点（℃）	1,132		
沸点（℃）	3,858	酸化物	UO_2，U_3O_8，UO_3
存在比（ppm）		塩化物	UCl_4，UCl_6
地殻	2.4	硫化物	
海水	3.13×10^{-3}	酸化数	+6，+5，+4，+3（他）

英 uranium　独 Uran　佛 uranium　伊 uranio　西 uranio　葡 uranio　希 ουρανιο（ouranio）　羅 uranium　エスペ uranio　露 уран（uran）　アラビ يورانيوم（yūrāniyūm）　ペルシ اورانيوم（yuraniyam）　ウルド —　ヘブラ אורניום（uranium）　スワヒ urani　チェコ uran　スロヴ Urán　デンマ uran　オラン uranium　クロア uranij　ハンガ urán　ノルウ uran　ポーラ uran　フィン uraani　スウェ uran　トルコ uranyum　華 鈾，铀　韓・朝 우라늄　インドネ uranium　マレイ uranium　タイ ยูเรเนียม　ヒンデ यूरानियम（yuraniyam）　サンス —

資源問題

　原子力燃料として不可欠なウランであるが，採掘可能量はあと100年ももたないとされている．ところが，海水中には約40億トンもの大量のウランが溶けている．もちろん，前のページにあるようにきわめて低濃度ではあるが，金などに比べると格段に多い．これはウランの炭酸塩錯体 $[UO_2(CO_3)_n]^{2-2n}$ が水に可溶であるためで，過去何億年もかけて大気中の二酸化炭素が岩石からウランを溶離して海水中に集めた結果である．

　高松にある四国工業試験所（現在では産業技術総合研究所の四国工業センターとなっている）では，何年も前からこの海水中のウランを回収して，ウラン資源の枯渇問題を解消する研究を進めてきた．このためには，ウランのみを選択的に集めるような吸着剤を開発する必要があるのだが，アミドキシムタイプのイオン交換吸着剤を用いて，いまから十数年前に海水中から実際にウランを採取することに成功した（海外のこの種のレポートでは，実験的な海水からの回収はできても，実際の海水からの採取はきわめて難しく，まずは実現不可能であった例が非常に多い）．もっと優れたものを開発するための研究は，現在でも高崎の日本原子力研究所などで継続されている．

　この海水から採取されたウランの画像は，産業技術総合研究所のホームページ（http://www.aist.go.jp）で実際にみることができる．あとはコストとの兼ね合いであるが，ウランの価格は戦略物資としての扱いもされるため，将来においては高騰する可能性が著しく大きく，十分に太刀打ち可能であろうと考えられる．さる大先生は，「ペルシャ湾に往復する何隻ものタンカーの船底に回収装置を設置すれば，往復の際にかなりの量のウランを集めることが可能となるであろう」といわれたことがある．そんなことをしなくとも，わが国の領海内の黒潮（日本海流）の流路に捕集装置を浮かせておき，定期的に回収すれば動力もほとんど不要なので，もっと効率的であろう．黒潮は表面海水の流れなので，あまり深くに設置する必要はないのである．

肥料中のウラン

　このほかに，世人にはあまり意識されていないのであるが，肥料として使用されるリン酸塩鉱物の中には，微量ではあるがウランを含むものが存在する．以前のリン酸塩肥料はもっぱらグアノ（海鳥の排泄物が石化したもの）であったが，昨今ではフロリダやロシア，その他のリン灰石鉱床から採掘されるものが主となった．ウラニルイオン（UO_2^{2+}）は，炭酸イオンとの錯体が上記のように水に可溶であるが，リン酸塩が共存するとウラン雲母（リン灰ウラン鉱）などの不溶性の鉱物となって，濃縮される可能性がある．わが国でも，以前に農協などで販売されているリン酸肥料中のウランの定量の報告がなされたことがあるが，このときの結果では，回収してもコストが合うほどの含量ではなかった．しかし，わが国のリン酸肥料のもとのリン灰石はほとんどが輸入品なので，産地によってその含量はかなり大幅に異なるはずである．場所によっては，十分にウラン資源となる可能性もあろう．現に最近（2007年）の「ワシントンポスト」紙には，シリアでは北朝鮮の援助のもとに農業用のリン酸塩鉱物（つまり肥料）からウランを抽出しているらしく，隣国のイスラエルが神経をと

がらせていて，ついに施設の空爆を実行してかなりの人的損害を与えたという，いささかキナ臭い報告記事があった．

天然原子炉

あと，ウランを環境中から濃縮するような生物の探索も続けられている．故黒田和夫アーカンソー大学教授（1917-2001）が，渡米されてまもない1952年に，「太古代においては，核分裂性のU-235の存在比は現在よりもずっと大きかったのであるから，水などの適当な減速材（モデレーター）があって条件が整えば，核分裂連鎖反応が起きたとしても不思議はない」という論文を発表されたことがある．当時の米国の物理学者連中は，フェルミがたいへんな苦労をして原子炉を構築してからまもなかったこともあって，この黒田教授の論文を完全に黙殺していたのであるが，やがて20年ほどたって，フランスの旧植民地の赤道アフリカ（現在では独立してガボン共和国となっている）からもたらされたウラン鉱は，高品位なのにU-235がかなり少ないことが判明した．たちまちに世界的な大騒ぎとなり，黒田教授の予測がみごとに的中したことが判明したのである．この鉱山（オクロという）は，太古代（およそ17億年の昔）には浅い海の底で，そこにウランを集めるような性質の生物（おそらくは藍藻類）が繁殖して，十分な量を集積した結果，海水がモデレーターとなって天然の原子炉をつくってしまったと考えられている．核分裂の生成物である希土類元素の同位体組成も通常のものとは大きく異なるので，明らかにここでかなり長期間にわたって核分裂連鎖反応が起きたことが証明された．詳しくは黒田教授の執筆された『17億年前の原子炉』（ブルーバックス，講談社）を参照されたい．

ネプツニウム Np

発見年代：1940 年　　発見者（単離者）：E. M. McMillan and P. H. Abelson

原子番号		93	天然に存在する同位体と存在比	—
単体の性質		銀白色金属，斜方晶系	宇宙の相対原子数 ($Si = 10^6$)	—
単体の価格（chemicool）		—	宇宙での質量比（ppb）	—
価電子配置		$[Rn]5f^46d^17s^2$	太陽の相対原子数 ($Si = 10^6$)	—
原子量（IUPAC 2009）		—		
原子半径（pm）		131	土壌	事実上皆無
イオン半径（pm）		$110(Np^{3+}), 95(Np^{4+})$ $88(Np^{5+}), 82(Np^{6+})$	大気中含量	事実上皆無
共有結合半径（pm）		—	体内存在量（成人 70 kg）	事実上皆無
電気陰性度			空気中での安定性	常温では反応しない．高温では酸化を受ける
	Pauling	1.36		
	Mulliken	—	水との反応性	—
	Allred	1.22	他の気体との反応性	—
	Sanderson	—	酸，アルカリ水溶液などとの反応性	希塩酸には可溶
	Pearson（eV）	—		
密度（g/L）		20,250（固体）	酸化物	NpO_2
融点（℃）		639	塩化物	—
沸点（℃）		4,000	硫化物	—
存在比（ppm）			酸化数	+6, +5, +4, +3 (他)
	地殻	ウラン鉱物中に痕跡量（核反応で生成）		
	海水	痕跡量（核反応で生成）		

英 neptunium　独 Neptunium　佛 neptunium　伊 nettunio　西 neptunio　葡 neptunio　希 ποσειδώνιο (poseidonio)　羅 neptunium　エスペ neptunio　露 нептуний (neptunij)　アラビ نبتونيوم (nibtūniyūm)　ペルシ نپتونیوم (netuniyam)　ウルド —　ヘブラ נפטוניום (neptunium)　スワヒ neptuni　チェコ neptunium　スロヴ Neptúnium　デンマ neptunium　オラン neptunium　クロア neptunij　ハンガ neptúnium　ノルウ neptunium　ポーラ neptun　フィン neptunium　スウェ neptunium　トルコ neptünyum　華 錼 (錼)　錼 (錼)　韓・朝 넵투늄　インドネ neptunium　マレイ neptunium　タイ เนปทูเนียม　ヒンデ नेप्टुनियम (neptanyam)　サンス —

元素名のお国ぶり

原子番号がウランの次の93番であることから,天王星(Uranus)の次の惑星である海王星(Neptune)にちなんで名づけられた.ただ,この惑星名のもとである海の神様ネプトゥヌス(Neptunus)はローマ神話の神なので,ギリシャ語での元素名はポセイドニオ"ποσειδονιο"になっている.やはり自前の神様(ポセイドンはゼウスの兄にあたる海を支配する神)の方がふさわしいと考えられたのであろう.

わが国での探索史

わが国の原子物理学の開拓者でもある仁科芳雄博士(1890-1951)は,第二次世界大戦以前から東京駒込の理化学研究所にサイクロトロンを建設し,これを駆使していろいろと原子物理学分野の先駆的な研究を行っていたが,その中の研究テーマの一つに,93番元素の探索があった.このときには,サイクロトロンで加速した陽子をウラン(硝酸ウラニル)のターゲットにあて,溶解後レニウム塩(過レニウム酸カリウム)をキャリヤーとして加え,硫化水素を通じてRe_2S_7の形で沈殿させることによって分離を試みたという.このときにレニウムがキャリヤーとして用いられたのは,当時の周期表には現在のようなアクチニド元素のグループがなく,トリウムはハフニウムの下,プロトアクチニウムはタンタルの下,ウランはタングステンの下の位置に記されていたからである.この順からすると,93番元素は「エカレニウム」に相当するはずである.

かなり多数回の実験を繰り返したが,結果はネガティブでしかなかった.もちろん,他のフラクションの放射能測定も試みられたが,やはり同様であったという.実は,この実験方法ではたしかに93番元素も生成するのであるが,このときの核反応条件では(p, 2n)反応が起きやすく,生じたNp-237は半減期が長いα放射性核種で,後に記すように214万年もある(つまり放射能は弱い)ため,当時の測定機器では検出限界以下であったことにもよる.マクミランとアーベルソンがウランの熱中性子照射でつくったNp-239は半減期2.3日のβ放射体で,ずっと検出が容易であった.

天然に存在している放射性核種は,質量数(核子数)が$4n$(トリウム系列),$4n+2$(ウラン系列),$4n+3$(アクチニウム系列)のものだけである.質量数が$4n+1$のものは,いままで判明している限りではNp-237が最長寿命なのであるが,この半減期は214万年で,たとえ地球が誕生した46億年の昔にいまのウランなみの量があったとしても,半減期の2,000倍以上の時間が経過した現在はすべて壊変しつくして,全部がビスマスに化けてしまっている計算になる(ビスマスの半減期は著しく長く,宇宙の年齢(137億年)の1億倍ほどはありそうだという).

重要な用途

現在のネプツニウムの用途として比較的ユニークなものは,宇宙探査機用の原子力電池に用いるプルトニウムの同位体Pu-238の原料がある.通常の軽水炉を3年間ほど連続運転すると,燃料100 kgの中には,およそ700 gものNp-237がたまってくることになる.これを再処理過程で分離精製してNp-237を得たら,再び原子炉で熱中性子照射を行ってNp-238とし,これがβ壊変してPu-238に変わるのを利用する.

プルトニウム Pu

発見年代：1940 年　　発見者（単離者）：G. T. Seaborg, ほか

原子番号	94	天然に存在する同位体と存在比	—
単体の性質	銀白色金属，単斜晶系	宇宙の相対原子数（Si = 10^6）	—
単体の価格（chemicool）	—	宇宙での質量比（ppb）	—
価電子配置	$[Rn]5f^67s^2$	太陽の相対原子数（Si = 10^6）	—
原子量（IUPAC 2009）	—		
原子半径（pm）	151	土壌	事実上皆無
イオン半径（pm）	108(Pu^{3+}), 93(Pu^{4+}), 87(Pu^{5+}), 81(Pu^{6+})	大気中含量	事実上皆無
共有結合半径（pm）	—	体内存在量（成人 70 kg）	事実上皆無
電気陰性度		空気中での安定性	常温で酸化される
Pauling	1.28	水との反応性	大きな塊は水中に投入すると水を沸騰させるほどの熱を発生（α 壊変による）
Mulliken	—		
Allred	1.22		
Sanderson	—	他の気体との反応性	H_2 との反応では水素化物（PuH_3）を生成
Pearson（eV）	—		
密度（g/L）	19,840（固体）	酸，アルカリ水溶液などとの反応性	塩酸，希硫酸，過塩素酸には可溶．硝酸や濃硫酸では不働態となる
融点（℃）	639.5		
沸点（℃）	3,228		
存在比（ppm）		酸化物	PuO_2
地殻	ウラン鉱物中に痕跡量（核反応で生成）	塩化物	—
		硫化物	—
海水	痕跡量（核反応で生成）	酸化数	+6, +5, +4, +3（他）

英 plutonium　独 Plutonium　佛 plutonium　伊 plutonio　西 plutonio　葡 plutonio　希 προυτωνιο (ploutonio)　羅 plutonium　エスペ plutonio　露 плутоний (plutonij)　アラビ بلوتونيوم (plūtūniyūm)　ペルシ بلوتونيوم (plutonium)　ウルド —　ヘブラ פלוטוניום (plutonium)　スワヒ plutoni　チェコ plutonium　スロヴ Plutónium　デンマ plutonium　オラン plutonium　クロア plutonij　ハンガ plutónium　ノルウ plutonium　ポーラ pluton　フィン plutonium　スウェ plutonium　トルコ plütonyum　華 鈈，钚　韓・朝 플루토늄　インドネ plutonium　マレイ plutonium　タイ พลูโทเนียม　ヒンデ प्लुटोनियम (plutonyam)　サンス —

名称の由来

世間では,「プルトニウム」は長崎原爆に用いられた記憶が半世紀後の今日でも鮮明であるせいか,名称だけで恐怖感を抱かれる向きが少なくないという.これは,元素の名称が惑星名にちなんだものであったことも一因である.惑星の名称の方は冥界の王プルートー(別名をハーデスという)に由来した「冥王星」(この和名は野尻抱影(作家の大佛次郎の兄)の提案だという)であり,元素名は天王星由来の「ウラン」,海王星由来の「ネプツニウム」に継ぐものとしてつけられた.

同位体それぞれの違い

核分裂性のプルトニウム(つまり爆弾や原子炉に使える)は,質量数239のものが主である.これは天然のウランの大部分を占めるU-238が熱中性子を捕獲してU-239となり,β壊変を続けてPu-239になることを利用している.しかし,このほかにもプルトニウムの同位体は何種類もあり,なかでも質量数238の同位体は半減期が86.4年のかなり強力なα放射体である.これを利用して「原子力電池」がつくられている.宇宙探査機用の電源には,もっぱらこれが利用されている.

この二つの同位体はつくり方も大きく異なる.核分裂性のPu-239は,U-238に熱中性子を照射してU-239に変え,これがβ壊変によりNp-239,さらにもう一度β壊変を起こしてPu-239となる反応を利用する.したがって,通常の原子炉の周囲を天然ウランや劣化ウランで囲んでおき,長時間中性子を浴びさせた後に分離精製することで,Pu-239を効率的に得ることができるわけである.もちろん,使用済みの原子炉燃料中にも含まれるのであるが,こちらにはいろいろな他の核種も混在しているために,あとの処理も難しくなり,原子炉用の核燃料として用いる場合には,核分裂性でないものは邪魔で,むしろやっかいですらある.

これに対し,Pu-238をつくるのはちょっと難しい.原子炉中でU-238が高速中性子の照射を受けると,(n, 2n)反応によってU-237が生じる.これがβ壊変するとNp-237となって,燃料中にたまってくる.通常のサイズの軽水炉で3年間,連続運転した核燃料100 kgほどを再処理すると,Np-237は700 gほど得られるので,これを取り出して精製した後,再び原子炉中で中性子照射を行って(n, γ)反応によりNp-238をつくらせる.これはβ壊変でPu-238に変化するので,硝酸に溶解後,溶媒抽出法で他の元素と分離精製を行うことになる.こうすれば,核分裂性のやっかいなPu-239を含まないPu-238のみが得られることになる.

取扱い量の限界

核燃料の再処理に際して,Pu-239の化学処理では一度にあまり大量のものを水溶液とすることはできない.これは,水がきわめて優秀な中性子減速材(モデレーター)としてはたらくために,固体の場合よりも臨界質量が著しく小さくなるからである.Pu-239の臨界質量はU-235よりも小さく,U-235の臨界質量は金属状態で22.8 kgもあるのに対し,Pu-239では5.6 kgである.水溶液では,U-235の820 gに対し,Pu-239は510 gとずいぶん少ないので,厳重な臨界管理を行う必要がある.臨界に達する濃度は,Pu-239では7.8 g/L,U-235では12.1 g/Lとなっている.実際には,これに安全係数を乗じたも

のが制限量として定められている．

なお，プルトニウム自体の化学的毒性は，当初示唆されたほどには大きくないらしい．酸化プルトニウム（PuO_2）は著しく溶解度が低いので，いったんこの形にしてしまうと強い酸にあわない限りは溶解しない．しかし，他の化学形のものがいったん体内に取り込まれると，強力な α 粒子を放出するために著しい放射線傷害を引き起こし，かつなかなか排泄されないので，こちらの方がはるかに恐ろしい結果となる．

アメリシウム Am

発見年代：1940 年　　発見者（単離者）：G. T. Seaborg，ほか

原子番号	95	天然に存在する同位体と存在比	—
単体の性質	銀白色金属，六方晶系	宇宙の相対原子数（Si = 10^6）	—
単体の価格（chemicool）	—	宇宙での質量比（ppb）	—
価電子配置	[Rn]$5f^77s^2$	太陽の相対原子数（Si = 10^6）	—
原子量（IUPAC 2009）	—		
原子半径（pm）	184		
イオン半径（pm）	107（Am^{3+}），92（Am^{4+}），86（Am^{5+}），80（Am^{6+}）	土壌	天然には存在しない
		大気中含量	天然には存在しない
		体内存在量（成人 70 kg）	存在しない
共有結合半径（pm）	—	空気中での安定性	表面のみ酸化され被膜を形成
電気陰性度		水との反応性	反応しない
Pauling	1.30	他の気体との反応性	水蒸気との反応では酸化物を生成
Mulliken	—		
Allred	—	酸，アルカリ水溶液などとの反応性	無機酸の水溶液には溶解．アルカリとは反応しない
Sanderson	—		
Pearson（eV）	—		
密度（g/L）	13,670（固体）	酸化物	—
		塩化物	—
融点（℃）	994	硫化物	—
沸点（℃）	2,607	酸化数	+6，+5，+4，+3（他）
存在比（ppm）			
地殻	天然には存在しない		
海水	天然には存在しない		

英 americium　独 Americium　佛 américium　伊 americio　西 americio　葡 americio　希 αμερικιο (amerikio)　羅 americium　エスペ americio　露 америций (americij)　アラビ أمريكيوم (amarīsiyūm)　ペルシ امرسیوم (amerisiyam)　ウルド —　ヘブラ אמריציום　スワヒ ameriki　チェコ americium　スロヴ Américium　デンマ americium　オラン americium　クロア americij　ハンガ amerícium　ノルウ americium　ポーラ ameryk　フィン amerikium　スウェ americium　トルコ amerikyum　華 鎇（鋂），镅（镅）　韓・朝 아메리슘　インドネ amerisium　マレイ amerikium　タイ อะเมริเซียม　ヒンデ अमेरिसियम (amerisiyam)　サンス —

煙探知機

超ウラン元素の中で，ほとんどわれわれの目に触れていないのに日常生活に大きく役立っている元素の随一としては，やはりアメリシウムをあげておく必要があろう．これは，火災報知器（煙探知機）に利用されている．最近は，わが国でも法律によって一般住宅にも設置が義務づけられるようになった．マスコミなどをも含めた，「放射能」という言葉にアレルギー的な反応を示す面々も一向に大騒ぎの"タネ"としないのはいささか奇妙であるが，この種の「密封線源」に対してはやはり考慮外なのであろう．もちろん，使われている量もきわめてわずかであるし，「リスク＆ベネフィット」をきちんと考えれば心配するほどのことなどないのであるが，通常の煙探知機であれば，1個について 150 μg ほどの Am-241 しか使われていない．

この原理は，Am-241 から放出される α 粒子によって，気体がイオン化されることを利用している．通常の大気であれば，α 粒子の電離効果によって陽イオンと陰イオン（電子をも含む）とが同数生じ，この結果として電極間に電流が流れるのであるが，ここに煙の粒子が侵入してくると，陰イオン（主に電子）はこの粒子に吸着されてしまうので電流は流れにくくなる．通常はイオン室を図1のように2カ所つくっておき，一方は封じたままの「内部イオン室」とし，他方は外気が導入される「外部イオン室」とする．

外部イオン室に煙の粒子（すすなど）が侵入してくると，図1に示したように主に陰イオンや電子がこの粒子に吸着されてしまうので，電荷キャリヤーの数が減ってしまい，流れる電流が減少する．したがって，内部イオン室と外部イオン室とをそれぞれブリッジ回路の要素として組み込めば，バランスのくずれは容易に検知できることになる．図に示した例では，外部イオン室の電流が減少すると，バランスのくず

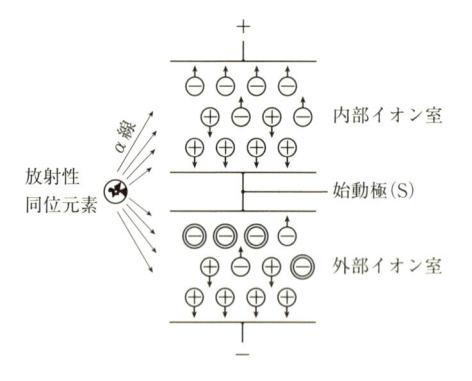

図1 内部イオン室のイオン電流概念

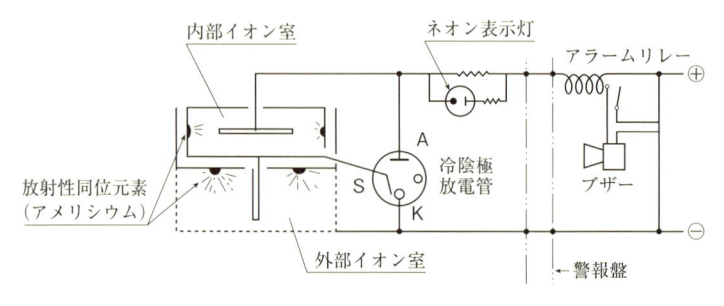

図2 イオン式燃焼生成物感知器の概略構造

れの結果，冷陰極放電管の始動極（S）の電位が上昇して放電が起き，警報盤のリレーを動作させることになる．

図2の配線図は少し以前の標準的なもので，比較的高い外部電圧を印加しておき，冷陰極放電管を使用して表示灯やブザーを鳴らすタイプになっているが，現在ではリチウム電池などの長寿命の電池が使えて，もっと低電圧で動作する素子がつくられるようになったので，家庭にも設置可能となった．カタログによると，10年以上も電池交換の必要がないというものすらある．Am-241の半減期は430年もあるので，通常の家屋やビルディングなどではまず耐用年限いっぱいまで使えることになる．

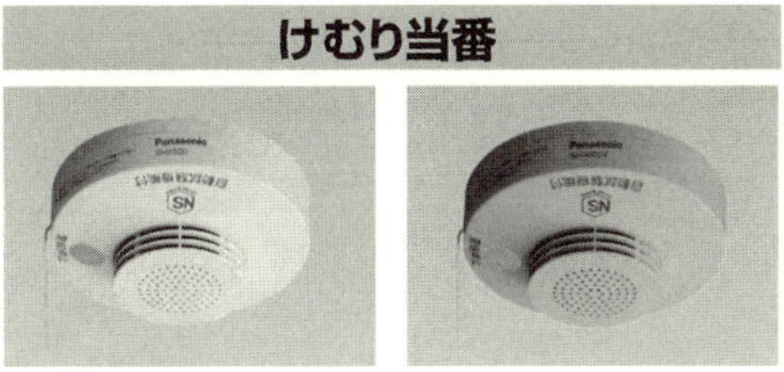

図3 火災報知器（煙探知機）（Panasonicのカタログより）

キュリウム Cm

発見年代：1940 年　　発見者（単離者）：G. T. Seaborg, ほか

原子番号	96	
単体の性質	銀白色金属，立方晶系	
単体の価格（chemicool）	—	
価電子配置	$[Rn]5f^7 6d^1 7s^2$	
原子量（IUPAC 2009）	—	
原子半径（pm）	174	
イオン半径（pm）	119（Cm^{2+}），99（Cm^{3+}），88（Cm^{4+}）	
共有結合半径（pm）	—	
電気陰性度		
Pauling	1.30	
Mulliken	—	
Allred	—	
Sanderson	—	
Pearson（eV）	—	
密度（g/L）	13,510（固体）	
融点（℃）	1,350	
沸点（℃）	3,110	
存在比（ppm）		
地殻	天然には存在しない	
海水	天然には存在しない	
天然に存在する同位体と存在比	—	
宇宙の相対原子数（Si = 10^6）	—	
宇宙での質量比（ppb）	—	
太陽の相対原子数（Si = 10^6）	—	
土壌	天然には存在しない	
大気中含量	天然には存在しない	
体内存在量（成人 70 kg）	天然には存在しない	
空気中での安定性	—	
水との反応性	—	
他の気体との反応性	水蒸気との反応では酸化物を生成	
酸，アルカリ水溶液などとの反応性	無機酸の水溶液には溶解．アルカリとは反応しない	
酸化物	—	
塩化物	—	
硫化物	—	
酸化数	+4，+3，+2（他）	

英 curium　独 Curium　佛 curium　伊 curio　西 curio　葡 curio　希 κιουριο (kiourio)　羅 curium　エスペ kuriumo　露 кюрий (kjurij)　アラビ كوريوم (kūriyūm)　ペルシ كوريم (kuriyam)　ウルド —　ヘブラ קוריום (kyurium)　スワヒ kuri　チェコ curium　スロヴ curium　デンマ curium　オラン curium　クロア kurij　ハンガ kűrium　ノルウ curium　ポーラ kjur　フィン curium　スウェ curium　トルコ küriyum　華 鋦，锔　韓・朝 퀴륨　インドネ kurium　マレイ kurium　タイ คูเรียม　ヒンデ क्यूरियम (kyuriyam)　サンス —

宇宙探査

1967年に月探査機サーベイヤー5号によって行われた，月面（静の海）の岩石の最初の分析にα線散乱測定器が用いられたことはいろいろなところで触れられているが，このときのα線源はCm-242であった．探査機に搭載するのであるから軽量でサイズもコンパクトでなければならないので，いろいろと工夫の末に，重量が2kgほど（5ポンド），サイズはトースター大のものがつくられた．α粒子のラザフォード散乱を利用して，岩石成分元素の組成や割合を求め，これから地球上に存在する玄武岩とかなり酷似したものであることが判明した．その後のサーベイヤー6号機や7号機にも同じ測定器が搭載された．

それから30年後，火星探査機マーズ・パスファインダーでの土壌・岩石の組成分析用には，α線源としてCm-244を用いたAPXS（Alpha Proton X-ray Spectrometer）が搭載された．30年の間に半導体技術などの進歩があったので，今回の分析機（地上機のローバーのアーム尖端に取りつけてある）は質量が570g，つまり月面探査の折りの4分の1ほどになり，半導体検出器を活用して，α線後方散乱のほか，(α, p)反応による陽子のエネルギー測定や特性X線の測定（蛍光X線分析）などを併用して，広い範囲の原子番号の元素についての組成を精密に求めることが可能となった．

測定器の写真などは，NASAのホームページ（http://mars.sgi.com/MPF/mpf/sci_desc.html#APXDEP）でみることができる．

実際の火星表面岩石・土壌の化学組成については，1997年のScience誌に掲載されている．月面と違って火星には薄いながらも大気があり，これが測定素子と対象物の間（もちろん距離的にはきわめて短い）にも存在しているのであるが，その中に含まれるアルゴンガス（1.6%）による蛍光X線スペクトルがはっきりとみえることからも，この測定機がいかに高感度であることかがわかる．興味のある方のために，原論文のタイトルと書誌事項を付記しておこう．

R. Rieder, *et al.*, The chemical composition of Martian soil and rocks returned by the mobile alpha proton X-ray spectrometer. *Science*, **278**, 1771-1774 (1997).

なお，「放射線利用技術データベース（RADA）」にも高エネルギー研究所の伊藤 寛氏による「火星探査のための放射線利用分析機器」（データ番号040288）というかなり詳細でたくみな紹介がある．

バークリウム Bk

発見年代：1945 年　　発見者(単離者)：A. Ghiorso, G. T. Seaborg, ほか

原子番号	97		天然に存在する同位体と存在比	—
単体の性質	—			
単体の価格（chemicool）	—		宇宙の相対原子数 ($Si=10^6$)	—
価電子配置	$[Rn]5f^97s^2$			
原子量（IUPAC 2009）	—		宇宙での質量比（ppb）	—
原子半径（pm）	170		太陽の相対原子数 ($Si=10^6$)	—
イオン半径（pm）	118（Bk^{2+}），98（Bk^{3+}），87（Bk^{4+}）			
			土壌	天然には存在しない
			大気中含量	天然には存在しない
共有結合半径（pm）	—		体内存在量（成人 70 kg）	天然には存在しない
電気陰性度			空気中での安定性	—
Pauling	1.30			
Mulliken	—		水との反応性	—
Allred	—		他の気体との反応性	水蒸気との反応では酸化物を生成
Sanderson	—			
Pearson（eV）	—		酸，アルカリ水溶液などとの反応性	無機酸の水溶液には溶解．アルカリとは反応しない
密度（g/L）	14,780（固体）			
融点（℃）	986		酸化物	—
沸点（℃）	未測定		塩化物	—
			硫化物	—
存在比（ppm）			酸化数	+4，+3，+2（他）
地殻	天然には存在しない			
海水	天然には存在しない			

英 berkelium　独 Berkelium　佛 berkélium　伊 berkelio　西 berkelio　葡 berkelio　希 μπερκελιο（berkelio）　羅 berkelium　エスペ berkelio　露 беркелий（berkelij）　アラビ برکلیوم（barkīliyūm）　ペルシ برکلیوم（berkeliyam）　ウルド —　ヘブラ ברקלים（berkelium）　スワヒ berkeli　チェコ berkelium　スロヴ Berkélium　デンマ berkelium　オラン berkelium　クロア berkelij　ハンガ berkélium　ノルウ berkelium　ポーラ berkel　フィン berkelium　スウェ berkelium　トルコ berkelyum　華 鎊，锫　韓・朝 버클륨　インドネ berkelium　マレイ berkelium　タイ เบอร์คีเลียม　ヒンデ बर्केलियम（bakeliyam）　サンス —

名称の由来

この名称は，最初につくられたカリフォルニアのバークレイ市（カリフォルニア大学のメインキャンパスがある）にちなんでいる．バークレイ（カリフォルニアで発行されている邦字新聞（「羅府新報」など）では，「麥嶺」という字があてられている．けだし名音訳といえよう）は，サンフランシスコ湾の東側，ゴールデンゲートブリッジとは対岸に位置している．この大学の前身は，1868年に創立されたカリフォルニア鉱山専門学校（California Mining College）であった．1840～1850年代のゴールドラッシュの後で，西海岸での最初の高等教育機関として設立されたが，地名はその昔，新世界での高等教育の樹立を夢みて「帝国は西に向かってその歩みを進める（Westward the course of the Empire takes its way）」という言葉（後に米国の西方への発展を表す国是のようになった）を残した，アイルランドの経験論哲学者ジョージ・バークレイ大僧正にちなんで名づけられたという．広大なキャンパスの画像は大学のホームページ（berkeley_glade_afternoon.jpg）などで参照することができる．この大学を有名にしたものの一つである巨大なサイクロトロンは，E. O. ローレンス（1901-1958）が計画して構築したものであるが，このバークリウムの調製に用いられたものは直径60インチのものであった．

製造までの経緯

最初につくられた核種は，Am-241の原子核にサイクロトロンで加速したα粒子（He-4の原子核）を衝突させてつくったBk-243であった．半減期は5時間程度である．アメリシウム自体はこれよりも5年も以前に発見されていたのであるが，核反応を起こさせるのに十分な量を分離精製するのに時間がかかったのである．このときのターゲットとして用いられたアメリシウムの量は，およそ7 mgであった．

バークリウムの最長半減期をもつ同位体は質量数247のもので，半減期はおよそ1,400年である．実用となりそうな用途はまだない．きわめて強い放射線を出すが，特別な研究所や原子力工業施設を除けば，通常の人間はまず目にすることもないであろう．ヒトに対する最大許容量は0.0004 mCi（= 0.4 µCi）である．実用となる用途はまだないようである．アクチニド元素の中でも，バークリウムから後になると，5f遷移元素としての性質が強く現れるようになり，安定な原子価は3+で，ウランから後のいくつかの元素に共通しているMO_2^{2+}の形の陽イオンは生成しなくなる．

カリホルニウム Cf

発見年代：1950 年　　発見者（単離者）：A. Ghiorso, G. T. Seaborg, ほか

原子番号	98	天然に存在する同位体と存在比	—	
単体の性質	—			
単体の価格（chemicool）	—	宇宙の相対原子数（Si = 10^6）	—	
価電子配置	[Rn]$5f^{10}7s^2$			
原子量（IUPAC 2009）	—	宇宙での質量比（ppb）	—	
原子半径（pm）	186	太陽の相対原子数（Si = 10^6）	—	
イオン半径（pm）	117（Cf^{2+}），98（Cf^{3+}），86（Cf^{4+}）	土壌	天然には存在しない
		大気中含量	天然には存在しない
共有結合半径（pm）	—	体内存在量（成人 70 kg）	天然には存在しない
電気陰性度		空気中での安定性	表面から酸化を受ける
Pauling	1.30	水との反応性	反応して H_2 を放出
Mulliken	—	他の気体との反応性	水蒸気との反応では酸化物を生成
Allred	—		
Sanderson	—		
Pearson（eV）	—	酸，アルカリ水溶液などとの反応性	無機酸の水溶液には溶解．アルカリとは反応しない
密度（g/L）	15,100（固体）		
融点（℃）	900	酸化物	—
沸点（℃）	未測定	塩化物	—
存在比（ppm）		硫化物	—
地殻	天然には存在しない	酸化数	+4, +3, +2（他）
海水	天然には存在しない		

英 californium　独 Californium　佛 californium　伊 californio　西 californio　葡 californio　希 καλιφόρνιο (kaliphornio)　羅 californium　エスペ kaliforniumo　露 калифорний (kalifornij)　アラビ كاليفورنيوم　ペルシ kalifūrniyūm　كاليفرنيوم (kaliforniyam)　ウルド —　ヘブラ קליפורניום (kalifornium)　スワヒ kaliforni　チェコ kalifornium　スロヴ kalifornium　デンマ californium　オラン californium　クロア kalifornij　ハンガ kalifornium　ノルウ californium　ポーラ kaliforn　フィン kalifornium　スウェ californium　トルコ kaliforniyum　華 鉲（鉲）, 鐦（鉲）　韓・朝 캘리포늄 (kalliporeunyum)　インドネ kalifornium　マレイ kalifornium　タイ แคลิฟอร์เนียม　ヒンデ कालिफोर्नियम (kaliphorniyam)　サンス —

高価な元素の随一

いつぞやTVで「現在もっとも高価な元素」として紹介されたこともあるが，価格がきちんと定められていてもっとも高額なものは，たしかにカリホルニウムである．カリホルニウムの同位体では半減期900年ほどのCf-251が最長寿命であるが，市販されているものはこれよりも質量数が一つ多いCf-252である．これは半減期2.6年のα放射性核種であるが，3%ほどはα壊変をせずに自発核分裂 (spontaneous fission, SF) で壊変し，強力な中性子線を放出する．1g当たりで2,700万ドルほどの価格がつけられている．1μgのCf-252からは，毎分1.7億個の中性子が放出される．実際には金属箔上に付着させた形で頒布されていて，これを線源とした中性子水分計が製作されている．中性子は水素の原子核による散乱を受けやすいので，これを利用して水や有機化合物などの検出・定量ができるのである．堤防・ダムなどの水量の管理，コンクリートや製鉄原料などの品質管理，あるいは潤滑油層の厚み測定などに使用されている．また，強力な中性子源として，ポータブルな中性子放射化分析計に利用され，金や銀などの鉱石の含量試験や鉱床などの現場などでの探査にも使われている．

このほかに，以前ならばラジウムがもっぱら用いられていた，子宮癌などの悪性腫瘍に対する近接照射療法（ブラキオセラピー）にも多用されるようになった．こちらは1972年にケンタッキー大学で最初に試みられ，きわめて好成績を収めたので，1976年に実際の臨床応用が開始された．医療用に供されるものには米国原子力規制委員会からの補助があるので，価格も1μg当たり10ドルとかなり低く制定されている．

超新星のエネルギー源？

超新星の中には，半減期が約55日の光度減衰を示すもの（タイプIという）があるが，これは自発核分裂で壊変するCf-254の半減期に符合する．これはフレッド・ホイル一門のグループの論文にあるのだが，宇宙においてはいまでも元素の生成が行われていることの傍証ともなった．テクネチウムやプロメチウムなどは，元素の発光スペクトル線として観測されているのであるが，放射性核種の壊変の半減期から確証されたのは，おそらくこれが最初の例であろう (G. R. Burbidge, et al., Californium-254 and supernovae. *Physical Review*, **103**(5), 1145-1149 (1956))．

ただこれに対しては，鉄の同位体であるFe-59（半減期45日）の方が光度減衰曲線にもよく合うし，通常の恒星における元素合成のシステムから考えても無理が少ないという反論も出されている．もっとも，超新星の光度の時間変化についての精密な測定はかなり難しいので，半減期45日と55日を明確に弁別するのは現在でも著しい困難を伴うようである．これからの測定データ待ちといったところであろうか．

アインスタイニウム Es

発見年代:1952年　　発見者(単離者):A. Ghiorso, ほか

原子番号	99	天然に存在する同位体と存在比	—
単体の性質	—		
単体の価格 (chemicool)	—	宇宙の相対原子数 (Si = 10^6)	—
価電子配置	[Rn]$5f^{11}7s^2$		
原子量 (IUPAC 2009)	—	宇宙での質量比 (ppb)	—
原子半径 (pm)	186	太陽の相対原子数 (Si = 10^6)	—
イオン半径 (pm)	116 (Es^{2+}), 98 (Es^{3+}), 85 (Es^{4+})		
		土壌	天然には存在しない
共有結合半径 (pm)	—	大気中含量	—
電気陰性度		体内存在量 (成人70 kg)	—
Pauling	1.30	空気中での安定性	空気中のO_2で酸化される
Mulliken	—	水との反応性	反応しない
Allred	—	他の気体との反応性	水蒸気との反応では酸化物を生成
Sanderson	—		
Pearson (eV)	—	酸, アルカリ水溶液などとの反応性	無機酸の水溶液には溶解. アルカリとは反応しない
密度 (g/L)	13,500 (推測値) (固体)		
		酸化物	—
融点 (℃)	860	塩化物	—
沸点 (℃)	未測定	硫化物	—
存在比 (ppm)		酸化数	+4, +3, +2 (他)
地殻	天然には存在しない		
海水	天然には存在しない		

英 einsteinium　独 Einsteinium　佛 einsteinium　伊 einsteinio　西 einstenio　葡 einstenio　希 αινσταινιο (ainstainio)　羅 einsteinium　エスペ ejnstejnio　露 эйнштйний (èjnštejnij)　アラビ أينشتينيوم (āynshtāyniyūm)　ペルシ اینشتینیوم (aynstainiyam)　ウルド —　ヘブラ איינשטיניום (einsteinium)　スワヒ einstenio　チェコ einsteinium　スロヴ einsteinium　デンマ einsteinium　オラン einsteinium　クロア einsteinij　ハンガ einsteinium　ノルウ einsteinium　ポーラ einstein　フィン einsteinium　スウェ einsteinium　トルコ aynstaynyum　華 鎄(鎄), 鎄(鎄)　韓・朝 아인슈타이늄　インドネ einsteinium　マレイ einsteinium　タイ ไอน์สไตเนียม　ヒンデ आइन्स्टाइनियम (aynstainiyam)　サンス —

原爆の副産物

　原子番号 99 の元素なのであるが，もともと 1952 年にエニウェトク環礁で行われた原爆実験の際に発見されたので，しばらくは機密扱いで元素名も決まっていなかった（提案はされたが公表に至らなかった）時期が結構長かった．これは，ウランの原子核がかなり高密度の中性子照射を受け，逐次中性子捕獲の後で β 壊変し，原子番号が増加するプロセスの結果として生じたわけである．このときに確認されたのは質量数 253 の同位体で，半減期は 20 日ほどであった．

現在の製造法

　現在では，Pu-239 を原子炉中で高密度の中性子束で長期間（年の桁で）照射して，逐次中性子捕獲をさせることで Es-252 を mg 量で生産することが可能となっている．こちらの方が半減期が長く，471.7 日である．これは，大部分は α 壊変をして Bk-248 になるが，一部は β 壊変で Fm-252 となる．

用　途

　逐次中性子捕獲なので，プルトニウムを原料とすると，95 番以降の元素もともに生じるわけで，得られたターゲットを化学分離することでアインスタイニウムの化合物が単離されることになる．µg 量で購入可能であるという報告もあるが，調べた限りでは価格の表示されているソースは見当たらなかった．何しろ用途らしいものがほとんどなく，ただ「メンデレビウムをつくる原料として用いられる」という記載がわずかにあるだけである．

　化学的性質としてややユニークなのは，Es(II) の状態が結構安定であるらしく，何種類かのハロゲン化物については，Es(III) の化合物（EsX_3）のほかに Es(II) の対応する化合物（EsX_2）の生成が認められている．ランタニド元素で対応する位置にあるのはホルミウムなのであるが，こちらに関しては酸化数 +2 の化合物はほとんど知られていない．

フェルミウム Fm

発見年代：1952年　　発見者（単離者）：A. Ghiorso, ほか

原子番号	100		天然に存在する同位体と存在比	—
単体の性質	—			
単体の価格（chemicool）	—		宇宙の相対原子数（Si = 10^6）	—
価電子配置	[Rn]$5f^{12}7s^2$		宇宙での質量比（ppb）	—
原子量（IUPAC 2009）	—			
原子半径（pm）	—		太陽の相対原子数（Si = 10^6）	—
イオン半径（pm）	115（Fm^{2+}），97（Fm^{3+}），84（Fm^{4+}）		土壌	天然には存在しない
			大気中含量	—
共有結合半径（pm）	—		体内存在量（成人70 kg）	—
電気陰性度			空気中での安定性	—
Pauling	1.30		水との反応性	—
Mulliken	—		他の気体との反応性	—
Allred	—		酸，アルカリ水溶液などとの反応性	—
Sanderson	—			
Pearson（eV）	—			
密度（g/L）	未測定		酸化物	—
融点（℃）	1,527		塩化物	—
沸点（℃）	未測定		硫化物	—
存在比（ppm）			酸化数	+4, +3, +2（他）
地殻	天然には存在しない			
海水	天然には存在しない			

英 fermium　独 Fermium　佛 fermium　伊 fermio　西 fermio　葡 fermio　希 φερμιο（phermio）　羅 fermium　エスペ fermio　露 фермий（fermij）　アラビ فرميوم（firmiyūm）　ペルシ فرميوم（fermiyam）　ウルド —　ヘブラ פרמיום（fermium）　スワヒ fermi　チェコ fermium　スロヴ fermium　デンマ fermium　オラン fermium　クロア fermij　ハンガ fermium　ノルウ fermium　ポーラ ferm　フィン fermium　スウェ fermium　トルコ fermiyum　華 鐨, 镄　韓・朝 페르뮴　インドネ fermium　マレイ fermium　タイ เฟอร์เมียม　ヒンデ फर्मियम（pherumiyam）　サンス —

原爆の副産物

アインスタイニウムと同様に，1952年にエニウェトク環礁での核実験の折りに発見された元素である．ウランの逐次中性子捕獲の結果，生成するものとして，検出されたものはFm-255であった．半減期は22時間で，これが実際に分析に回されていた時点では，おそらく200原子くらいしか存在していなかったろうと考えられている．

一方，スウェーデンのノーベル研究所のグループは，U-238原子にサイクロトロンで加速したO-16原子核を衝突させることで，Fm-250の原子核をつくり出すことに成功した．これは1953年のことであった．このFm-250はわずか数原子だけがつくられたのであるが，エニウェトク環礁の核実験の結果が公開されたのは1955年であったので，一時期には先取権争いめいたこともあったらしい．

フェルミウムは，原子炉中で製造可能な元素の中では最大の原子番号をもつものである．逐次中性子捕獲の結果，生じるフェルミウムの同位体の中で，最長寿命の核種はFm-257で，半減期がおよそ100日である．ところが，この核種は中性子吸収断面積が著しく大きく，中性子束が大きい原子炉の中では，容易にFm-258に変化してしまう．このようにして生成したFm-258は，半減期がわずか0.37ミリ秒しかない．つまり，できると片っ端から壊変してしまい，これよりも原子番号の大きな原子核をつくる際には，著しい困難に直面することとなる．したがって，「超フェルミウム元素」を調製するためには，もはや逐次中性子捕獲を利用することは不可能となってしまうので，なるべく陽子数に比べて中性子数が過剰にある核（たとえばCa-48とかZn-70など）を加速して，ビスマスやウランなどの原子核に衝突させる手法を採用せざるを得なくなる．このような重原子核を加速できるような研究施設は，世界広しといえどもそうたくさんはないので，実験結果の追試もたいへん難しいことになる．そのため，先取権をめぐっていささか泥仕合めいたやりとりが長く続いて，なかなか元素名も定まらなかったのであるが，現在はともかく111番元素まではきちんとした名称がつけられた．あとは「101番以降の元素」の項（p.286）を参照されたい．

101番以降の元素

　原子番号101番のメンデレビウム以降の元素については，得られている量がきわめて少ないので化学的知見もまだ十分に蓄積されてはいない．もちろん，キュリー夫人がポロニウムを扱っていた頃に比べれば，「微量」の範囲も格段に広がってきてはいるし，実験設備もそれなりに長足の進歩を遂げたことはいうまでもない．

原子炉で製造できる限界

　ただ，フェルミウムまでは逐次中性子捕獲反応を利用して，高中性子束の原子炉などにより原子番号の小さい元素から製造することが可能なのであるが，101番のメンデレビウム以降にはもはやこの手法が使えない．逐次中性子捕獲でフェルミウムを合成すると，最長寿命の核種としてはFm-257（半減期100.5日）が得られるが，実はこの核種は中性子捕獲断面積が大きいので，容易にFm-258（半減期0.37ミリ秒）に変わってしまう．さらに中性子数の大きな核種をつくることができないので，このために克服がきわめて難しい限界が存在することになる．

　そのために，中性子数が陽子数に比べて比較的多い核種（Ca-48やZn-68，Zn-70など）の原子核を加速して，ビスマスや鉛などの標的核に衝突させることで，中性子数と陽子数の両方を一気に大きくした原子核をつくるという手法が採用されるようになったのであるが，このような重イオンの加速が可能な研究施設は，世界広しといえどもそれほどあるわけがない．そのため，得られた結果を確認するだけでも大仕事で，下手をすると泥仕合的な論争になる可能性もあり，過去にもそれに類する例は二，三ならずあった．

超重元素の予測

　それでも，いろいろな新しい技術を駆使して，これらの新しく発見された元素の単体や化合物の沸点・融点を測定したりする試みは続けられている．ただ，無機化学者が周期表を基盤として考えた限りでは，化学的性質についてはむしろ，予測とどのくらい合致しているか，という方が世界的な問題のテーマとなっている．つまり「仮説を立てて実験」という，ある意味では物理科学的に正統とされる研究ルーティンに従っているのであろう．実験に使える設備や場所が限られていて，しかも核種自体が不安定できわめて短時間における化学処理やキャラクタリゼーションが要求されるのであるから，現在の段階では致し方ないことでもある．したがって，「予想外に異なった珍しい性質」なんて記してある報告はきわめてまれである．

魔法数

　ただ，原子番号がもっと大きく，かつ質量数（核子数）ももっと大きい魔法数の組

合わせとなっているような核種群においては，ひょっとしたら予想外に安定度の高い（つまり壊変半減期が長い）核種が存在しているのではないかという，いささか破天荒とも思える予測が以前からなされている．この種類の元素はよく「超重元素」などと呼ばれるが，陽子数を縦軸に，中性子数を横軸にとって核種それぞれの性質をまとめた"Nuklidkarte"なるものがドイツでつくられていて，これで半減期のデータなどをもとに安定性を高さ方向にプロットして等高線図にしてみると，鉛（82番）までが安定な半島，その先ウランまでが岩礁のような図が描ける．もっと先には暗礁のようなものがいくつも分布するが，たしかに陽子数が次の魔法数（114）に近づくにつれて半減期が長くなるような傾向がみられる．これが「安定の島」（あるいは「安定な暗礁」くらいかもしれないが）となりそうだというのである．さらに中性子数が次の魔法数となった，現在つくられている110番元素以降のものは，ほとんどがこの「安定の島」に属するところまではいかず，せいぜいが「安定の島の渚」くらいでしかない（中性子数が不足なのである）．したがってサイクロトロンなどで新元素を合成しようとすると，もともと陽子数に比べて中性子数がずっと過剰になっているような核種を選んで，現在標的として使える，なるべく原子番号の大きな核種を選ぶこととなる．それでも，傾向としてはたしかにこの「安定の島」に近づくにつれて半減期がかなりの割合で長くなるような気配が認められる．

ガイガー-ヌッタルの法則（Geiger-Nuttall's law）

原子番号の大きな原子核のほとんどは，α壊変をする．このときのα粒子のエネルギーと半減期との間にはかなりきれいな相関があり，これを数式化したものが「ガイガー-ヌッタルの法則」と呼ばれている．現在ではα線のスペクトロメーターが使えるので，α粒子のエネルギーはかなり精密に求めることが可能となったが，その昔は空気中における飛程を用いていた．

いまのガイガー-ヌッタルの法則は1911年に発表されたものだが，一般式として次のような形になっている．

$$\log \lambda = a \log R + b$$

ここでRはα粒子の飛程，λは壊変定数（$=\ln 2/T_{1/2}$）である．ここでa, bはともに定数である．

ソディー-ファヤンスの法則に支配される核壊変を考えると，放射性核種は質量数（核子数）が$4n, 4n+1, 4n+2, 4n+3$のどれかに属することとなる．それぞれ「トリウム系列」，「ネプツニウム系列」，「ウラン系列」，「アクチニウム系列」と呼ばれる．もっともネプツニウム系列に属する核種のほとんどは現在ではビスマス-209に変化してしまっているのだが，人工的に造られた核種ではやはりこの法則に従うことがわかっている．

aはすべての場合にほとんど共通な定数だが，bはトリウム系列，ネプツニウム系列，ウラン系列，アクチニウム系列のそれぞれでかなり異なった値をとる．

のちにガモフ，コンドン，ガーネイの三人がα壊変の理論を量子力学的モデルによってまとめたとき，この関係式に理論的な根拠が与えられ，現在では次のような式

が普通に用いられている．α粒子のエネルギー E と乾燥空気中での飛程には次のような関係があり，二十世紀初頭では飛程の方が簡単に測定できた．空気中における飛程 R_air をセンチメートル単位，α粒子のエネルギーを MeV 単位で測ったとき，$R_\mathrm{air} = 0.318 \times E^{3/2}$ のようになることがわかっている．現在ではα線スペクトロメーターが利用できるので，飛程よりα粒子のエネルギーの方がずっと精密に求められる．かれらの導いた結果にもとづくと，ガイガー-ヌッタルの関係式は

$$\ln \lambda = -a_1 \frac{Z}{\sqrt{E}} + a_2$$

のようになる．ここで λ は壊変定数，Z は原子番号，E は（α粒子と崩壊後の原子核の）全運動エネルギー，a_1 と a_2 は上の経験式と同じように壊変系列ごとに特有の定数である．全運動エネルギーは，ここで問題としているような重い原子核の場合，ほとんどがα粒子の運動エネルギーに等しいと見なすことができるから，やはり系列ごとのα粒子のエネルギーから壊変定数がもとめられることになる．

この法則のおかげで，もし質量数が判明していれば，その放出するα粒子のエネルギーから半減期をかなり精密に求めることができる．理化学研究所でつくられて報告された 113 番元素（リケニウム？）はたしか質量数が 278 だったはずで，だとするとウラン系列に相当し，そのあとの 111 番（レントゲニウム）の質量数 274，マイトネリウムの 270 というように壊変系列が追えて既知の所へつながれば確実となる．

超ウラン元素は，α壊変の他に自発核分裂も起こしやすいので，放出するα粒子のエネルギーをきちんと測定して，どの系列に落ち着くのかを確認するのがなかなか難しく，そのために合成したという報告があっても確認ができていない例が結構多い．

メンデレビウム Md

発見年代：1955 年　　発見者（単離者）：A. Ghiorso, ほか

原子番号	101	天然に存在する同位体と存在比	—
単体の性質	—		
単体の価格（chemicool）	—	宇宙の相対原子数（Si = 10^6）	—
価電子配置	$[Rn]5f^{13}7s^2$		
原子量（IUPAC 2009）	—	宇宙での質量比（ppb）	—
原子半径（pm）	—	太陽の相対原子数（Si = 10^6）	—
イオン半径（pm）	114（Md^{2+}），96（Md^{3+}），84（Md^{4+}）		
		土壌	天然には存在しない
		大気中含量	—
共有結合半径（pm）	—	体内存在量（成人 70 kg）	—
電気陰性度		空気中での安定性	—
Pauling	1.30	水との反応性	—
Mulliken	—	他の気体との反応性	—
Allred	—	酸，アルカリ水溶液などとの反応性	—
Sanderson	—		
Pearson（eV）	—		
密度（g/L）	未測定	酸化物	—
融点（℃）	827	塩化物	—
沸点（℃）	未測定	硫化物	—
存在比（ppm）		酸化数	+4, +3, +2（他）
地殻	天然には存在しない		
海水	天然には存在しない		

英 mendelevium　独 Mendelevium　佛 mendélévium　伊 mendelevio　西 mendelevio　葡 mendelevio　希 μεντελεβιο (mentelevio)　羅 mendelevium　エスペ mendelevio　露 менделев (mendelevij)　アラビ مندليفيوم (mindilīfiyūm)　ペルシ مندلیوم (mendelebiyam)　ウルド — 　ヘブラ מנדלביום (mendelevium)　スワヒ mendelevi　チェコ mendelevium　スロヴ mendelevium　デンマ mendelevium　オラン mendelevium　クロア mendelevij　ハンガ mendelevium　ノルウ mendelevium　ポーラ mendelew　フィン mendelevium　スウェ mendelevium　トルコ mendelevyum　華 鍆，钔　韓・朝 멘델레븀　インドネ mendelevium　マレイ mendelevium　タイ เมนเดลีเวียม　ヒンデ मेंडलीवियम (mendeleviyam)　サンス —

ノーベリウム No

発見年代：1957 年　　発見者（単離者）：Nobel Institute, Sweden

項目	値	項目	値
原子番号	102	天然に存在する同位体と存在比	—
単体の性質	—		
単体の価格（chemicool）	—	宇宙の相対原子数 $(Si=10^6)$	—
価電子配置	$[Rn]5f^{14}7s^2$	宇宙での質量比（ppb）	—
原子量（IUPAC 2009）	—		
原子半径（pm）	—	太陽の相対原子数 $(Si=10^6)$	—
イオン半径（pm）	113（No^{2+}），95（No^{3+}），83（No^{4+}）	土壌	天然には存在しない
		大気中含量	—
共有結合半径（pm）	—	体内存在量（成人 70 kg）	—
電気陰性度		空気中での安定性	—
Pauling	1.30	水との反応性	—
Mulliken	—	他の気体との反応性	—
Allred	—	酸，アルカリ水溶液などとの反応性	—
Sanderson	—		
Pearson（eV）	—		
密度（g/L）	未測定	酸化物	—
融点（℃）	827	塩化物	—
沸点（℃）	未測定	硫化物	—
存在比（ppm）		酸化数	+4, +3, +2（他）
地殻	天然には存在しない		
海水	天然には存在しない		

英 nobelium　独 Nobelium　佛 nobélium　伊 nobelio　西 nobelio　葡 nobelio　希 νομπεριο (nobelio)　羅 nobelium　エスペ nobelio　露 нобелий (nobelij)　アラビ نوبيليوم (nūbiliyūm)　ペルシ نوبيليوم (nobeliyam)　ウルド　—　ヘブラ נובליום (nobelium)　スワヒ nobeli　チェコ nobelium　スロヴ nobelium　デンマ nobelium　オラン nobelium　クロア nobelij　ハンガ nobelium　ノルウ nobelium　ポーラ nobel　フィン nobelium　スウェ nobelium　トルコ nobelyum　華 鍩, 锘　韓・朝 노벨륨　インドネ nobelium　マレイ nobelium　タイ โนเบเลียม　ヒンデ नोबेलियम (nobeliyam)　サンス　—

ローレンシウム Lr

発見年代：1961 年　　発見者（単離者）：A. Ghiorso, ほか

原子番号	103	天然に存在する同位体と存在比	—
単体の性質	—	宇宙の相対原子数 ($Si = 10^6$)	—
単体の価格（chemicool）	—	宇宙での質量比（ppb）	—
価電子配置	$[Rn]5f^{14}6d^17s^2$	太陽の相対原子数 ($Si = 10^6$)	—
原子量（IUPAC 2009）	—		
原子半径（pm）	—		
イオン半径（pm）	112（Lr^{2+}），94（Lr^{3+}），83（Lr^{4+}）	土壌	天然には存在しない
		大気中含量	—
共有結合半径（pm）	—	体内存在量（成人 70 kg）	—
電気陰性度		空気中での安定性	—
Pauling	1.30	水との反応性	—
Mulliken	—	他の気体との反応性	—
Allred	—	酸, アルカリ水溶液などとの反応性	—
Sanderson	—		
Pearson（eV）	—		
密度（g/L）	未測定	酸化物	—
融点（℃）	1,627	塩化物	—
沸点（℃）	未測定	硫化物	—
存在比（ppm）		酸化数	+4, +3, +2（他）
地殻	天然には存在しない		
海水	天然には存在しない		

英 lawrencium　独 Lawrencium　佛 lawrencium　伊 laurenzio　西 laurenzio　葡 laurenzio　希 λωρενσιο (lorensio)　羅 lawrencium　エスペ laurencio　露 лоуренси (lourensij)　アラビ لورنسيوم (lawrinsiyūm)　ペルシ لورنسیوم (lorensium)　ウルド —　ヘブラ לורנציום (lorentsium)　スワヒ lawirensi　チェコ lawrencium　スロヴ lawrencium　デンマ lawrencium　オラン lawrencium　クロア lawrencij　ハンガ lawrensium　ノルウ lawrencium　ポーラ lorens　フィン lawrencium　スウェ lawrencium　トルコ lavrensiyum　華 鐒, 铹　韓・朝 로렌슘　インドネ lawrensium　マレイ lawrensium　タイ ลอว์เรนเซียม　ヒンデ लरेंसियम (lorensiyam)　サンス —

ラザホージウム Rf

発見年代：1964年　発見者（単離者）：Flerov，ほか／A. Ghiorso，ほか

原子番号	104	天然に存在する同位体と存在比	—	
単体の性質	—			
単体の価格（chemicool）	—	宇宙の相対原子数 $(Si = 10^6)$		
価電子配置	$[Rn]5f^{14}6d^27s^2$	宇宙での質量比（ppb）		
原子量（IUPAC 2009）	—	太陽の相対原子数 $(Si = 10^6)$		
原子半径（pm）	—			
イオン半径（pm）	—	土壌	天然には存在しない	
共有結合半径（pm）	—	大気中含量	—	
電気陰性度		体内存在量（成人70 kg）	—	
Pauling	—	空気中での安定性	—	
Mulliken	—	水との反応性	—	
Allred	—	他の気体との反応性	—	
Sanderson	—	酸，アルカリ水溶液などとの反応性	—	
Pearson（eV）	—			
密度（g/L）	23（推測値）	酸化物	—	
融点（℃）	—	塩化物	—	
沸点（℃）	—	硫化物	—	
存在比（ppm）		酸化数	+4（他）	
地殻	天然には存在しない			
海水	天然には存在しない			

英 rutherfordium　独 Ruthefordium　佛 rutherfordium　伊 rutherfordio　西 rutherfordio　葡 rutherfordio　希 ραδερφορντιο（raderphortio）　羅 rutherfordium　エスペ ruterfordio　露 резерфордий（Курчатовий [kurcvatovij]）（rezerfordij（kurchatovij））　アラビ رذرفوردیوم（radharfūrdiyūm）　ペルシ رادرفوردیوم（raderfodiyam）　ウルド　—　ヘブラ רתרפורדיום（rutherfordium）　スワヒ　—　チェコ rutherfordium　スロヴ rutherfordium　デンマ rutherfordium　オラン rutherfordium　クロア rutherfordij　ハンガ radzerfordium　ノルウ rutherfordium　ポーラ rutherford　フィン rutherfordium　スウェ rutherfordium　トルコ rutherfordiyum　華 鑪，（鑪）　韓・朝 러더포듐　インドネ rutherfordium　マレイ rutherfordium　タイ รูเทอร์ฟอร์เดียม　ヒンデ रुथरफोर्डियम（ratharphordiyam）　サンス　—

ドブニウム Db

発見年代：1967 年　発見者（単離者）：Flerov, ほか/A. Ghiorso, ほか

原子番号	105	天然に存在する同位体と存在比	—	
単体の性質	—			
単体の価格（chemicool）	—	宇宙の相対原子数 $(Si = 10^6)$	—	
価電子配置	$[Rn]5f^{14}6d^37s^2$	宇宙での質量比（ppb）	—	
原子量（IUPAC 2009）	—	太陽の相対原子数 $(Si = 10^6)$	—	
原子半径（pm）	—			
イオン半径（pm）	—	土壌	天然には存在しない	
共有結合半径（pm）	—	大気中含量	—	
電気陰性度		体内存在量（成人70 kg）	—	
Pauling	—	空気中での安定性	—	
Mulliken	—	水との反応性	—	
Allred	—	他の気体との反応性	—	
Sanderson	—	酸，アルカリ水溶液などとの反応性	—	
Pearson（eV）	—			
密度（g/L）	39（推測値）	酸化物	—	
融点（℃）	—	塩化物	—	
沸点（℃）	—	硫化物	—	
存在比（ppm）		酸化数	+5（他）	
地殻	天然には存在しない			
海水	天然には存在しない			

英 dubnium　独 Dubnium　佛 dubnium　伊 Dubnio　西 Dubnio　葡 Dubnio　希 ντουμπνιο（doubunio）　羅 dubnium　エスペ dubnio　露 Дубний（Нильсборий [nil'sborij]）（dubnij）（hahnij））アラビ دبنيوم（dūbniyūm）　ペルシ دوبنیوم（dubniyam）　ウルド —　ヘブラ דובניום（dubnium）　スワヒ —　チェコ dubnium　スロヴ dubnium　デンマ dubnium　オラン dubnium　クロア dubnij　ハンガ dubnium　ノルウ dubnium　ポーラ dubn　フィン dubnium　スウェ dubnium　トルコ dubniyum　華 鐽（鉳），铪（鉳）　韓・朝 더브늄　インドネ dubnium　マレイ dubnium　タイ ดับเนียม　ヒンデ डब्नियम（dubniyam）　サンス —

シーボーギウム Sg

発見年代：1974 年　　発見者（単離者）：A. Ghiorso, ほか

原子番号	106	天然に存在する同位体と存在比	—
単体の性質	—		
単体の価格（chemicool）	—	宇宙の相対原子数（Si = 10^6）	—
価電子配置	[Rn]$5f^{14}6d^47s^2$		
原子量（IUPAC 2009）	—	宇宙での質量比（ppb）	—
原子半径（pm）	—	太陽の相対原子数（Si = 10^6）	—
イオン半径（pm）	—		
共有結合半径（pm）	—	土壌	天然には存在しない
電気陰性度		大気中含量	—
Pauling	—	体内存在量（成人 70 kg）	—
Mulliken	—	空気中での安定性	—
Allred	—	水との反応性	—
Sanderson	—	他の気体との反応性	—
Pearson（eV）	—		
密度（g/L）	35（推測値）	酸，アルカリ水溶液などとの反応性	—
融点（℃）	—		
沸点（℃）	—	酸化物	—
存在比（ppm）		塩化物	—
地殻	天然には存在しない	硫化物	—
海水	天然には存在しない	酸化数	+6（他）

英 seaborgium　独 Seaborgium　佛 seaborgium　伊 seaborgio　西 seaborgio　葡 seaborgio　希 σιμπρυγκιο (sibrugio)　羅 seaborgium　エスペ seborgio　露 Сиборгий (siborgij)　アラビ سيبورجيوم (sībūrghiyūm)　ペルシ سیبورگیوم (siborgiyam)　ウルド —　ヘブラ סיבורגיום (siborgium)　スワヒ —　チェコ seaborgium　スロヴ seaborgium　デンマ seaborgium　オラン seaborgium　クロア seaborgij　ハンガ sziborgium　ノルウ seaborgium　ポーラ seaborg　フィン seaborgium　スウェ seaborgium　トルコ seaborgiyum　華 鎴, 镇　韓・朝 시보금　インドネ seaborgium　マレイ seaborgium　タイ ซีบอร์เกียม　ヒンデ सीबोर्गियम (siborgiyam)　サンス —

ボーリウム Bh

発見年代：1981 年　　発見者（単離者）：P. Armbruster, ほか

原子番号	107	天然に存在する同位体と存在比	—
単体の性質	—		
単体の価格（chemicool）	—	宇宙の相対原子数（Si = 10^6）	—
価電子配置	[Rn]$5f^{14}6d^57s^2$	宇宙での質量比（ppb）	—
原子量（IUPAC 2009）	—		
原子半径（pm）	—	太陽の相対原子数（Si = 10^6）	—
イオン半径（pm）	—		
共有結合半径（pm）	—	土壌	天然には存在しない
電気陰性度		大気中含量	—
Pauling	—	体内存在量（成人 70 kg）	—
Mulliken	—	空気中での安定性	—
Allred	—	水との反応性	—
Sanderson	—	他の気体との反応性	—
Pearson（eV）	—	酸, アルカリ水溶液などとの反応性	—
密度（g/L）	37（推測値）		
融点（℃）	—	酸化物	—
沸点（℃）	—	塩化物	—
存在比（ppm）		硫化物	—
地殻	天然には存在しない	酸化数	
海水	天然には存在しない		

英 bohrium　独 Bohrium　佛 bohrium　伊 bohrio　西 bohrio　葡 bohrio　希 πνοριο（borio）　羅 bohrium　エスペ borio　露 Борий（borij）　アラビ بوريوم（būriyūm）　ペルシ بوهريوم（bohriyam）　ウルド —　ヘブラ בוהריום（bohrium）　スワヒ —　チェコ bohrium　スロヴ bohrium　デンマ bohrium　オラン bohrium　クロア bohrij　ハンガ borium　ノルウ bohrium　ポーラ bohr　フィン bohrium　スウェ bohrium　トルコ bohriyum　華 鈹, 𨭆　韓・朝 보륨　インドネ bohrium　マレイ bohrium　タイ มอห์เรียม　ヒンデ बोरियम（boriyam）　サンス —

ハッシウム Hs

発見年代：1984 年　　発見者（単離者）：P. Armbruster，ほか

原子番号	108	天然に存在する同位体と存在比	—
単体の性質	—		
単体の価格（chemicool）	—	宇宙の相対原子数 (Si = 10^6)	—
価電子配置	[Rn]$5f^{14}6d^67s^2$		
原子量（IUPAC 2009）	—	宇宙での質量比（ppb）	—
原子半径（pm）	—	太陽の相対原子数 (Si = 10^6)	—
イオン半径（pm）	—		
共有結合半径（pm）	—	土壌	天然には存在しない
電気陰性度		大気中含量	—
Pauling	—	体内存在量（成人 70 kg）	—
Mulliken	—	空気中での安定性	—
Allred	—	水との反応性	—
Sanderson	—	他の気体との反応性	—
Pearson（eV）	—	酸，アルカリ水溶液などとの反応性	—
密度（g/L）	41（推測値）		
融点（℃）	—	酸化物	—
沸点（℃）	—	塩化物	—
存在比（ppm）		硫化物	—
地殻	天然には存在しない	酸化数	—
海水	天然には存在しない		

英 hassium　独 Hassium　佛 hassium　伊 hassio　西 hassio　葡 hassio　希 χασιο (chassio)　羅 hassium　エスペ hasio　露 Хассий (hassij)　アラビ هاسيوم (hāsiyūm)　ペルシ هاسيوم (hasium)　ウルド —　ヘブラ האסיום (hesium)　スワヒ —　チェコ hassium　スロヴ hassium　デンマ hassium　オラン hassium　クロア hassij　ハンガ hasszium　ノルウ hassium　ポーラ has　フィン hassium　スウェ hassium　トルコ hassiyum　華 鑏，䥑　韓・朝 하슘　インデ hassium　マレイ hassium　タイ แฮสเซียม　ヒンデ हसियम (hasiyam)　サンス —

マイトネリウム Mt

発見年代：1982 年　　発見者（単離者）：P. Armbruster，ほか

原子番号	109	天然に存在する同位体と存在比	—
単体の性質	—	宇宙の相対原子数 (Si = 10^6)	—
単体の価格（chemicool）	—	宇宙での質量比（ppb）	—
価電子配置	[Rn]$5f^{14}6d^77s^2$	太陽の相対原子数 (Si = 10^6)	—
原子量（IUPAC 2009）	—	土壌	天然には存在しない
原子半径（pm）	—	大気中含量	—
イオン半径（pm）	—	体内存在量（成人 70 kg）	—
共有結合半径（pm）	—	空気中での安定性	—
酸化数	—	水との反応性	—
電気陰性度		他の気体との反応性	—
Pauling	—	酸，アルカリ水溶液などとの反応性	—
Mulliken	—	酸化物	—
Allred	—	塩化物	—
Sanderson	—	硫化物	—
Pearson（eV）	—	酸化数	
密度（g/L）	35（推測値）		
融点（℃）	—		
沸点（℃）	—		
存在比（ppm）			
地殻	天然には存在しない		
海水	天然には存在しない		

英 meitnerium　独 Meitnerium　佛 meitnérium　伊 meitnerio　西 meitnerio　葡 meitnerio　希 μαιτνεριο (maitnerio)　羅 meitnerium　エスペ mejtnerio　露 Мейтнерий (meitnerij)　アラビ مايتنيريوم (māytniriyūm)　ペルシ میتنریوم (meetneriyam)　ウルド —　ヘブラ מייטנריום (meitnerium)　スワヒ —　チェコ meitnerium　スロヴ meitnerium　デンマ meitnerium　オラン meitnerium　クロア meitnerij　ハンガ meitnerium　ノルウ meitnerium　ポーラ meitner　フィン meitnerium　スウェ meitnerium　トルコ meitneriyum　華 䥑，錂　韓・朝 마이트너륨　インドネ meitnerium　マレイ meitnerium　タイ ไมต์นีเรียม　ヒンデ मइट्नेरियम (maitneriyam)　サンス —

ダームスタチウム Ds

発見年代：1994年　　発見者（単離者）：P. Armbruster, ほか

原子番号	110	天然に存在する同位体と存在比	—
単体の性質	—		
単体の価格（chemicool）	—	宇宙の相対原子数（Si = 10^6）	—
価電子配置	[Rn]$5f^{14}6d^87s^2$	宇宙での質量比（ppb）	—
原子量（IUPAC 2009）	—		
原子半径（pm）	—	太陽の相対原子数（Si = 10^6）	—
イオン半径（pm）	—		
共有結合半径（pm）	—	土壌	天然には存在しない
酸化数	—	大気中含量	—
電気陰性度		体内存在量（成人 70 kg）	—
Pauling	—	空気中での安定性	—
Mulliken	—	水との反応性	—
Allred	—	他の気体との反応性	—
Sanderson	—	酸, アルカリ水溶液などとの反応性	—
Pearson（eV）	—		
密度（g/L）	>21.46	酸化物	—
融点（℃）	—	塩化物	
沸点（℃）	—	硫化物	
存在比（ppm）		酸化数	
地殻	天然には存在しない		
海水	天然には存在しない		

英 darmstadtium　独 Darmstadtium　佛 darmstadtium　伊 darmstadtio　西 darmstadtio　葡 darmstadtio　希 νταρμσταντιο (darmstadio)　羅 darmstadtium　エスペ darmstatio　露 Дармштадтий (darmstadtij)　アラビ دارمشتاديوم (darmstattiyum)　ペルシ دارمشتاديوم (darmstadiyam)　ウルド —　ヘブラ דרמשטטיום (darmstattium)　スワヒ —　チェコ darmstadtium　スロヴ darmstadtium　デンマ darmstadtium　オラン darmstadtium　クロア darmstadij　ハンガ darmstadtium　ノルウ darmstadtium　ポーラ darmsztadt　フィン darmstadtium　スウェ darmstadtium　トルコ darmstadtiyum　華 鐽　韓・朝 다름슈타늄　インドネ darmstadtium　マレイ darmstadtium　タイ ดาร์มสตัดเชียม　ヒンデ —　サンス —

レントゲニウム Rg

発見年代：1994 年　　発見者（単離者）：P. Armbruster，ほか

原子番号	111	天然に存在する同位体と存在比	—
単体の性質	—		
単体の価格（chemicool）	—	宇宙の相対原子数（Si = 10^6）	—
価電子配置	[Rn]$5f^{14}6d^97s^2$		
原子量（IUPAC 2009）	—	宇宙での質量比（ppb）	—
原子半径（pm）	—	太陽の相対原子数（Si = 10^6）	—
イオン半径（pm）	—		
共有結合半径（pm）	—	土壌	天然には存在しない
電気陰性度		大気中含量	—
Pauling	—	体内存在量（成人 70 kg）	—
Mulliken	—	空気中での安定性	—
Allred	—	水との反応性	—
Sanderson	—	他の気体との反応性	—
Pearson（eV）	—	酸, アルカリ水溶液などとの反応性	—
密度（g/L）	>19.282		
融点（℃）	—	酸化物	—
沸点（℃）	—	塩化物	—
存在比（ppm）		硫化物	—
地殻	天然には存在しない	酸化数	—
海水	天然には存在しない		

英 roentgenium　　独 Roentogenium　　佛 roentgenium　　伊 roentgenio　　西 roentgenio　　葡 roentgenio　　希 ρεντγκενιο（rentgenio）　　羅 roentgenium　　エスペ rentgenio　　露 Рентгений（rentgenij）　　アラビ روينتجنيوم（rentgenium）　　ペルシ —　　ウルド —　　ヘブラ רנטגניום（rentgenium）　　スワヒ —　　チェコ røntgenium　　スロヴ roentgenium　　デンマ røntgenium　　オラン roentgenium　　クロア roentgenij　　ハンガ roentgenium　　ノルウ roentgenium　　ポーラ roentgen　　フィン roentgenium　　スウェ roentgenium　　トルコ roentgenyum　　華 錀　　韓・朝 뢴트게늄　　インドネ roentgenium　　マレイ roentgenium　　タイ เริ่นต์เกนียม　　ヒンデ —　　サンス —

原子番号112番以降の元素一覧

原子番号112	元素記号 Unb	ウンウンビウム
原子番号113	元素記号 Unt	ウンウントリウム
原子番号114	元素記号 Unq	ウンウンクアジウム
原子番号115	元素記号 Uup	ウンウンペンチウム
原子番号116	元素記号 Uuh	ウンウンヘキシウム
原子番号117	元素記号 Uus	ウンウンセプチウム
原子番号118	元素記号 Uuo	ウンウンオクチウム

面白漢字周期表

巨大掲示板の2チャンネル化学板の中に、下記のようなモノがありました。

http://science5.52ch.net/test/read.cgi/bake/1034874648/150

```
周期表のコピペを作りあげよう
1：あるケミストさん　：02/10/18　02:10
適当に改良してくれ↓
```

1	2	3	4	5	6	7	8	9	10	11	12	13	14	15	16	17	18
爆発 携帯 食塩 青酸 雲母 時間 瞬殺																	声変 電光 溶接 光速 光源 肺癌 捏造
爆誕 治金 黄緑 停心 測地 精秒 法国	甘毒 葉緑 骨太 死灰 胃診 発理																無用 最後
	減速 閃光 骨太 死灰 検診 胡瓜											殺鼠 一円 的中 鍍金 殺蟻	鉛筆 岩石 半導 両性 硝子 十四	硝酸 肥料 暗殺 神岡 胃薬	呼吸 温泉 感光 地球 胡瓜 十六	歯磨 殺菌 写真 昇華 抗癌	
		磁器 束光	合金 顔料 炉棒 新人	糖尿 耐熱 結骨 露西	鞣革 脱硫 電球 原爆	電池 人工 触媒 模型	鉄棒 筆先 激重 独逸	検水 接点 宝飾 分裂	白銅 吸水 宝飾 百十	十円 食器 金箔 百十	精子 神通 水俣 十二						
		北欧 束光	白粉 新磁 丁都 鞭津	海鞘 超導 結骨 溝奈	鞣革 潤滑 繊維 海城	紫茉 人巧 択捉 模型	氷刃 野依 最重 初州	回青 薔薇 衛星 分裂	五仙 蔵水 減癌 腸町	文銭 南鐐 小判 連肉	牡蠣 痛風 遷丹	緑焔 紫装 雄鶏 藍色 蒼星 理研	金剛 植業 半導 風琴 蓄電	気袋 魂火 婚鼠 蛾蠍 殺鼠 駆除	養気 湯華 熔鉱 地母 殺課	歯磨 消毒 鎮静 甲腺 短命	太陽 紅燈 欄情 超人 蘇庵 翼竜
										磁冶 夫人	緑蛍 麦嶺	瑞都 一石	蓄光 加洲	光通 伊停	極北 周期	逝村 栄賞	巴里 環速
													硬化 田中				

ランタノイド・アクチノイド系列：
蛍光 子言 | 分光 相対 | 若布 東岸 | MO.瑞典 | 磁冶 胡瓜 | 蛍光 米国 | 磁石 核爆 | 人工 海王 | 双子 原発 | 双子 微量 | 研磨 坩堝 | 火花 微量

このあといろいろなものがあるのですが、それぞれに作者の素養が同じと思われるものの、何となくしっくりこないので自分なりに工夫して幾つかつくってみました。その中で最新版をご紹介しましょう。最初に提供されたアイディアから残っているものは十個くらいです。なおこれは拙著の「基礎から考える化学」(化学同人)の71頁にも掲載してあります。

参考にした辞典類のリスト

「英」「独」「佛」「伊」「西」「露」は手持ちの複数の辞典類を参考にしたので特に掲げない．

松下正三，古城健志編：スウェーデン語小辞典，大学書林（1982）．
Langenscheids Swedish-deutsch Lexikon（1990）．
久保義光編：ハンガリー語小辞典，泰流社（1980）．
木村修一ほか編：ポーランド語小辞典，白水社（1981）．
三宅史平編：エスペラント小辞典，大学書林（1964）．
梶　弘和編：和エス辞典（第三版），エスペラント研究社（1978）．
羅和辞典（第十一版），研究社（1963）．
土井久弥編：ヒンディー語小辞典（第四版），大学書林（1972）．
大武和三郎編：葡和新辞典，日本出版貿易（1966，初刷りは1937）．
浜口乃二雄，佐野泰彦編：ポルトガル語小辞典，大学書林（1969）．
油谷幸和，門脇誠一，松尾　勇，高島淑郎：朝鮮語辞典，小学館（1993）．
中村公則：ペルシャ語小辞典，大学書林（1977）．
内記遼一：アラビア語小辞典，大学書林（1980）．
拓殖大学南親会編：蘭和辞典，第一書房（1987）．
日本インドネシア協会：日本インドネシア語辞典（1982）．
末永　晃，関　修純，A.S.トルセノ：現代インドネシア語辞典，大学書林（1976）．
朝倉純孝編：インドネシア語小辞典，大学書林（1963）．

周期表関連の諸データをまとめてあるウェブページはたくさんあるが，その中で著名なものを幾つか紹介しておこう．

www.science.co.il
Israel Science and Technology のホームページにある科学情報集
英文の Wikipedia の地殻や海水中の元素存在比のデータなどの源となっている．

CRCPress Periodic Table Online（FREE!）
ChemNetBase（Chapmann and Hall 社の作成しているオンラインデータベース）で，有名な CRC Handbook of Chemistry and Physics を刊行している Chemical Rubber Company と協同で提供しているものの一つである．

www.webelements.com/
　化学関連の諸情報を提供しているシェフィールド大学作成のデータベース集 WebElements™ の中にある周期表のページ．

www.chemicool.com
　マサチューセッツ工科大学の David D. Hsu 博士が 1966 年に開設したもので，化学を学ぶ学生諸君などに必要となる諸情報を提供することを意図している．各元素や化合物についての種々の物性値の集大成である．このなかの Chemicool Periodic Table は多数の有益な情報を含むが，MIT の化学工学専攻の大学院生各位が作成したものである．本書の単体の価格のデータなどももっぱらこれから採用してある．

periodic.lanl.gov/
　ロスアラモス国立研究所のまとめた個々の元素についての歴史，化学的性質，資源そのほかのデータ集

http://pubs.acs.org/cen/80th/elements.html
C&EN: It's elemental. The Periodic Table・Introduction.url
アメリカ化学会の機関誌 Chemical and Engineering News の周期律特集号 September 8, 2003. の記事が読める

関連する書籍類

　Amazon.com などで検索するとおよそ一千件程がひっかかる．なかにはプリーモ・レヴィの作品集もある．そのなかで比較的参考となるところが多そうなものを掲げる．ただし順不同である．選択は読者それぞれのお好みにお任せすることとしよう．

井口洋夫：元素と周期律　改訂版（基礎化学選書 1），裳華房（1978）．
玉尾皓平，桜井弘，福山秀敏：完全図解周期表―自然界のしくみを理解する第 1 歩（ニュートンムック―サイエンステキストシリーズ），ニュートンプレス（2006）．
木村信夫：考察 立体周期律表―音階律の立体化，東京図書出版会（2004）．
宮村一夫：ゼロから学ぶ元素の世界（ゼロから学ぶシリーズ），講談社（2006）．
かこさとし：なかよしいじわる元素の学校―宇宙の物質・元素の世界（改訂新版），偕成社（2000）．
梶　雅範：メンデレーエフ―元素の周期律の発見者（ユーラシア・ブックレット No. 110），東洋書店（2007）．
梶　雅範：メンデレーエフの周期律発見，北海道大学図書刊行会（1997）．
バーナード・ヤッフェ，竹内敬人訳：モーズリーと周期律―元素の点呼者（現代の科学〈48〉），河出書房新社（1972）．
山口潤一郎：よくわかる最新元素の基本と仕組み―全 113 元素を完全網羅，徹底解説元素の発見史と最新の用途，研究（How-to Manual 図解入門 Visual Guide Book），秀和システム（2007）．
小谷太郎：宇宙で一番美しい周期表入門（青春新書 INTELLIGENCE 187），青春出版社（2007）．
日本化学会編：化学の原典 8　元素の周期系，学会出版センター（1976）．
B. カレーリン，小林茂樹訳：化学元素のはなし，東京図書（1987）．
D. N. トリフォノフ，V. D. トリフォノフ，阪上正信，日吉芳朗訳：化学元素発見のみち，内田老鶴圃（1994）．
岡田　功：化学元素百科―化学元素の発見と由来，オーム社（1991）．

岩波講座現代化学〈5〉周期表の化学, 岩波書店 (1991).
日本化学会編：嫌われ元素は働き者（一億人の化学）, 大日本図書 (1992).
富永裕久：元素（図解雑学）, ナツメ社 (2005).
桜井 弘編：元素 111 の新知識―引いて重宝，読んでおもしろい（ブルーバックス）, 講談社 (1997).
ピーターアトキンス, 細矢治夫訳：元素の王国（サイエンス・マスターズ）, 草思社 (1996).
馬淵久夫編：元素の事典, 朝倉書店 (1994).
大沼正則編：元素の事典, 三省堂 (1985).
高木 仁三郎：元素の小事典（岩波ジュニア新書 (316))，岩波書店 (1999).
ディヴィッド・L.ハイゼルマン, 山崎 昶訳：元素の世界のツアリングガイド, マグロウヒル (1993).
米山正信・高塚芳弘：元素の発見物語（第 9 化学のドレミファ），黎明書房 (1995).
板倉聖宣：元素の発明発見物語―錬金術師の物語から超ウラン元素の発見まで（発明発見物語全集 (17))，国土舎 (1985).
John Emsley, 山崎 昶訳：元素の百科事典, 丸善 (2003).
斎藤一夫：元素の話（化学の話シリーズ (1))，培風館 (1982).
大宮信光：元素はすべての元祖です―化学がたまらなく好きになる！（ハテナ？のサイエンス）, 日本実業出版社 (1988).
吉村勝夫：元素を知る, 丸善 (1994).
村上雅人：元素を知る事典―先端材料への入門, 海鳴社 (2004).
渡辺 正監訳：元素大百科事典, 朝倉書店 (2007).
満田深雪監修：元素周期―萌えて覚える化学の基本―, PHP 研究所 (2008).

索　引

和文索引

あ　行

アイシャドウ　157
アインスタイニウム　282
亜鉛　95
亜鉛華　96
亜鉛華デンプン　96
蒼ざめた馬　235
赤い酸素　30
アクアマリン　13
アクチニウム　256
アクチニウム系列　287
アクチニド　258
アクチニド元素　258
アクチノイド　258
亜酸化窒素麻酔　26
アシュケナーズィ　58
アスタチン　247
アマチュア化学者　56
アメリシウム　273
アモルファスシリコン　48
アルヴァレス　223
アルゴン　60
アルシン　105
アルマイト　46
アルミニウム　44
アルミン酸ストロンチウム　121
アレキサンドライト　13, 77
アンコール遺跡　229
安全マッチ　51
アンチモン　156
　　――と貨幣　158

硫黄　54
イオンエンジン　165
イオン吸着鉱　174
イタイイタイ病　149
市ノ川鉱山　157
イッテルビウム　205

イットリウム　122
イットリウム族　173
イリジウム　222
イリジウムフレア　224
石見銀山　106
インジウム　151
隕石によるクレーター　223

ウィルキンソン触媒　141
ウェストン電池　149
宇宙工学用材料　70
ウラニド　258
ウラン　265
ウラン系列　287
雲根志　157

エアバッグ　25
衛星利用携帯電話　223
エカケイ素　102
エカヨウ素　248
エジソン電池　90
エメラルド　13
エルビウム　201
エンジェルヘア　21
塩素　57
煙幕発生源　67

王水　226
黄リン　51
小川正孝　135, 219
オクロ現象　267
オスミウム　220
オスミウムランプ　221
オッドーハーキンスの法則　174, 177, 180
面白漢字周期表　301
オリヴィン　42
オリハルコン　96
温泉水資源　70
温泉水の濃縮　167

か行

ガイガー-ヌッタルの法則　242, 248, 287
海水から採取されたウラン　266
解体新書　232
化学テロ　221
加賀騒動　106
核燃料親物質　263
河口慧海上人　16
火災報知器　274, 275
カザノーヴァ　226, 241
過酸化マンガン水の夢　82
カジノ殺人事件　5
ガス田の鹹水　162
火星探査機　277
風の又三郎　133
活性酸素　29
加藤　昭　152
ガドペンテト酸ジメグルミン　193
カドミウム　148
ガドリニウム　192
カーボナタイトマグマ　39
カラーセンター　177
カリウム　63
ガリウム　98
ガリウム砒素　99
カリホルニウム　280
カルキ臭　58
カルクス　30
カルシウム　66
カルビン　19, 21
環境放射能　250
甘土　14

輝安鉱　157
木内石亭　157
希ガス　61
　　──のイオン化ポテンシャル　165
貴ガス　61
キセノン　164
気体保持　61
希土類元素　173
希土類磁石　188
キャヴェンディッシュ　3
キャッツアイ　13
93番元素の探索　269
キュービックジルコニア　123, 125
キュリウム　276
キュリー点　193
強誘電体　128

玉を懐いて罪あり　227
金　228
銀　145
欽一石　153, 160
銀鏡反応　146
銀製食器の表面処理　141
金星大気のアルゴン　61
金星のレーダー観測結果　160
金属スズ　155
金属灰　30
金属バット　70
金の六斉　238
金パラ　143
銀パラ　143

グアノ　53
草津温泉　70
苦鉄質鉱物　42
クラッキング用の触媒　208
グラファイト　20
クリソベリル　13, 77
クーリッジ　216
クリプトナイト　114
クリプトン　113
クリプトンランプ　114
クリュソポリス　229
グレアム・ヤング　235
クレリチの重液　236
黒田和夫　267
黒田チカ　46
クロム　78
クロムグリーン　79
クロム酸混液　79
クロールカルキ　59

軽希土　173
ケイ素　47
結石破壊手術　199
煙探知機　274, 275
ゲルマニウム　101
原子力電池　271
減速材の重水　6
元素数の年次変化　183

水銀　232
高温用の温度計　100
高カリウム血症　65
高純度鉄　86
甲状腺種　162
硬水軟化剤　53

恒星内部での重元素生成　135
光電管の製造　167
紅燈の巷　36
克山病　108
黒色火薬　55
固体電解質　188
骨粗鬆症　67
コバルト　**87**
コールマン石　17
コントラスト向上試薬　193

さ　行

錯塩　88
櫻井欽一　139, 152, 160
櫻井鉱　152
さじ加減　232
サージカルグレード　141
薩摩硫黄島　56
サマリウム　**187**
さらし粉　58
サラバウ鉱　158
サル・アンモニアック　226
酸化トリウムゾル　260
酸化物系の高温超伝導体　123
酸性雨　56
酸素　**28**

磁気共鳴映像法　128
始源同位体組成　61
ジジミウム　179, 182
ジジミウムガラス　182
ジジミウム磁石　180
ジジム　182
次硝酸蒼鉛　241
ジスプロシウム　**196**
自然白金　138
自然ルテニウム　153
シッカロール　96
質量分光計　36
シフト試薬　206
シーボーギウム　**294**
ジャヴェル水　58
ジャドル石　115
ジャネッティ　227
斜方向類似性　11
シャルル　3
重液　217
重希土　173
重クロム酸加里　79
重砂　229

重水　4
重水素の発見　4
臭素　**110**
周禮考工記　238
俊寬上人　55
常温核融合　143
笑気　26
昇汞　232
硝酸アンモニウム大爆発　24
触媒コンバーター　141
除タンパク液　111
ジルコニウム　**124**
白い炭素　20
磁歪合金　197
磁歪性　195
信石　105, 106
心拍の停止　64

水鉛　241
水銀　**231**
水銀製剤による治療　232
水滸伝　55, 105
水晶振動子　48
水晶と石英　48
水素　**2**
水素エネルギー資源　6
水素貯蔵合金　172
蘇枋　46
スカンジウム　**69**
杉田玄白　232
スクタリ　229
スズ　**154**
スズペスト　155
スズベルト地帯　155
ストロンチウム　**119**
スーパーマン　114
スライム　16

青花　88
赤色蛍光体　123
石油入り水晶　19
石油の起源　19
セシウム　**166**
石灰石輸送　67
セリウム　**175**
セリウム族　173
セルフクリーニングレンジ　176
セレノアミノ酸　108
セレン　**107**
セレン整流器　108

洗冤集録 106

躁うつ病のコントロール 11
造影剤 193
蒼鉛 241
測地衛星 117
ソーダとカリ 40
ソディー-ファヤンスの法則 252, 287
染付 88
ゾーンメルティング 48

た 行

タイタン 73
大同類聚方 56
大仏鋳造用の銅 93
高柳健次郎 197
ダームスタチウム 298
タリウム 234
タングステン 215
タングステンおじさん 216
タングステンブロンズ 216
炭素 18
タンタル 212
タンタルコンデンサー 213

近重真澄 238
蓄光性塗料 169, 185, 197
蓄冷材 200
チタン 72
チタン酸ジルコン酸鉛 172
チタン酸ストロンチウム 120
チタンブラック 73, 74
チタンホワイト 73
窒素 23
　　——の同素体 26
窒素固定法 25
中性子の吸収能力 210
中性子放射化分析計 281
超ウラン元素 288
超強酸 33
超酸化物分解酵素 29
超重元素 286
超伝導合金 128
チロリ 93
チンク油 96

ツリウム 203

低カリウムジュース 65
低重水素水 4

ディディミウム 182
ディディム 179
テクネチウム 134
鉄 84
デュルフェ侯爵夫人 226
テュンベリー 232
テルビウム 194
テルル 159
デ・レ・メタリカ 254
天瓜粉 96
電気椅子の代わり 64
天然原子炉 267
天然ソーダの産地 39

銅 92
東海道四谷怪談 106
透析脳症 45
毒重石 169
土酸金属 213
ドブニウム 293
豊羽鉱山 152
トリウム 259
トリウム系列 287

な 行

中村修二 179
ナトリウム 38
ナノ温度計 100
ナノチューブ 19
鉛 237

ニオブ 127
ニオブ酸リチウム 128
仁科芳雄 269
虹の元素 223
ニッカド電池 149
ニッケル 89
ニッケルアレルギー 90
ニッポニウム 135, 219
日本にもダイヤ？ 20
ニューセラミックス 260

ネオジム 181
ネオン 35
ネコイラズ 51
ネプツニウム 268
ネプツニウム系列 287

脳血管造影 260
嚢胞性線維症 58

索　引　311

野尻抱影　271
ノーベリウム　**290**
ノルウェー硝石　25

は 行

灰色スズ　155
排煙脱硫法　55
バイオミネラル　93
媒染剤　45
白色スズ　155
白砒　105
バークランド・アイデ法　25
バークリウム　**278**
白リン　51
麥嶺　279
八酸素クラスター　31
バッキーエッグ　195
白金　225
ハッシウム　**296**
発生機の水素　4
バナジウム　**75**
ハフニウム　**209**
バライタ　169
パラ輝硫鉱　139
パラジウム　**142**
バリウム　**168**
ハロー原子核　9
ハロン　111
斑状菌　33
番茶でうがい　33
半導体検出器　102
半導体材料　102

皮革の鞣し　79
砒化水素　105
光アクチュエーター　172
光歪効果　172
光ファイバー増幅器　204
非金属スズ　155
飛行船　3
ビスホスホネート　68
ビスマス　**240**
ヒ素　**104**
砒霜　106
砒素鏡　105
ヒッタイト　85
ヒトダマ　51
避病院　82
美容整形外科　202
漂白粉　58

病理学標本固定　221
肥料中のウラン　266
ビルケラン　25
琵琶湖条例　53

ファン・スヴィーテン男爵　232
回々青　88
フェムト秒ファイバーレーザー材料　206
フェルミウム　**284**
フェロシリコン　48
不揮発性メモリ　214
フッ化物添加　33
フッ素　**32**
フライシュマン-ポンズ現象　144
プラウトの仮説　36
プラスターボード　55
プラセオジム　**178**
プラセオジムイエロー　179
プラセボ効果　176
ブラックスモーカー　170
フラーレン　19
フランシウム　**251**
プルトニウム　**270**
プロトアクチニウム　**262**
プロメチウム　**184**

ペスト　97
ベビーパウダー　96
ヘマトキシリン　46
ヘリウム　**7**
　　──の価格　9
ベリリア　13
ベリリウム　**12**
ペルチエ素子　160
ベルツェリウス　48
偏光素子　163

ボイル　3
ホウ化マグネシウム　42
ホウ酸の炎色反応　16
放射性クリプトン　114
放射平衡　257
ホウ素　**15**
北投石　170
ポリアセチレン　21
ボーリウム　**295**
ポリクムレン　21
堀　秀道　160
ホルミウム　**198**
ポロニウム　**243**

——の犠牲となった日本人科学者 245
ボローニャ石 169
ホワイトスモーカー 170
本多・藤嶋効果 73

ま 行

マイトネリウム 297
マグネシウム 41
マジックヴォイス 8
増富温泉 250
マーズパスファインダー 102
馬淵久夫 239
魔法酸 34
魔法数 286
マルグリート・ペレイ 252
マンガン 81
マンガンノデュール 82

南関東ガス田 162
未来の核燃料 260

ムーサンデル 182
紫石英 48
紫チンキ 82

冥王星 271
メコン川の砂金 229
メタリン酸ナトリウム 53, 68
眼の壁 79
メモリーキューブ 188
メモワール 226
メンデレーエフの子孫が日本に？ 129
メンデレビウム 289

モザンダー 182
模造ダイヤ 120
モリブデン 131

や 行

夜光時計用の文字盤 185
弥永北海道博物館 227

有機EL 223
有機臭素化合物 111
有機モリブデン潤滑剤 132
郵便物仕分け 190
ユウロピウム 189
ユーリー 4

ヨアヒムスタール鉱山 254
ヨウ素 161
横浜喘息 76
夜光る石 169

ら 行

ライムライト 3
ラザホージウム 292
ラジウム 253
ラジウムクイーン 254
ラドン 249
ランタニド 173
ランタニド元素 173
ランタニド収縮 173
ランタノイド 173
ランタン 171
ランタンもどき 173

リチウム 10
リチウム電池 88
リービッヒ 146
硫化リンマッチ 52
龍川駅の大爆発事故 24
緑塩銅鉱 93
リン 50
リン酸肥料 53
リン肥石膏 254

ルテチウム 207
ルテニウム 137
ルビジウム 116

瀝青ウラン鉱 254
レーザーメス 199
劣化リチウム 11
レナードの朝 216
レニウム 218
レントゲニウム 299

炉甘石 97
ロジウム 140
ロマンティック街道 21
ローレンシウム 291

わ 行

ワッカー合成法 143

欧文索引

A

α 線散乱測定器　277
Abelson, P. H.　268
Arfvedson, J. A.　10
Armbruster, P.　295, 296, 297, 298, 299

B

Balard, A. J.　110
Berg, O.　218
Berzelius, J. J.　47, 107, 175, 259
BGO　208
Black, J.　23, 41
Brandt, G.　87
Brandt, H.　50
Bunsen, R. W.　116, 166

C

Cavendish, H.　2
Chinese White　96
Cleve, P. T.　198, 203
Corson, D. R.　247
Coryell, C. D.　184
Coster, D.　209
Courtois, B.　161
Cronstedt, A. F.　89
Croockes, W.　234
Crowford, A.　119
Curie, M.　243, 253
Curie, P.　253

D

Davy, H.　15, 38, 63, 66, 168
Debierne, A.　256
del Rio, A. M.　75
Demarçay, E. A.　189
Dorn, F.　249

E

EDF　202
Ekerberg, A. K.　212
Elhuyar, F.　215
Elhuyar, J. J.　215

F

Flerov　292, 293

G

Gadolin, J.　122
Gahn, J. G.　81
Gay-Lussac, J. L.　15
Ghiorso, A.　278, 280, 282, 284, 289, 291, 292, 293, 294
Glendenin, L. E.　184
GPS　117
Gregor, W.　72

H

Moissan, H.　32
Hahn, O.　262
Hatchett, C.　127
Hevesy, G. von　209
Hisinger, W.　175
Hjelm, P. J.　131

I

ITO　152

J

Jensen, P.　7

K

Kirchhoff, G. R.　116, 166
Klaproth, H.　72
Klaproth, M. H.　124, 265
Klaus, K. K.　137
K-T 境界層　223

L

Lamy, C. A.　234
laughing gas　26
Lecoq de Boisbaudran, P. E.　98
Lockyer, N.　7
Locoq de Boisbaudran, P. E.　187, 196
LSO　208

M

Mackenzie, K. R.　247
Magnus, A.　104
Marggraf, A. S.　95
Marignac, J. C. G. de　192, 205
Marinsky, J. A.　184
McMillan, E. M.　268

Meitner, L. *262*
Mosander, C. G. *171, 194, 201*
Müller von Reichenstein, E. J. *159*

N

Nilson, L. F. *69*
Nobel Institute *290*
Noddack, W. *218*

O

Oersted, H. C. *44*
Ol Doinyo Lengai 火山 *39*
Osann, G. W. *137*

P

Perey, M. *251*
Perrier, C. *134*
PLZT *172*
Priestley, J. *28*
PZT *172*

R

Radium Queen *254*
Ramsay, W. *35, 60, 113, 164*
Reich, F. *151*
Richter, H. T. *151*

S

Scheele, C. W. *28, 57*
Seaborg, G. T. *270, 273, 276, 278, 280*
Sefström, N. G. *75*

Segré, E. *134, 247*
Sniadezki *137*
SOD *29*
Strohmeyer, F. *148*

T

Tacke, I. *218*
TDFA *204*
Tennant, S. *220, 222*
Thénard, L. J. *15*
Travers, M. W. *113, 164*

U

Ulloa, A. de *225*
Urbain, G. *207*

V

Vauquelin, L. N. *12, 78*

W

Welsbach, C. A. von *178, 181*
Winkler, C. A. *101*
Wollaston, W. H. *140, 142*

X

X線計測器 *150*

Y

YAG *123*
YIG *123*

監修者略歴

細矢　治夫（ほそや　はるお）
1959年　東京大学理学部化学科卒業
1964年　東京大学大学院博士課程修了，理学博士
　　　　お茶の水女子大学名誉教授

編著者略歴

山崎　昶（やまざき　あきら）
1960年　東京大学理学部化学科卒業
1965年　東京大学大学院博士課程修了，理学博士
　　　　前電気通信大学助教授，前日本赤十字看護大学教授

元素の事典
－どこにも出ていないその歴史と秘話－

定価はカバーに表示

2009年5月29日　初版第1刷発行

　　　監　修　　細矢治夫
　　　編　著　　山崎　昶
　　　編　集　　社団法人 日本化学会
　　　発　行　　株式会社 みみずく舎
　　　　　　　　〒169-0073
　　　　　　　　東京都新宿区百人町 1-22-23　新宿ノモスビル 3F
　　　　　　　　TEL：03-5330-2585　　　FAX：03-5330-2587
　　　発　売　　株式会社 医学評論社
　　　　　　　　〒169-0073
　　　　　　　　東京都新宿区百人町 1-22-23　新宿ノモスビル 4F
　　　　　　　　TEL：03-5330-2441（代）　FAX：03-5389-6452
　　　　　　　　http://www.igakuhyoronsha.co.jp/

印刷・製本：大日本法令印刷　／　装丁：安孫子正浩

ISBN 978-4-87211-946-6　C3543

主要刊行物一覧

[既刊書]

基礎から理解する化学（各巻 B5 判　150〜200p）

1 巻　**物理化学**　（久下謙一・森山広思・一國伸之・島津省吾・北村彰英）
　　　B5 判　152p　定価 2,310 円（本体価格 2,200 円）

2 巻　**結晶化学**　（掛川一幸・熊田伸弘・伊熊泰郎・山村　博・田中　功）
　　　B5 判　184p　定価 2,730 円（本体価格 2,600 円）

[近刊]

3 巻　**分析化学**　（藤浪真紀・加納健司・岡田哲男・久本秀明・豊田太郎）

[続刊]　**有機構造解析学；有機化学；無機化学；他**

田村昌三・若倉正英・熊崎美枝子 編集
Q&Aと事故例でなっとく！　実験室の安全［化学編］
　　A5 判　224p　定価 2,625 円（本体価格 2,500 円）

日本分析化学会・液体クロマトグラフィー研究懇談会 編集　中村　洋 企画・監修
液クロ実験 How to マニュアル
　　B5 判　242p　定価 3,360 円（本体価格 3,200 円）

日本分析化学会・有機微量分析研究懇談会 編集　内山一美・前橋良夫 監修
役にたつ有機微量元素分析
　　B5 判　208p　定価 3,360 円（本体価格 3,200 円）

日本分析化学会・フローインジェクション分析研究懇談会 編集
　　　　　　　　　　　　　　　　　　　　小熊幸一・本水昌二・酒井忠雄 監修
役にたつフローインジェクション分析
　　B5 判　192p　定価 3,360 円（本体価格 3,200 円）

野村港二 編集
研究者・学生のための**テクニカルライティング－事実と技術のつたえ方－**
　　A5 判　244p　定価 1,890 円（本体価格 1,800 円）

北浜昭夫
よみがえれ医療　アメリカの経験から学ぶもの
　　四六判　290p　定価 1,890 円（本体価格 1,800 円）

バイオメディカルサイエンス研究会 編集
バイオセーフティの事典－病原微生物とハザード対策の実際－
　　B5 判　370p　定価 12,600 円（本体価格 12,000 円）

百瀬弥寿徳・橋本敬太郎 編集
疾病薬学
　　B5 判　378p　定価 5,670 円（本体価格 5,400 円）

加藤碩一・須田郡司
日本石紀行
　　A5 判　250p　定価 2,310 円（本体価格 2,200 円）

2009 年 5 月

4桁の原子量表（2009）

（元素の原子量は，質量数12の炭素（^{12}C）を12とし，これに対する相対値とする。）

本表は，実用上の便宜を考えて，国際純正・応用化学連合（IUPAC）で承認された最新の原子量をもとに，日本化学会原子量小委員会が作成したものである。本来，同位体存在度の不確定さは，自然に，あるいは人為的に起こりうる変動や実験誤差のために，元素ごとに異なる。従って，個々の原子量の値は，正確さが保証された有効数字の桁数が大きく異なる。本表の原子量を引用する際には，このことに注意を喚起することが望ましい。

なお，本表の原子量の信頼性は有効数字の4桁目で±1以内であるが，例外として，*を付したものは±2，†を付したものは±3である。また，安定同位体がなく，天然で特定の同位体組成を示さない元素については，その元素の放射性同位体の質量数の一例を（ ）内に示した。従って，その値を原子量として扱うことは出来ない。

原子番号	元素名	元素記号	原子量	原子番号	元素名	元素記号	原子量
1	水素	H	1.008	56	バリウム	Ba	137.3
2	ヘリウム	He	4.003	57	ランタン	La	138.9
3	リチウム	Li	[6.941*]‡	58	セリウム	Ce	140.1
4	ベリリウム	Be	9.012	59	プラセオジム	Pr	140.9
5	ホウ素	B	10.81	60	ネオジム	Nd	144.2
6	炭素	C	12.01	61	プロメチウム	Pm	(145)
7	窒素	N	14.01	62	サマリウム	Sm	150.4
8	酸素	O	16.00	63	ユウロピウム	Eu	152.0
9	フッ素	F	19.00	64	ガドリニウム	Gd	157.3
10	ネオン	Ne	20.18	65	テルビウム	Tb	158.9
11	ナトリウム	Na	22.99	66	ジスプロシウム	Dy	162.5
12	マグネシウム	Mg	24.31	67	ホルミウム	Ho	164.9
13	アルミニウム	Al	26.98	68	エルビウム	Er	167.3
14	ケイ素	Si	28.09	69	ツリウム	Tm	168.9
15	リン	P	30.97	70	イッテルビウム	Yb	173.1
16	硫黄	S	32.07	71	ルテチウム	Lu	175.0
17	塩素	Cl	35.45	72	ハフニウム	Hf	178.5
18	アルゴン	Ar	39.95	73	タンタル	Ta	180.9
19	カリウム	K	39.10	74	タングステン	W	183.8
20	カルシウム	Ca	40.08	75	レニウム	Re	186.2
21	スカンジウム	Sc	44.96	76	オスミウム	Os	190.2
22	チタン	Ti	47.87	77	イリジウム	Ir	192.2
23	バナジウム	V	50.94	78	白金	Pt	195.1
24	クロム	Cr	52.00	79	金	Au	197.0
25	マンガン	Mn	54.94	80	水銀	Hg	200.6
26	鉄	Fe	55.85	81	タリウム	Tl	204.4
27	コバルト	Co	58.93	82	鉛	Pb	207.2
28	ニッケル	Ni	58.69	83	ビスマス	Bi	209.0
29	銅	Cu	63.55	84	ポロニウム	Po	(210)
30	亜鉛	Zn	65.38*	85	アスタチン	At	(210)
31	ガリウム	Ga	69.72	86	ラドン	Rn	(222)
32	ゲルマニウム	Ge	72.64	87	フランシウム	Fr	(223)
33	ヒ素	As	74.92	88	ラジウム	Ra	(226)
34	セレン	Se	78.96†	89	アクチニウム	Ac	(227)
35	臭素	Br	79.90	90	トリウム	Th	232.0
36	クリプトン	Kr	83.80	91	プロトアクチニウム	Pa	231.0
37	ルビジウム	Rb	85.47	92	ウラン	U	238.0
38	ストロンチウム	Sr	87.62	93	ネプツニウム	Np	(237)
39	イットリウム	Y	88.91	94	プルトニウム	Pu	(239)
40	ジルコニウム	Zr	91.22	95	アメリシウム	Am	(243)
41	ニオブ	Nb	92.91	96	キュリウム	Cm	(247)
42	モリブデン	Mo	95.96*	97	バークリウム	Bk	(247)
43	テクネチウム	Tc	(99)	98	カリホルニウム	Cf	(252)
44	ルテニウム	Ru	101.1	99	アインスタイニウム	Es	(252)
45	ロジウム	Rh	102.9	100	フェルミウム	Fm	(257)
46	パラジウム	Pd	106.4	101	メンデレビウム	Md	(258)
47	銀	Ag	107.9	102	ノーベリウム	No	(259)
48	カドミウム	Cd	112.4	103	ローレンシウム	Lr	(262)
49	インジウム	In	114.8	104	ラザホージウム	Rf	(267)
50	スズ	Sn	118.7	105	ドブニウム	Db	(268)
51	アンチモン	Sb	121.8	106	シーボーギウム	Sg	(271)
52	テルル	Te	127.6	107	ボーリウム	Bh	(272)
53	ヨウ素	I	126.9	108	ハッシウム	Hs	(277)
54	キセノン	Xe	131.3	109	マイトネリウム	Mt	(276)
55	セシウム	Cs	132.9	110	ダームスタチウム	Ds	(281)
				111	レントゲニウム	Rg	(280)

‡：市販品中のリチウム化合物のリチウムの原子量は6.939から6.996の幅をもつ。